첨단기술로 본

3년 후에

첨단기술로 본

3년 후에

1판 1쇄 발행 | 2014년 10월 31일
1판 2쇄 발행 | 2014년 12월 12일

지은이 | 이준정
펴낸이 | 김경배
펴낸곳 | 시간여행
편 집 | 이진의, 정지은

본문 디자인 | 서진원

등 록 | 제313-210-125호 (2010년 4월 28일)
주 소 | 서울시 마포구 양화로 6길 9-24 (서교동 동우빌딩 3층)
전 화 | 070-4032-3664
이메일 | jisubala@hanmail.net

종 이 | 화인페이퍼
인 쇄 | 한영문화사

ISBN 979-11-85346-07-6 (03500)

값 : 18,000원

이 도서의 국립중앙도서관 출판사 도서목록(CIP)은 서지정보유통지원시스템 홈페이지 (http://seoji.nl.go.kr)와 국가자료 공동목록시스템(http://www.nl.go.kr/kolisnet)에서 이용하실 수 있습니다. (CIP 제어번호 : CIP2014029761)

첨단기술로 본

3년 후에

지은이 | 미래탐험가 이준정

LOOKING AHEAD TO THE FUTURE

시간여행

이 책을 사랑하는 동은에게 바칩니다.

Prologue

게임의 법칙은 진화한다

스티븐 스필버그 감독이 1981년에 발표한 〈레이더스: 잃어버린 성궤를 찾아서〉란 영화가 있다. 세계를 정복할 야심으로 십계명 석판이 담긴 성궤를 찾는 나치 독일군을 막기 위해 모험에 나선 미국인 고고학자 인디아나 존스의 이야기다. 오래 전 영화지만 영화의 한 장면이 항상 머리에 남아 있다. 주인공 인디아나 존스가 어느 시장터에서 나치군에 쫓겨 도망치는 장면이다. 허겁지겁하던 주인공 앞을 한 무리의 아랍 깡패가 가로막는다. 검정 옷을 입은 건장한 대장이 큰 칼을 휘두르며 결투를 청한다. 그러자 인디아나 존스는 잠시 멍한 표정을 짓더니 옆구리에서 권총을 쓱 꺼내 '꽝'하고 쏘아 상대를 한방에 쓰러뜨린다. 큰 칼을 휘두르며 한칼에 주인공을 베어버릴 것 같던 상대는 큰대자로 시장 바닥에 죽어 넘어졌다. 이때 돌아서는 주인공 표정은 이렇다.

"자식~ 지금이 어느 땐데 칼싸움하자고 덤벼?"

무기가 전쟁에서 승패를 가른 사례는 수도 없이 많다. 1530년대, 거대한 문명을 이뤄놓고 있던 잉카제국을 단숨에 무너뜨린 스페인 용병들은 고도로 훈련된 군인들이 아니었다. 하지만 그들은 말을 타고 있었고, 위협적인 화약총을 소지했다. 더욱이 그들은 단단하면서도 날카롭고 가벼운 강철 검인 톨레도**Toledo** 검*을 지니고 있었다. 이 검은 찌르고 베는데 매우 유용했다. 당시 맨몸에 청동기 칼뿐이었던 잉카 제국 용사들은 속수무책으로 당할 수밖에 없었다.

* 톨레도 검 스페인 톨레도 지방에서 BC500년경부터 전해오는 가느다란 장검. 탄소함량이 낮은 부드러운 철과 탄소함량이 높은 강한 철을 서로 겹쳐 가열한 후 두드려서 완전한 한 몸의 복합재료를 만드는 작업을 반복하여 제작한다. 매우 강하면서도 가늘고 탄력성이 좋아 당대 최고의 검으로 꼽혔다.

일본은 2차 대전 종반 독일과 이탈리아가 항복한 이후에도 끝까지 항전 하려고 했다. 그러나 미군이 히로시마와 나가사키에 떨어뜨린 원자탄의 위력을 본 일본은 그만 혼절하듯 항복하고 말았다.

인류문명의 변화는 단속적이다. 갑자기 등장한 새로운 기술이 인류 역사를 바꿔 놓곤 했다. 종이, 화약, 인쇄기, 증기기관, 무전기, 전화기, 라디오, 텔레비전, 컴퓨터, 인터넷, 스마트폰이 그랬다. 파괴적이고 혁신적인 기술의 등장은 인류문명을 전혀 다른 형태로 바꿔 버렸다. 앞으로도 마찬가지다.

시대를 앞서가는 무기와 기술을 가진 자는 그렇지 못한 자들을 상대로 모든 이득을 갈취한다. 비즈니스 경쟁은 스포츠와는 다르다. 공평한 법칙이 없다. 누가 더 유리한 무기를 지녔는가에 따라서 결과가 바뀐다. 개개인의 창의성이나 영리함은 부수적이다.

전쟁에서 이긴 측이 패배한 측보다 더 용기 있고 두뇌가 더 우수하다는 논리는 절대로 맞지 않다. 다만 누가 먼저 새로운 무기를 발견하고 익혔느냐에 달려있다.

지금도 신무기는 계속해서 발달하고 있다. 상대를 꺾을 수 있는 최고 성능의 무기를 먼저 자신의 무기로 삼는 자가 전쟁에서 승리한다. 지금 내가 지닌 무기가 충분히 경쟁력을 갖춘 최신 무기인지 매일같이 점검해야만 한다. 그리고 만약 상대보다 약한 무기를 가졌다면 싸움을 피하고 협상의 전략을 찾아야 한다.

기술발달은 새로운 도구를 계속해서 만들어내고 있으며 우리의 삶을 지배하는 게임의 법칙은 끊임없이 진화하고 있다.

식물과 달리 동물은 두뇌를 지녔다. 또한 자기 의도대로 움직이는 능력이 있다. 위험이 닥치면 몸을 움직여 피하고, 에너지를 보충하기 위해 먹이가 있는 곳으로 찾아간다. 이 때 동물은 머리를 써야 한다. 위험을 피하려면 어떤 위험이 닥쳐올지 미리 살펴야 하고, 먹이를 찾으려면 길을 나서기 전에 먹이가 있을만한 곳을 추정해 봐야 한다. 온갖 경험과 지혜를 동원해서 앞일을 미리 살피고 추리하는 일이 머리가 하는 일이다.

일상에서도 우리는 매 순간 조금 후에 벌어질 일을 대비하면서 살아간다. 해야 할 일과 약속을 미리 챙긴다. 하루의 일도 챙기고 일주일 일도 챙긴다. 한 달 동안 해야 할 일도 챙기고 일 년 동안 해야 할 일도 챙긴다. 적어도 수년 앞에 대해서 생각해 보는 습관이 필요하다. 미리 생각해 보는 것과 멍하게 사는 것은 큰 차이가 있다. 우리말에 '정신이 나갔다'는 표현이 있다. 조금 후에 벌어질 일을 전혀 챙기지 못할 때 사용하는 말이다. 앞으로 무슨 일이 일어날지 모른다면 혼절한 사람과 마찬가지다. 맨 정신이라면 누구나 앞일을 내다보게 되어 있다. 두뇌가 할 일이 바로 그런 일이다.

문제는 사람의 두뇌는 자신이 겪은 경험과 믿음에 의해 편견을 만들고, 쉽게 사고를 닫아버린다는 점이다. 착각과 아집에 묶여서 사물의 본질을 다 보지 못하고 자신에게 유리한 일부만 보는 오류를 범한다. 똑같은 현상을 보고도 보는 사람마다 해석이 엇갈린다. 일부의 현상이 전체를 대변한다고 생각하기 쉽다. 자세히 살펴보지 않고 언뜻 보고 단정하기 쉽다. 심한 경우엔 환청을 듣고 헛된 상상에 지배된다. 그리고 자신의 판단이 절대적이라고 주장하기도 한다.

학식이 높고 경험이 많은 사람일수록 편협한 사고를 할 가능성이 더 높다. 자신이 보지 못하고 알지 못하는 현상은 절대로 발생하지 않는다고 믿는다. 세상의 모든 현상을 자신의 시각 속에 몰아넣고 해석한다. 심리학자들은 인간의 편협한 판단능력을 주로 연구한다. 비합리적 판단 현상으로 꼽히는 사례들을 보면 30가지도 넘는다. 앞으로의 상황도 항상 전과 같을 것이라고 믿는 '변화맹 현상', 무엇이든 자기와 연관하여 생각하는 경향인 '자기준거 효과', 이외에도 '자기충족 예언', '자기본위 편향', '신념집착 오류', '체험적 기준', '기억편향' 등, 만사가 자기중심으로 돌아간다고 생각하는 마치 천동설과 같은 관점들이 많다.

개인이 알고 있다고 믿는 지식의 양은 이 세상에 이미 알려진 지식의 10%도 안 된다. 더욱이 세상의 지식은 지금도 급속히 팽창하고 있다. 너무도 많은 지식들이 새롭게 등장하기 때문에 일일이 다 학습할 시간을 낼 수가 없다. 두뇌 능력도 도저히 쫓아갈 수가 없다. 결국 나는 대부분의 새로운 지식을 경험하거나 학습하지 못한 채 살아갈 수밖에 없다. 더욱이 새롭게 등장하는 지식들 중엔 내가 경험한 지식과 완전히 대치되는 지식이 있을 수 있다. 살아가면서 그런 새로운 지식들을 마주치고 선택을 해야 할 상황에 부딪힌다 해도 나는 내가 경험한 지식에 가중치를 주게 될 가능성이 높다.

이런 식으로 철 지난 지식이나 경험에 의해 오판을 저지를 위험에서 다소나마 벗어나려면 평소에 다양한 시각을 갖는 훈련을 해보는 수밖에 없다. 편견을 벗어나 균형 잡힌 관점을 찾는 방법이다. 미래를 조명해 보고 다양한 관점을 검토해 보는 훈련은 미지의 상황에 대처하는 힘을 기르게 해준다. 그러기 위해선 궁금한 일들에 관해 미리 생각해 보고 관찰하고 실험해 보는 자세가 중요하다. 중요한 사건들을 분류하고 연관성을 꿰어 보는 훈련도 필요하다. 개별적인 사건들도 분류하다보면 어떤 패턴을 발견할 수 있다. 이런 패턴들의 윤곽을 지속적으로 그리고 반복적으로 그려 보면서 인과관계를 유추하다 보면 겉으로 드러나지 않은 현상들과 만나게 된다. 드러나지 않아서 관찰이 어려운 패턴들을 찾아내는 관점의 훈련이 바로 미래를 준비하는 자세다.

미래를 살핀다는 말은 미래에 일어날 일을 맞힌다는 말이 아니다. 여러 가지 시각으로 현상을 들여다보자는 의미다. 그러면 미처 생각지 못했던 관점들을 얻을 수도 있다. 생각을 굴리다 보면 미처 경험해 보지 못한 세상의 모습도 상상 속에서 살펴볼 수 있게 된다. 그런 다양한 관점과 폭넓은 이해력으로 새로운 현상을 살피다 보면 비록 경험해 보지 않았던 일이라도 낯설게 느끼지 않고, 상황에 맞게 지혜롭게 선택하고 행동할 수 있다.

이 책의 내용은 먼 미래에 대한 이야기가 아니다. 아주 가까운 미래에 우리에게 닥칠 여러 가지 사회적 현상과 기술 환경을 현실적인 시각에서 미리 정리해 본 글이다. 물론 독자들께선 필자와 시각과 관점이 다른 부분이 있을 수도 있다. 그러나 또 다른 관점에서 미래를 내다본다는 생각으로 살펴 읽어 주시길 바란다.

2014년 10월 23일

미래탐험가 이준정

차례

LOOKING AHEAD TO THE FUTURE

PART 1

첨단기술로 본 3년 후의 세상

미래를 내다본다

01 3년 후 나의 하루

집을 나서 한강다리를 넘어서려는데 승용차 OLED* 대시패널에 알람 메시지가 떴다. 사무실 빌딩 주차장의 여유 공간이 20% 이하로 줄어들었다는 신호다. 주차공간 예약시스템이 가동된 이후로는 주차 공간 변화가 실시간으로 통보된다. 좀 귀찮아지긴 했지만 주차를 하느라 주변을 맴돌 필요가 없어져서 편리하다. 버튼을 눌러 예약을 한다. 시스템이 나에게 할당된 위치를 통보한다. 오늘은 오후에 강남 기술회관에서 회의가 있으니까 오전 시간만 예약한다. 주차비용은 자동 산정되어 월말 정산하게 되어 있다.

* OLED 유기 발광 다이오드. 빛을 내는 층이 유기 화합물로 이루어진 LED 디스플레이 중 하나다.

최신형 자동차를 구입한 후론 운전을 하는 방법이 완전히 달라졌다. 운전대 조작 외에는 딱히 할 일이 없다. 속도 조절이니 코스 선택이니 하는 것은 모두 자동차가 알아서 해준다. 차량 주위 360도 모든 방향의 상황변화를 자동으로 인식해서 대처하는 자율주행기능을 장착한 차량이다. 얼마 전만 해도 자동차가 차선과 차간거리를 지키면서 자동주행을 할 줄 알고, 위급할 때 자동 정차만 제대로 해도 똑똑하다고 생각했다. 그런데 요즘 자동차는 그때와는 비교도 되지 않는다. 도로 상황과 교통신호, 다른 차량의 위치까지 전부 챙겨가며 대응한다. 목적지까지의 전체 교통상황을 실시간으로 반영하면서 가장 효율적인 주행 코스도 제시해준다. 내가 하는 일이라곤 자동차의 가이드에 따라 이리저리 차선을 변경하면서 앞차를 따르는 것뿐이다. 편하게 차선 변경이 가능한 타이밍을 미리 신호해주는 건 물론이다. 가속페달과 브레이크페달이 있고, 수동운전을 선택하면 직접 작동시킬 수도 있지만 굳이 그럴 필요가 없다. 자동차가 사람보다 더 꼼꼼하게 교통상황을 살펴 최적의 속도를 내 주기 때문에 빠르면서도 안전하다. 사실은 100% 자율운전도 가능하다고 설명서에 적혀 있는데, 운전의 즐거움을 양보할 수 없어서 직접 운전대를 잡고 있을 뿐이다. 그마저도 내 운전이 자동차의 마음에 들지 않으면 당장 앞 유리창에 경고 메시지가 뜬다. 자동차가 안전을 지키는 시어머니 역할을 한다.

최근 나는 식도락에 빠져 있다. 저녁마다 친구와 어울려 맛집 사냥에 나선다. 오성전자가 개발한 고어 글라스를 쓰고 식당가를 활보하면 고어 글라스가 수시로 삐삐 거리며 오늘의 특선 메뉴를 멋진 사진과 함께 알려 준다. 보기 좋은 음식이 맛도 좋다고 했던가. 입맛을 돋군다. 식당에 설치된 비콘**Beacon**[•] 으로부터 날아온 알림을 보니 오늘의 추천 요리 세트가 30% 할인행사 중이란다. 친구들과 떠들면서 식당가를 한바퀴 돌고 나면 오늘 저녁 최고의 메뉴가 결정된다. 한때는 친구들과 만나도 매번 같은 식당에서 똑같은 메뉴만 선택하곤 했는데 사물인터넷 시대가 된 후엔 이런 저런 음식을 다양하게 맛보는 도

• 비콘 세밀한 위치 정보를 기반으로 각종 할인 정보, 모바일 결제 등 다양한 생활 분야와 관련된 데이터를 전송하는 기술이다.

락을 즐기게 됐다.

저녁식사 중에 아내가 메시지를 보냈다. 가까운 주말에 제주도에 가려고 찾고 있던 1박 2일 여행 패키지 이야기다. 아이들과 합쳐 네 식구 왕복 60만 원 이하로 옵션을 걸어놨는데 자리가 났다고 한다. 요즈음엔 대부분의 물건을 인터넷 입찰로 구매한다. 언제든지 내가 제시한 조건에 맞는 경우에 거래가 성사되는 시스템이다. 입찰에 당첨되면 언제 어디서나 바로 승낙해 줄 수 있다.

모든 구매가 그런 식이다. 마트에 직접 가지 않아도 고어 글라스 위에 상품의 입체 정보가 뜨고 비교 상품이 자동으로 추천되므로 안심하고 자동구매를 할 수 있다. 구매확인을 누르면 미리 등록된 계좌에서 대금이 인출되고 물품은 집으로 배달된다. 우리 가족의 구매 패턴은 이미 인터넷 만물상점인 마마존에서 다 알고 있다. 미처 살 것을 챙기지 못해도 마마존이 언제 무슨 상품이 필요한지 먼저 알고 구매해야 할 상품을 추천한다. 심지어 지금 부모님께 무엇이 필요한지도 알려주기 때문에 그때를 놓치지 않고 구매하면 효자 소리도 듣는다. 기업은 소비자의 성향을 분석하여 항상 소비자 맞춤형으로 판매하는 빅데이터 분석 기술을 상용화하고 있다.

부모님은 온실 농사를 지으신다. 첨단 유리온실에서 모든 관리가 자동으로 진행된다. 날씨 정보에 따라서 차광막이 자동으로 열렸다 닫히고 정해진 시간에 배양액이 작물의 뿌리에 양분을 공급한다. 물도 마이크로 워터링이라는 기술을 통해 정해진 양만을 규칙적으로 뿌려준다. 이렇게 자란 작물과 과일은 자동으로 수확되어 농업유통공사에 전량 납품된다. 농업유통공사는 전국의 농산물 수요량과 공급량을 자동으로 대조하여 농민들에게 정보를 제공하고 농민들은 그 정보에 의거해서 생산량을 조절한다. 덕택에 농산물가격이 들쑥날쑥 하는 일이 없다. 항상 수요보다 약간 여유가 생길만큼만 생산하도록 중앙에서 집중 관리하고 생산에 여유가 생기면 대체작물을 재배하도록 한다.

모든 농산물은 생산지에서 소비자 가정까지 유통이력이 기록되고 유지된다. 집안 냉장고에 보관된 음식도 항상 신선하게 유지된다. 소비자는 언제든지 필요한 양 만큼만 이것저것 모아서 인터넷으로 주문하면 저녁시간에 집으로 자동 배달된다. 냉장고에 음식을 보관하면 냉장고가 알아서 유효기간을 관리해준다. 음식물 포장지에 부착된 태그정보를 냉장고의 마이크로 칩이 무선으로 모두 인식하고 있기 때문이다.

이제는 아내가 집에서 번잡하게 요리를 하는 일이 거의 없다. 음식배달 시스템이 잘 되어 있고 집에서 직접 요리를 하는 것보다 훨씬 위생적이고 저렴하기 때문에 배달음식을 애용한다. 이 음식에는 어떤 영양소가 얼마나 들어 있는지 디지털 데이터가 제공된다. 주문할 때 지정한 섭취 칼로리와 식단대로 맞춤 음식이다. 끼니마다 섭취하는 칼로리 관리가 잘 되고 음식쓰레기가 발생하지 않아서 좋다.

유아원에 다니는 두 살짜리 아들의 책은 모두 말하는 책이다. 책장만 펼치면 엄마 대신에 예쁜 목소리로 문장을 읽어 준다. 워낙 재미있게 읽어주니 아이는 혼자 책을 읽는데도 이야기에 빠져든다. 노래가 나오고 동물 소리도 합쳐지면서 숲속 놀이터가 따로 없다. 웬만한 장난감들도 지금은 모두 대화형 기능이 있다. 아기가 건들면 아프다 하기도 하고 깔깔거리고 웃기도 하니 장난감과 대화하면서 말을 배울 수 있다. 유아용 고어 글라스를 끼고 삼차원 공간에 들어가서 가상 패널을 조작하면 이솝 우화 속의 동물들 이야기를 영상으로 즐길 수 있다. 더욱 흥미로운 점은 이야기에 아이들이 끼어들어 전개를 바꿀 수 있다는 점이다. 요즈음엔 엄마들도 TV 연속극을 가상세계에서 자기가 원하는 방향으로 편집하는 것이 유행이다.

이제 생활 속에서 고어 글라스를 벗으면 답답하다. 정보가 차단되니 제대로 할 수 있는 일이 없다. 예전에 스마트폰 가지고 다 할 수 있던 일인데도 이젠 터치화면에서 문자 입력기를 사용하는 것이 불편하다. 모든 명령은 음성으로 처리하거나 허공에 열린 화면 위에서 손가락을 놀려 선택한다. 고어 글라스만 걸치면 세상 정보에 해박해지고 유식해지니 삶의 수준이 한 차원 높아진다. 특히 사무실에선 고어 글라스 없이는 업무를 제대로 볼 수가 없다. 회사가 운영하는 클라우드 컴퓨터에 접속하여 자료검색이나 고객관리를 하는 데에도 글라스는 필수장비이다. 디자인도 다양하고 자신의 얼굴형에 맞춰 프레임을 선택하므로 패션 액세서리의 역할도 한다.

안경 방식의 웨어러블 컴퓨터가 이 세상을 완전히 바꿔버렸다. 초기에 등장했던 구글 글라스를 비롯해서 벤처기업들의 아이옵틱iOptik, 뷰직스Vuzix, 레콘Recon, 글래스업GlassUp, 메타Meta, 오르캠OrCam, 텔레파시 원Telepathy One, 루머스Lumus, 옵틴벤트Optinvent 등은 요즘엔 유명무실해지고 오성전자가 내놓은 고어 글라스가 시장을 거의 통일하다시피 했다. 고어 글라스는 가정과 직장 생활에서는 물론이고 여가활동이나 여행 시에 반드시 착용해야만 하는 생활필수품이다. 3년이 지난 지금, 오성전자 주식이 5배나 뛰리라곤 상상도 못한 일이다. 오늘의 주식시세 판을 들고 3년 전으로 되돌아가고 싶다. 과거로의 시간 여행은 불가능한 것일까?

02 신 바벨탑, 언어 장벽을 무너뜨리다

넓은 들판 한가운데에 사람들이 모여 커다란 도시를 지었다. 바벨이란 이름의 그 도시 중앙에 사람들은 하늘에 닿을 만큼 높은 탑을 쌓기 시작했다. 이를 지켜본 하느님은 "사람들이 하는 일을 살펴보니 앞으로 하려고만 들면 못할 일이 없겠다. 아직은 시작에 불과하니 인간이 사용하는 말을 뒤섞어 놓아 서로 말을 알아듣지 못하게 해야겠다."라고 하면서 사람이 사용하던 말을 모두 흩어놓았다. 한 가지 언어만 사용하던 인간은 이때부터 서로 다른 말을 쓰게 되었고, 말이 통하지 않자 사람들은 더 이상 탑을 쌓지 못하고 세상에 흩어졌다. 유명한 바벨탑의 전설이다.

세계엔 다양한 언어가 혼재한다. 유엔 통계에 따르면 세계인이 사용하는 언어의 수는 6,800~6,900종에 달한다. 하지만 이중에서 1백만 명 이상이 사용하는 언어의 수는 대략 150여 종 정도다. 파푸아뉴기니의 인구는 550만 명이지만 사용되는 언어는 832종이나 된다. 이웃마을 주민에게 비밀이 새나가지 않도록 암구호를 사용하다 보니 낱말이 서로 달라졌다고 한다. 각각의 언어를 사용하는 사람들은 대부분 10만 명도 안 된다.

폐쇄된 사회의 언어는 고립된다. 문명 발달이 뒤처진 지역일수록 그 지역에서 사용하는 언어의 수가 많다. 문명의 발달로 이웃과 소통이 잦아지면 열등한 문명의 언어는 소멸한다. 지금도 글로벌 경제 체제로 소수민족의 문화가 흡수되면서 많은 언어가 급속히 사라져가고 있다. 언어학자 데이비드 해리슨David Harrison은 2050년까지 90% 정도의 구어가 사라질 것이라고 한다.

지금 전 세계는 디지털 문명으로 급속히 빨려들고 있다. 2009년 마이크로소프트는 10년 후 세상을 전망하여 제작한 영상물을 발표했다. 첫 화면에서 소개된 것은 동시통역기술이었다. 영어와 힌두어를 사용하는 어린이들이 투명 창에 글자를 쓰면 실시간으로 번역되어 상대방 문자로 표시되는 장면이었다. 당시 마이크로소프트는 2019년쯤 되면 상당수의 언어 사이에 소통의 제약이 없어질 것이라고 내다보았다.

'바벨 피시'나 '구글 번역'은 매우 유용한 번역 서비스를 제공하지만 모두가 알듯이 완벽하지 않다. 초벌 번역을 언어학자들이 만든 번역사전에 기초해 실행하기 때문이다. 그러나 지금의 번역기술은 언어학에 기초하지 않는다. 일종의 수학문제 풀이와 같이 단어를 벡터vector공간* 에 늘어놓고 서로 사용빈도를 비교하면서 선형변화를 시키는 통계적 방식을 사용한다.

이 방식에서는 단어와 문장 하나하나를 뜻 그대로 번역하지 않는다. 대신 모든 언어는 사람들이 비슷한 상황을 겪으며 한 생각을 표

* 벡터공간 여러 개의 변수가 모여서 하나의 점을 정의하는 것이 벡터장이다. 언어의 경우 사람마다 표현방식과 음성이 다르기 때문 에 각각의 경우를 벡터공간의 점들로 기록해 두고 이들의 사용빈도를 기초로 연관성을 맺어주는 방식을 사용한다.

현하는 말들의 집합이라고 가정한다. 따라서 이 말들을 세트로 뭉칠 수 있고, 이들을 개념적으로 서로 비교해 볼 수 있다고 본다. 한 언어의 단어뭉치를 다른 언어의 단어뭉치와 비교하는 새로운 방식이다. 예를 들면 아침에 처음 만나 인사를 나눈다고 하자. 영어로는 간단히 "좋은 아침입니다."라고 하겠지만 우리나라 직장인들은 "식사하셨어요?"라는 말을 건넨다. 같은 상황에서 사람들이 나누는 단어뭉치는 직역하면 전혀 다른 의미를 갖지만 그대로 단어뭉치를 바꿔 주면 같은 의미로 사용할 수 있다. 영국인이 한국에서 "식사하셨어요?"라고 인사를 한다면 한국인들은 더 많은 친밀감을 느낄 것이다.

또 다른 사례로 화장실에 가고 싶다는 뜻을 표현한다고 하자. 서양인은 "손을 씻고 싶습니다."는 표현을 쓴다. 그러나 한국의 시골 아주머니는 "저, 여기 뒷간이 어디 있는가요?"라고 조금은 수줍게 말한다. 이것을 그대로 직역하면 이상해진다. 그러나 단어뭉치를 바로 바꿔주면 듣기 민망하지 않다.

서로 문화가 다르더라도 비슷한 환경에서 사용하는 단어나 어구들의 뭉치들을 통계적으로 분석해 보면 빈도가 높은 단어뭉치가 나타난다. 이 단어뭉치를 바꿔주는 것이 요즈음 통역 방법이다. 이렇게 하면 직역하는 것과 달리 서로 다른 문화를 뛰어넘어 오히려 더 자연스러운 소통이 가능하다.

이 방법의 특징은 특정 언어나 문화에 국한하지 않고 어떤 상황에서든 적용할 수 있다는 것이다. 표현 방식이 다를 뿐 사람 사는 환경에서 나누는 대화의 유형은 거의 비슷하다. 그래서 어떤 언어의 쌍이라도 사전이나 번역 테이블로 세분하고 확장할 수 있다. 이 새로운 기술은 기존에 언어학자들이 번역해 놓은 문서에 의존하지 않는 대신에 단일 언어의 구조를 모델링하는 데이터마이닝Data Mining 기법을 사용하고, 이것을 다시 다른 언어의 구조와 비교한다. 번역과정이 언어학 문제에서 수학 문제로 바뀐 것이다.

전체 단어의 관계를 모아놓은 공간을 전체 언어공간이라고 가정하자. 이 언어공간은 한 단어에서 다른 단어로 향하는 벡터의 집합이다. 예를 들면 '왕'-'남자'+'여자'='여왕'이 된다. 이 기법은 지극히 단순한데도 불구하고 놀라울 정도로 효과적이다.

언어 구조가 비슷한 영어와 스페인어 사이에서는 번역의 정밀도가 90%였다. 심지어 이 방법의 분석을 통해 언어학자들이 만들어 놓은 사전에서 오류를 찾아내기도 했다. 실제 구글 번역팀은 기존의 영어-체코어 번역사전에서 수많은 오류를 찾아냈다.

이 기술은 언어 자체에 대하여 전혀 가정을 두지 않는다. 기존 사전들이 다루지 못하거나 사전적 의미와는 완전히 관련이 없는 은어도 번역할 수 있다. 특정 시대에 유행한 언어도 쉽게 처리할 수 있다. 공통 인도 유럽어족인 스페인어와 영어만이 아니라 언어 구조가 전혀 다른 영어와 한국어 사이에도 같은 기법을 적용한다. 또 이 방식으로는 영어, 중국어, 스페인어, 한국어가 섞여 있어도 동시에 언어 간 소통이 이루어지게 통번역을 할 수 있다.

사람들은 인터넷에서 제공하는 구글 번역기가 너무 오류가 많고 실용화하기엔 아직 멀었다고 한다. 그러나 그렇지 않다. 지금 번역기술은 웬만한 구어는 거의 동시통역이 가능한 수준까지 도달했다. 2012년 5월 개최된 자이트가이스트Zeitgeist 컨퍼런스에서, 구글의 CEO인 래리 페이지Larry Page는 5년 후 구글 번역기가 64개 국어를 전문 통역사 수준으로 동시통역할 수 있게 될 것이라 말했다. 그런 그의 진단은 절대로 허황된 것이 아니다.

2016년 이후에는 웨어러블 디바이스만 장착하면 한국인이 러시아나 남미여행을 간다 해도 언어 때문에 두려워할 일이 없다. 방문자가 한 말이 실시간으로 상대의 모국어로 전달된다. 박물관 관람을 할 때도 현지 가이드가 설명하면 여러 나라에서 모인 관광객들은 각자의 모국어로 들을 수 있다. 그렇다고 외국어를 배울 필요가 없다는 말은 아니다. 외국어를 사용하는 데 전혀 불편하지 않을 뿐이다.

언어는 더 이상 학문의 대상이 아니다. 단지 소통의 도구일 뿐이다. 그 도구마저도 컴퓨터가 알아서 처리해주는 시점이 아주 가까이 와 있다. 지금 무슨 공부를 해야 할지 심사숙고해야만 한다. 지금 바벨탑은 하늘을 향해 높이 솟아오르고 있다.

03 현실이 된 영화 속 미래기술

영화인들은 사람들이 미처 상상하지 못했던 미래를 멋지게 그려내곤 한다. 공상과학영화는 미래에 대한 사람들의 상상력을 자극한다. 영화 〈엘리시움〉에선 지구가 황폐해져 버린 후, 1% 최상류층만이 살 수 있는 우주마을 엘리시움이 등장한다. 사람들이 꿈꾸는 유토피아는 가난과 전쟁 그리고 질병이 없는 엘리시움 같은 사회일 것이다. 그런 세계를 우주에 실현시켜 놓았다.

공상과학영화에 그려진 세상을 보면 물리적으로 불가능한 기술이나 현상들이 많다. 그런데 10년쯤 지나고 보면 어느 사이 현실에서 비슷한 모습과 마주치게 될 때가 있다. 영화 속 세상이 미래에 그대로 이루어지는 것은 아니지만, 영화인들이 상상하던 바대로 사람들이 끊임없이 호기심을 발휘하다 보면 불가능해 보이던 기술들도 현실에서 만날 수 있다.

다양한 미래기술을 등장시켜 인간의 호기심을 자극한 영화를 들라면 1999년에 개봉한 〈마이너리티 리포트〉가 으뜸이다. 스티븐 스필버그 감독은 이 영화를 만들기 전에 다양한 미래 가능성을 찾아내기 위해서 산타 모니카의 한 호텔에 건축가, 컴퓨터 과학자, 생의학자, 디자이너 등 여러 분야에서 15명의 전문가를 초청하여 3일 동안 토론했다고 한다. 그는 영화에 등장하는 미래시점을 당시로부터 55년 후인 2054년이라 설정하고, 그 시점에 가능한 세계를 묘사하려고 노력했다. 이들 15인의 자문단은 건축, 사회경제, 정치, 기술 등 미래도시의 여러 부분을 망라하여 80쪽에 달하는 '2054년 바이블'로 정리했다.

그렇게 만들어진 〈마이너리티 리포트〉엔 첨단기술이 등장하는 주옥같은 장면들이 셀 수 없다. 그런데 흥미롭게도 영화가 설정한 시점보다 40년이나 빠른 지금, 영화에 등장했던 많은 첨단기술들이 이미 활용되고 있거나 가까운 미래에 현실화될 전망이다. 전문가들이 예상한 미래가 실제로는 훨씬 빨리 다가온 것이다.

영화에서 보인 멀티터치 인터페이스 기술은 영화가 개봉된 지 5년 후인 2007년에 마이크로소프트의 태블릿PC '서피스Surface'에서 완벽하게 실현되었고, 마우스나 키보드 같은 입력기 없이 손동작만으로 디바이스를 조작하는 동작인식 UI는 오블롱 인더스트리Oblong Industries의 '메자닌Mezzanin'* 에 의해 완벽하게 재현되었다. 뿐만 아니라 다수 이용자가 세계 어디서나 동시에 영상을 공유하면서 협업할 수 있도록 하여 영화에서 보여준 것보다 한 차원 높은 기술로 발전시켰다. 컴퓨터가 만든 3차원그래픽 화면을 허공에 띄워 놓고 화면을 조작하는 증강현실기술도 기술적 현실성이 점차 높아지고 있다. 또한 영화 속 거미로봇과 비슷한 벌레 로봇이 개발되어 전쟁터에서 적진 주변

* 메자닌 다수의 사용자가 같은 화면에서 영상을 공유하면서 협업할 수 있는 기술이다. 한 사람당 하나의 마우스, 하나의 컴퓨터, 하나의 화면이란 개념에서 벗어나 여러 사람이 동시에 한 화면을 공유하고 함께 제어할 수 있다.

환경을 관찰하고 위험을 미리 인지하는 정찰용 로봇으로 활용되고 있다.

눈동자로 신원을 확인하는 망막스캐너 기술은 홍채인식기술이다. 국내 중소기업인 아이리스아이디가 세계시장을 석권하고 있다. 공항, 금융기관, 정보기관 등 민간기업과 정부기관을 가리지 않고 보안이 중요한 장소의 출입통제에 널리 활용중이다.

범죄가 발생할 현장을 컴퓨터가 예측해서 미리 사전 조치를 취할 수 있도록 하는 범죄예방소프트웨어도 존재한다. 영화에는 미래를 예지하는 초능력자가 등장했지만 이 소프트웨어는 과거 범죄사례 통계에 근거해서 범죄의 진행방향을 예측한다. UCLA의 인류학자인 제프리 브랜팅험Jeffery Brantingham은 10시간 내지는 12시간 이후에 발생할 범죄를 예측하는 '프레드폴PredPol'이란 소프트웨어를 개발하여 LA경찰에 공급했다. 시애틀에서도 CCTV와 결합하여 이 소프트웨어를 활용하고 있다. IBM도 '크러시CRUSH'란 이름의 범죄예방프로그램을 워싱턴DC와 멤피스에 제공해 범죄율을 30% 이상 감소시켰다고 한다.

개인 맞춤형 쌍방향 광고기술은 〈마이너리티 리포트〉에서 매우 주목받은 기술이다. 광고판이 지나가는 사람을 구분해서 인지할 뿐만 아니라 그의 관심사까지도 미리 알고 화면에 비춰준다. 예를 들면 백화점 입구에 신분인식 시스템을 설치하면 통과하는 고객의 얼굴이나 고객이 소지한 신용카드를 인식해서 고객의 구매패턴에 맞게 광고화면을 뿌려줄 수 있다. 이런 대화형 광고기법은 기술적으로는 거의 다 구현이 가능하지만 사생활 노출 문제가 있어서 실제 사용될지는 의문이다.

전자종이신문은 LG가 비교적 근사한 형태의 시제품을 선보인 바 있다. 폴리머 전자부품이나 그래핀을 이용한 플렉시블 디스플레이 개발은 기술의 안정화 문제가 있을 뿐 상용화가 가능한 시점이 멀지 않다. 스마트폰이나 태블릿을 통해 자유롭게 인터넷 정보를 활용할 수 있게 된 것도 어느 정도 영화에서 보인 기술이 현실화 되었다고 할 수 있다.

건물 사이를 연결한 트랙을 따라 무인운전자동차가 자동으로 이동하는 것도 매우 흥미로운 장면이다. 이 무인운전자동차는 런던 히드로 공항이나 아부다비의 마즈다 시에서 소규모로 운행되고 있는 PRT무인자동궤도차량, Personal Rapid Transit와 유사하다. 우리나라 순천만에도 시범라인이 설치된 이 시스템은 자동운전차량이 트랙을 따라 택시 같이 원하는 장소로 승객을 이송하는 시스템이다. 현재 구글이나 자동차 회사들이 추진하는 자율운전차량과는 다르나 소규모 도시의 교통시스템으로 발전할 수 있다. 한편 하늘을 나는 제트 팩이나 자동차는 몇 가지 시제품들이 개발된 사례가 있어 탑승 안전성과 추진 에너지의 경제성만 해결된다면 당장이라도 활용할 수 있는 기술들이다.

〈마이너리티 리포트〉에 등장하지는 않았지만 액티브 콘택트렌즈도 영화에서 자주 제안되는 첨단 미래기술이다. 일반 콘택트렌즈와 같은 모양이지만 미세한 레이저 상이 망막 앞에 맺혀지도록 설계되어 있어서 모바일 폰이나 TV와 같은 화면을 공간에서 완전한 실감 영상으로 볼 수 있다. 기술적으로는 콘택트렌즈와 안경이 결합된 형태로 시제품 아이옵틱iOptik이 나와 있다.

지금까지 영화에 등장한 미래첨단기술은 주로 정보통신이나 컴퓨터를 활용한 기술이 대부분이다. 하지만 앞으로는 바이오기술을 이용한 생체기술이나 생명기술이 다양하게 등장할 것으로 보인다. 줄기세포 기술과 단백질 응용기술과 같은 생체기술이 다양하게 개발되고 있기 때문이다.

영화가 아니라도 인공근육으로 만든 고탄성 외골격의상은 슈퍼맨 같은 근육강도를 제공할 수도 있다. 초감각이나 방탄성능도 발휘한다. 인공 피부에 전자 캡슐을 심어서 영상 디스플레이도 가능하고 외모를 자유롭게 바꾸어 변장을 할 수도 있을 것 같다. 이런 인공피부 기술이 궁극적으로 로봇 피부로 활용되면 인간과 외모가 유사한 안드로이드가 등장할 수도 있다. 공상과학영화는 우리가 미래를 엿볼 수 있는 훌륭한 교재며 창문임에 틀림이 없다.

04 문명을 바꾸는 기발한 생각

'라이터봇WriterBot'은 노래 가사를 만든다. 노래의 장르와 기분 상태를 선택하면 라이터봇이 자동으로 새로운 노래 제목과 가사를 작성해준다. 만약 컨트리 음악으로 '사랑'의 감정을 노래하고 싶다고 지정하면 청바지, 위스키, 트럭 등의 단어가 자동으로 생성된다. 단어를 나열하는 원리는 기존 컨트리 음악 가사에 등장하는 단어들을 통계내고 분석해서 조합하는 식이다. 랩이나 알앤비 장르를 선택하면 팝핀이나 고함이라는 단어가 가사에 들어간다. 이런 식으로 새 노래를 요청할 때마다 서로 다른 단어를 조합하여 가사를 만든다. 각각의 단어 뒤에 무슨 단어가 놓일지도 기성곡의 가사에서 사용한 단어를 모두 분석해서 결정한다. 하지만 자세히 보면 어딘지 모르게 이미 알고 있는 가사와 유사한 느낌이다. 프로그램이 가사의 의미를 알아서 작사를 한 것이 아니므로 내용이 전체적으로 잘 어울리지도 않는다. 어떤 구절은 매우 멋있고 시적이지만 어떤 구절은 말이 안 되는 비문이다. 이 로봇의 역할은 작사가에게 여러 가지 단어의 조합을 제시해서 가사를 만드는 작업을 도와주는 것뿐이다.

'에밀리 호웰Emily Howell'은 작곡을 하는 컴퓨터 소프트웨어다. 남캘

리포니아 대학교의 데이비드 코웁David Cope 교수는 오페라를 작곡하다가 아예 컴퓨터로 작곡할 수 있는 자동프로그램을 직접 개발했다. 호웰은 주로 고전음악을 작곡하는데, 바흐는 물론이고 베토벤, 브람스 스타일의 음악도 작곡한다. 작곡가의 작품을 제공하면 음악패턴을 분석해서 그 작곡가 스타일의 새로운 곡을 만든다. 2010년에는 '에밀리 호웰'이란 앨범도 발매했다.

컴퓨터 작곡 프로그램은 많은 음악가가 애용하는 작곡 보조수단이다. 잘 알려진 '피날레Finale'나 '시벨리우스Sibelius'와 같은 작곡프로그램을 이용하면 쉽게 디지털 악보를 작성할 수 있다. 유행하는 리듬이나 장르를 입력해 주면 나름의 멜로디를 생성한다. 이 결과에 음악가의 마지막 손질을 더하면 훌륭한 음악이 된다.

작곡프로그램은 작곡가 100명의 일을 감당한다. 라이브 공연, 영화, 텔레비전, 미디어 엔터테인먼트 할 것 없이 작곡이나 편곡을 위해서는 컴퓨터에게 도움을 받는 것이 시간이나 인력 측면에서 효율적이다. 다만 최종 작업은 사람이 해야 한다. 사람의 마음을 움직이는 기술은 아무래도 사람이 한 수 위다.

컴퓨터 예술은 음악 분야에 그치지 않는다. 대부분의 사진편집 프로그램은 이미지를 파스텔화나 유화 또는 소묘로 바로 바꿔 줄 수 있다. 아예 기계가 예술작품을 그려내기도 한다. '이-데이비드e-David'는 용접용 로봇에 카메라와 센서를 붙여서 캔버스 위에 붓으로 그림을 그리는 로봇 화가다. 이 로봇은 화가가 하듯이 캔버스 위에 그려진 그림을 보면서 사용할 붓을 선택하고 색상배합을 계산한다. 사진을 보여주면 바로 유화 작품으로 변환시킨다. '페인팅 풀The Painting Pool'이라는 소프트웨어도 사진과 동일한 그림을 그려낸다. 아직은 전문적인 모사가들의 실력에도 미치지 못하지만 로봇을 유명작품 복제에 활용할 수 있다.

요즈음 공상과학영화는 거의 모두 컴퓨터 영화다. 배우들이 온몸에 센서를 부착하고 여러 가지 동작을 하면 그 동작들을 컴퓨터 프로그램이 추적해서 감독이 원하는 디지털 영상으로 만든다. 배우를 직접 촬영하는 것이 아니라 컴퓨터가 영상을 만들어내므로 위험한 연기를 대신하던 스턴트맨의 일자리가 사라지게 됐다. 거대한 영화 세트장도 거의 필요없어졌다. 뭐든지 컴퓨터 그래픽으로 만든다.

영화에 등장하는 로봇이나 동물의 동작이 사람처럼 자연스러운 것은 프로그램에 감독이 원하는 움직임을 인식시켜 줬기 때문이다. 로봇의 연기는 모두 프로그래밍 결과일 뿐이다. 배우가 기본 동작을 연기하면 모든 동작을 벡터 이미지로 바꾼 다음 가상의 동작으로 변형시켜 원하는 장면을 얼마든지 만들어 낼 수 있다.

이제 로봇이 신문기사를 쓴다는 것은 뉴스거리 축에도 들지 못한다. 로스앤젤레스 타임지의 지진발생 기사는 '퀘이크봇QuakeBot'이라는 지진전담 인공지능 기자가 작성한다. 지진 발생 3분 이내에 모든 자료를 자동으로 정리하여 기사를 내보낸다.

많은 미디어 매체가 이미 오토메이티드 인사이트Automated Insights나

내러티브 사이언스Narrative Science가 개발한 소프트웨어를 사용하고 있다. 로봇기자는 기사의 기본적인 요소를 채우는 일에 능숙하다. 주로 스포츠 기사나 금융정보, 사건 사고 기사와 같이 간결하고 시의성이 중요한 기사를 담당한다. 그러나 현장을 관찰하고 상황을 심도 있게 분석하는 기사는 역시 사람의 몫이다.

과학자들은 인간의 일을 대신할 수 있는 로봇을 계속 개발할 것이다. 영국 애버리스트위스 대학교 로스 킹Ross D.King 교수는 미생물 실험을 자동으로 처리할 목적으로 로봇 '아담Adam'을 개발했다. 이 로봇은 스스로 데이터를 수집하고 패턴을 분석하며 그 패턴이 반복해서 재현되는지 여부를 확인하고 실험한다. 실험 계획부터 결과분석까지 전체 과정을 사람의 도움 없이 아담의 판단만으로 처리한다.

NASA는 오래 전에 인공발명 소프트웨어를 이용해서 우주선 안테나를 설계한 적이 있다. 안테나가 갖춰야 할 조건에 부합하는 450g 이하의 무게와 FM 라디오 전파를 송수신하는 기능을 입력하면 소프트웨어가 자동으로 새로운 안테나를 설계했다. 사람들이 몇 달 동안 해결하지 못한 문제를 소프트웨어가 쉽게 해결한 것이다.

새로운 구조를 설계하는 일은 이미 밝혀진 사실을 검색하는 일과는 좀 다르다. 문제를 정확히 인식하지 못하면 해답을 제대로 도출하지 못한다. 발명도 사람이 문제를 내고 로봇이 문제를 풀어내는 식이 되고 있다.

인공지능이 범람하는 사회가 다가온다. 이를 막을 수는 없다. 예술

활동이나 연구 활동도 인공지능의 도움을 받는 세상이 되었다. 사람들이 남들보다 지적으로 우월하다고 뽐내기에는 지식의 확산 속도가 너무도 빠르다. 이제는 전문지식까지도 컴퓨터에 의존해서 정리해야 할 상황에 이르렀다. 사람은 모르는 지식을 묻고 컴퓨터는 찾아서 알려주는 세상이다.

컴퓨터의 강점은 정확성과 생산성이다. 컴퓨터 인공지능은 사람과 달리 일을 하면서 불만이나 의문을 제기하지 않는다. 그저 묵묵하게 주어진 일을 시키는 대로 지치지 않고 처리한다. 하지만 인공지능은 일을 처리하는 과정에서 겪은 문제점을 스스로 해결하지 못한다. 완전히 새로운 개선책을 이끌어내지도 못한다.

처음에 사람들은 인공지능의 능력에 감탄했다. 하지만 회를 거듭할수록 그 결과가 뻔하고 평범했다. 정해진 로직에 따라서 질문과 답변을 반복할 뿐이다. 상황이 변해도 답변에 이를 잘 반영하지 못한다. 새롭고 엉뚱한 대답도 하지 못한다. 하지만 사람들은 새로운 것을 선호한다. 생각지도 못한 엉뚱함에 주목한다. 엉뚱한 가치가 새로운 세계를 열어주기 때문이다. 그런 기발함이 컴퓨터엔 없다.

예술의 자동화도 마찬가지다. 인공지능은 예술 활동을 통해 사람의 영혼을 설득할 만큼 기발하지 못하다. 사랑과 슬픔이란 감정을 모르니 내면에서 우러나는 감정을 표현하거나 전달하지 못한다. 결국 새로운 감성을 이끌어 내고 새로운 문물을 만들어내는 발상은 사람의 두뇌에서 나온다. 사람의 기발한 생각이 세상을 바꾸는 힘이 되고 있다.

05 생활필수품이 된 인공지능

• 무어의 법칙 반도체 집적회로의 성능이 매 18개월마다 2배로 증가한다는 법칙이다. 처음엔 경험적인 관찰에 바탕을 두고 있었지만 최근엔 달성해야 할 기술개발 목표로 활용되기도 한다. 인텔의 공동 설립자인 고든 무어가 1965년에 내놓은 분석결과이므로 후에 사람들이 그의 이름을 붙여 다른 경우에도 적용하고 있다

• 딥 러닝 데이터의 속성을 깊이 추론하여 의미를 부여하고 연관성을 파악하는 인공지능 학습기술. 무수한 데이터로부터 공통적이고 핵심적인 의미를 도출함으로써 인공지능에게 인간과 같은 추상적인 사고를 가능하게 한다.

미래학자 레이 커즈와일Ray Kurzweil은 기술개발속도가 무어의 법칙• 대로 가속되어서 2029년 이후가 되면 컴퓨터 두뇌가 인간의 지능을 추월한다고 주장했다. 그는 진정한 지능컴퓨터라면 인간의 두뇌처럼 언어를 이해하고 스스로 추론과 의사결정을 할 수 있어야 한다고 믿었다.

그는 2012년 말에 구글-X 연구소의 기계학습 연구팀에 합류했다. 그가 구글에 합류한 이유는 구글이 보유한 막대한 데이터와 막강한 컴퓨터 능력 때문이라는 설이 있다. 하지만 구글이 진행하고 있던 딥 러닝Deep Learning• 기법의 인공지능기술에 관심이 끌렸기 때문이라고도 한다.

구글 브레인 팀은 2012년 커즈와일이 합류하기 전에 유튜브에서 1천만 개의 이미지를 무작위로 골라 그림의 기본 요소들을 슈퍼컴퓨터에게 인식시키는 실험을 했다. 마치 갓난아기가 지식을 흡수하듯이 컴퓨터가 딥 러닝 기법을 이용해서 스스로 학습하도록 한 것이다. 이 슈퍼컴퓨터는 16,000개 중앙처리장치를 가동해서 유튜브에 있는 이미지의 특징을 분석한 결과 사람 얼굴, 사람 신체 그리고 고양이

세 가지를 구분해 냈다. 유튜브 이미지들 중에 수없이 많은 고양이 사진이 있었던 모양이다. 기계가 사람과 마찬가지로 생각하고 스스로 배운다는 꿈의 실현가능성을 처음 확인한 셈이다.

컴퓨터가 처음 등장한 1950년대 후반부터, 앞으로 사람과 같은 수준의 컴퓨터 인공지능이 개발될 것이라는 이야기가 있었다. 그러나 그런 기대는 항상 허물어졌다. 실제 세상에서 벌어지는 일들은 컴퓨터로 간단히 처리하기엔 너무도 복잡하게 얽혀있다. 특히 컴퓨터는 이미지를 처리하는 일에 역부족이었다. 이미지를 단순한 흑백 점들의 집합으로 처리할 뿐 그 형상을 알지는 못했다. 초기의 신경회로망 기법도 마찬가지였다.

하지만 2000년대 이후 컴퓨터 성능이 좋아지면서 여러 가지 시도가 가능해졌다. 캐나다 토론토대학 연구진은 2009년에 딥 러닝 기법을 이용해서 세 시간짜리 녹음테이프 음성기록을 모두 문자로 번역해 내는 작업에 성공했다. 스마트폰 기업들은 당장 이 기술에 주목했다. 모든 스마트폰에 딥 러닝 방식의 음성인식기술을 채용하는 데는 1~2년 밖에 걸리지 않았다. 구글이 안드로이드 폰에 딥 러닝 기반의 음성인식기술을 채용하고 보니 인식 실패율이 25%나 감소했다고 한다.

기업들은 딥 러닝 기술을 채용한 가상두뇌 개발에 몰두하고 있다. 특히 구글은 딥 러닝 전문가들을 자석처럼 빨아들이고 전문 벤처기업들을 사들였다. 다른 기업들도 전문가들을 앞 다투어 영입하고 있다. 구글은 '구글 브레인', 마이크로소프트는 '아담', 애플은 신경망이 강화된 '시리siri'를 개발하고 있다. 중국의 검색기 회사인 바이두Baidu도 스탠포드대학의 앤드류 잉Andrew Ng 교수를 고용하여 세계 최고수준의 인공지능을 개발하겠다고 선포한 상태다. 이 뿐만 아니고 페이스북, 넷플릭스, 핀터레스트 등도 딥 러닝 기술을 채용한다고 한다.

이 기술이 주목을 받는 이유는 태그정보가 없는 데이터를 처리하는 알고리즘이 뛰어나기 때문이다. 여기에 태그를 포함한 메타데이터를 합치면 훌륭한 데이터베이스가 된다. 이미 음성인식과 동시통역기술은 상당한 수준에 이르렀다. 동시통역기술이 몰고 올 사회문화적 충격은 대단하다. 이미지인식 기술과 결합되면 공상과학영화에 등장하는 인공지능 비서의 현실화가 스마트폰에서 가능해진다.

컴퓨터가 사람과 자연스럽게 대화하는 능력을 갖게 하는 것이 기업의 개발 목표이다. 컴퓨터 인공지능이 단어의 의미와 문장이 전하는 메시지를 정확하게 이해하면 엉뚱한 답변을 하지 않게 된다. 이런 수준에 이르려면 적어도 문장의 구조뿐 아니라 문화적 배경을 잘 이해해야 한다. 사람이 어릴 적부터 체험하여 터득한 사회문화적 지식, 즉 일반 상식을 어느 정도 갖출 필요가 있다. 외국인이 우리말을 배울 때 문화 공부가 필요한 것과 마찬가지다.

구글은 언어기술 개발을 위해서 데이터를 주제별로 분류해서 관련 장소, 사람, 기타 다양한 지식정보를 연결시키는 '지식 그래프Knowledge Graph' 서비스를 발전시키고 있다. 검색자들이 질문을 하면 단순히 주소만 나열해 주는 것이 아니라 관련된 모든 자료를 종합세트 방식으로 제시하는 방식이다. 이런 주제들을 수십억 개로 늘려나갈 것이다.

커즈와일이 원하는 컴퓨터 능력은 여기서 멈추지 않는다. 자연스럽게 언어를 다루기 위해 언어의 모호함이나 억양변화, 심지어 침묵의 언어까지도 통달하게 하고자 한다. 그런 면에서 커즈와일이 추구하는 이상과 현실은 많이 동떨어져 있다.

하지만 딥 러닝 기술은 당분간 여러 가지 분야에서 컴퓨터 지능의 활용범위를 확장시켜줄 중요한 수단으로 위치할 것이다. 딥 러닝 기술로 거리를 거니는 사람들의 표정을 구분해 범죄 가능성을 미리 감지해낼 수 있고, 금융기관에서 빅데이터를 이용하면 신용평점으로는 드러나지 않는 고객의 또 다른 신용도를 짐작할 수 있다.

혹자는 인공지능이 오류를 일으켜 무고한 사람에게 보이지 않는 차별을 가할까 우려한다. 아직 일어나지도 않은 범죄를 미리 차단하겠다며 컴퓨터가 개인의 권리를 침해할 수도 있다. 따라서 개인의 사적인 정보를 무작위로 분석하거나 허가 없이 사용하는 일은 철저히 금지시켜야 한다는 주장이 많다. 반면에 폭발적으로 늘어나는 지식과 정보를 처리하기엔 인간 두뇌의 능력에 한계가 있으므로 인공지능을 제대로 활용할 수 있도록 개인정보를 적극적으로 공개해야 한다는 주장도 있다.

시간이 갈수록 데이터의 증가에 비례하여 지식의 영역은 지수함수적으로 확장될 전망이다. 해결해야 할 과제들은 점점 더 복잡해지고 영역도 넓어질 수밖에 없다. 누구나 더욱 더 어려운 과제를 감당해야만 한다. 하지만 인간의 생물적 두뇌가 감당할 수 있는 규모나 영역은 거의 변하지 않을 것이다. 결국 주어진 두뇌 능력만으로는 확장된 과제를 제대로 처리하기 힘들어진다. 따라서 처리할 업무에 최적화된 인공지능의 협력이 불가피하다.

흔히 인공지능이 일자리를 빼앗는 원흉이란 말들을 하나, 오히려 인간의 두뇌를 증강시켜 일처리 능력을 강화시켜 주는 필수적인 도구가 된다고 봐야 한다.

06 소유와 지식의 가치 변화

인간은 도구를 제작하고 소유한다. 사람처럼 도구를 이용하는 동물들이 없는 것은 아니지만 사용할 도구를 정교하게 다듬어 만들고 다시 쓰기 위해 보관하는 것은 사람뿐이다. 그래서 사람이 거주하는 곳에는 삶에 필요한 온갖 도구들이 쌓여있다. 일상생활에 꼭 필요한 것은 아니지만 만일의 경우를 대비해 놓아두는 것들도 있다. 그렇게 애지중지하며 물건을 쌓아놓았다가 나중에 쓸모없음이 밝혀지는 것도 많다.

태어나서 지금까지 나는 거주지를 스무 번 이상 옮겼다. 이사 다닐 때마다 수많은 물건을 버리고 일부만 옮겼다. 그런데도 이삿짐은 매번 늘어났다. 현재 집안 구석구석에 쌓여 있는 물건을 살펴보면 신혼 때 장만한 것부터 최근 산 것까지 이력이 다양하다. 그런데 이 물건들 중에 자주 사용하는 것은 주방용품이나 청소도구 등 몇 가지에 지나지 않는다. 주방용품 중에도 여기저기서 기념품으로 받은 수저, 컵, 접시나 식기 등은 포장지도 뜯지 않은 채 쌓아놓았다. 미래 어느 시점에 쓰임새가 있을 것이라 막연하게 생각하면서 보관하는 중이다.

서가에는 책이 빼곡하다. 도서를 정기적으로 버려도 자꾸만 쌓인다. 대개는 맨 처음 구입했을 때 한 번 읽고는 다시 보지 않는다. 컴퓨터가 없던 시절엔 그나마 자료로서의 가치가 있었겠지만 지금은 대부분 보존가치가 없는 소장품이다. 필요하면 인터넷을 통해 더 좋은 정보를 찾아낼 수 있어서 꼭 보관할 필요가 없다.

옷도 마찬가지다. 매 계절마다 입을 옷이 없다고 새로 사지만 정작 장롱이나 서랍에는 묵은 옷들이 가득하다. 버리기엔 너무 새것이란 점이 걸림돌이다. 다 입을만하다, 언젠가 입을 거라며 버리지 못한다. 나눔 장터 같은 게 있긴 하지만 대부분 유아용품이나 유아용 옷가지가 주 거래대상이고 성인용 의류는 천덕꾸러기 취급이다.

가전기기나 전자제품도 한 철이 지나면 성능이 뒤쳐져서 완전히 쓰레기 취급을 받는다. 가족들이 쓰다 버린 휴대폰이 열 개가 넘지만 전혀 쓸모가 없다. 디지털 카메라, VTR, 핸디캠, 전자사전, 계산기, 스톱워치, 삐삐, DMB, 게임기가 창고에 널려있다. 이들에 딸린 충전기나 부속품이 커다란 상자 속에 뭉쳐있다. 오래된 VTR과 녹화 테이프는 완전히 계륵이다. 그나마 오디오 테이프를 모두 버린 게 다행이다. 컴퓨터 데이터 저장장치도 여러 세대를 거쳤다. 가장 최근까지 보관했던 CD도 다 버리고 DVD만 남았다. 그 DVD도 보관하고는 있지만 1년 내내 한 번도 보지 않고 먼지가 쌓이고 있다.

공구상자 속에도 사용조차 해보지 못한 공구들이 가득하다. 물건을 수리하거나 고쳐서 사용할 일이 거의 없다. 물건이 부서져서 못쓰기보다는 유행이 변해서 또는 디자인이 맘에 들지 않아서 교체를 한다. 집안 물건을 스스로 고쳐볼 기회가 1년에 두 세 차례 정도다. 그러니 공구상자는 늘 창고 귀퉁이에서 잠잔다. 그렇다고 버릴 수도 없다. 언젠가 그 공구가 꼭 필요한 시점이 있다고 믿기 때문이다.

그러고 보니 연비가 나쁜 승용차 한 대는 의전용이다. 한 달에 한두 번 빼고는 늘 주차장에서 놀고 있다. 감가상각비와 각종 세금을 더해보니 제법 큰돈이다. 과시를 위해 쓸데없는 허영을 부린 거다.

물건을 소유하는 이유는 생존을 위함이나 실용성에만 있지 않다. 과시용도 있다. 대표적인 것이 주택, 자동차, 옷, 보석과 같은 장신구들이다. 사회가 복잡하게 발달하면서 상품은 부의 축적수단이 되었다. 귀한 상품은 높은 가치를 인정받아 큰돈으로 거래된다. 그래서 사람들은 값비싼 물건을 많이 소유하고 있으면 행복하다 여기는가 보다. 값비싼 물건을 소유한 사람은 그 물건을 은근히 혹은 대놓고 자랑하려고 한다.

심리학자들에 의하면 인간이 물건을 소유하려는 욕구는 본능이라 한다. 이런 본능적 욕구가 21세기 디지털 사회에서 다른 형태로 바뀌고 있다. 이제 인류가 축적한 대부분의 지식은 검색할 수 있다. 이 세상에 있는 대다수의 상품도 언제든 쉽게 구매할 수 있다.

디지털 세상에서 할 수 있는 일은 무궁무진하다. 내 위치를 실시간으로 알 수 있고, 내가 가고 싶은 장소를 안내받을 수 있다. 좋아하는 음식을 파는 식당, 잠잘 숙소를 예약하고 찾아갈 수 있다. 마음만 먹으면 데이트 상대도 구하고, 좋아하는 음악 연주를 직접 들을 수 있고, 박물관이나 미술관을 원격으로 방문할 수 있다. 금전거래도 가능하고 오락도 즐길 수 있다. 뉴스를 읽고 세계 각국의 페이스북 친구와 생각을 나눌 수 있다. 좋은 풍경을 사진이나 동영상으로 찍어서 인터넷 앨범에 저장할 수 있다. 갑자기 아이디어가 떠오르면 가상드라이브에 저장할 수 있으니 별도로 기억하지 않아도 된다. 매일 운동량을 측정하여 기록할 수 있고, 각종 주식 및 채권투자도 가능하다. 인간이 생각할 수 있는 모든 활동이 다 가능하다.

물건이나 장비를 소유해야만 가능하던 일들을 이젠 소프트웨어로 경험할 수 있다. 인류가 오랜 세월 각종 물건을 소유하면서 누렸던 행복감을 일거에 해체시킨 것이다. 물건을 소유하면서 차별성을 누리던 세상이 갑자기 물건이 없어도 비슷한 경험을 누릴 수 있는 세상으로 바뀌었다. 부의 차별성이 모호해졌다.

물건뿐이 아니다. 지식도 차별성이 없어졌다. 상식 수준의 정보라면 누구나 스마트폰을 검색해서 단시간에 습득하거나 이해할 수 있다. 이제는 많은 지식을 암기하고 있다고 뽐내거나 자랑하는 시대가 아니다. 지식은 지혜를 낳기 위한 도구나 수단이지 과시하는 장식품이 아니다. 활용하지 못하는 지식은 집안에 처박혀 먼지만 잔뜩 쌓인 백과사전이나 문집과 마찬가지다. 경험이나 지식이 다양하지 못하면 같은 이야기를 반복하게 된다.

나이가 들수록 사람들은 자신의 무용담을 즐겨 말한다. 심한 경우엔 같은 사람에게 같은 이야기를 여러 차례 반복한다. 상대가 지루함을 느끼든 말든, 했던 이야길 또 한다. 들려 줄 새로운 지식이 차단되었기 때문이다. 그러나 호기심이 많은 사람은 같은 주제에 만족하지 않는다. 매일 새로운 지식을 습득하고 상대에 따라서 화제를 다양하게 구사한다.

집안에 잔뜩 쌓인 물건들이 쓸모없게 느껴지듯이 기억 속에 묵혀둔 정보는 새로운 삶에 도움이 되지 않는다. 몰라도 될 것은 너무 많이 기억하고 있고, 꼭 알아야 할 것은 배우지 못해 너무도 모르고 있다. 삶의 지혜로 삼을만한 새로운 지식이 자꾸만 변하고 있다. 지식의 양은 중요하지 않고 지식이 당장 쓸모 있느냐가 더 중요하다. 과거엔 훌륭하다고 평가 받았던 지식이라도 미래를 살아가는데 별 도움이 안 된다면 고정관념에 불과할 수 있다. 낡은 지식과 경험은 거둬내고 두뇌 저장소에 새 지식을 채워야 한다.

07 와해성 기술 시대, 나의 일은 살아남을까?

국내에 컬러 방송이 시작된 80년대 초, TV에서는 미국 드라마 〈나이트 라이더Knight Rider〉 시리즈를 〈전격 Z작전〉이라는 제목으로 방영했다. 인공지능 슈퍼컴을 장착한 로봇 자동차 키트kitt는 인공지능으로 작동하며 주인공과 친구처럼 이야기를 나눈다. 자동차 스스로 주차도 하고 주인이 부르면 현관에 와서 대기하는 자율운전차량이다.

사람은 스스로 판단하여 자동으로 운행하는 로봇자동차를 꿈꿔왔다. 그 꿈에 부응하려고 했는지 구글은 차량 주변을 360도 감시하는 센서들을 부착하고 도로를 무인으로 주행하는 차량을 개발했다. 먼 미래의 일이라고 내팽겨 둔 일을 구글이 현실화한 것이다.

사실 구글이 성과를 공표하기 이전에 독일의 자동차 회사에서도 무인주행차량을 개발해 왔으며 사람의 도움 없이 도로를 주행하는 차량을 시험한 적이 있다. 하지만 완전무인화가 가능하려면 사회적 기반이 충분히 갖춰져야만 한다는 것이 이들의 의견이었다. 하지만 구글의 연구는 기존의 도로 시스템에서 차량 센서만 가지고 무인 주행이 가능하다는 것을 증명해냈다.

미국은 정부 주도로 무인주행차 기술개발에 박차를 가하고 있다.

2016년 완성을 목표로 도로시스템을 정비하고 차량 간 통신 V2V과 차량과 도시인프라 간 통신 V2I 기술개발에 박차를 가하고 있다. GM은 2016년에 무인주행차를 시장에 선보이겠다고 공언했다. 독일이나 일본의 자동차 업체들도 무인주행차 연구개발의 막바지 단계에 있다. 2017년 정도면 시장에서 스스로 말하고 움직이는 무인주행차를 만날 수 있다. 초기에는 〈전격 Z작전〉에 등장한 슈퍼 카에 비하면 걸음마 수준의 로봇운전차량일 것이다. 하지만 머지않아 운전자보다 훨씬 똑똑한 자동차가 등장할 것이다.

산업용 로봇 중에서 '백스터Baxter'란 저가 학습로봇이 주목을 받고 있다. 지금까지 산업용 로봇은 공장에서 인간 작업자와 격리된 상태로 자동화 작업을 해 왔는데, 백스터는 사람 곁에서 함께 협동 작업할 수 있도록 안전장치가 되어 있다. 대당 2만 달러 정도로 값이 싸고 작업 내용을 프로그램으로 입력하지 않고 직접 로봇 팔의 궤적을 수동으로 이끌면서 기억시킬 수 있다. 별도의 로봇 프로그래머가 관여할 필요가 없다. 중소기업의 작업장에서 단순한 노동은 물론이고 복잡한 노동까지 사람들과 어울리며 일을 처리할 수 있어서 제조업의 혁명을 가져올 것이라고 평가받고 있다. 하지만 이 역시 미래형 로봇에 비하면 걸음마 수준이다. 미래에는 로봇이 사람처럼 스스로 학습하면서 새로운 작업을 자유자재로 처리하는 능력을 갖출 수 있다고 판단한다.

많은 미래학자나 과학자들은 2030년에는 현재의 일자리가 거의 새로운 일자리로 대체될 것이라고 한다. 영국 옥스퍼드 마틴스쿨에서는 미국의 분야별 직업 702개를 대상으로 향후 얼마나 자동화가 이루어질지를 분석했다. 그 결과 컴퓨터 자동화에서 살아남을 직업은 33%에 불과했다. 그러나 사라질 직업 대신에 새롭게 등장할 직업들이 어떤 것인지에 대해선 쉽게 예측할 수 없었다.

사람이 직접 자동차를 운전하는 것을 마치 마차나 말을 타고 다니는 것과 같이 낡은 관습이나 흘러간 추억 취급할 때가 가까운 미래에 올 것이다. 현재 택시나 트럭 운전수와 같이 운전에 종사하는 일자리 수는 국내에만 50~60만에 달한다고 한다. 이 일자리가 사라질 무렵에는 웬만한 일자리는 다 같이 사라진다고 볼 수 있다.

지금 산업현장에서 진행 중인 로봇 자동화는 어정쩡한 기술을 가진 노동자의 일자리를 빼앗고 있다. 첨단공장에서는 기계를 직접 손으로 작동시키지 않고 컴퓨터 자판을 두드려서 로봇에게 작업지시를 한다. 작업자는 공정진행 중에 발생하는 오류를 감시할 뿐이다. 수백 명이 작업을 나누어 하던 대형 공정도 서너 명의 기술자가 주운전실에 앉아서 모니터를 보면서 다 처리한다. 어떤 공장에선 아예 모니터링도 자동화되고 있는 실정이다. 사람이 몸을 움직여 하던 일은 점차 사라지고 머리로 생각하면서 하는 일만 남고 있다.

사무직 일자리 또한 마찬가지다. 경험 있는 핵심 관리자가 있으면 대부분의 업무는 분리해서 외주업무로 소화한다. 웬만한 보조업무는 모두 자동화 장비로 해결하니 자연히 원가가 줄어들고 처리속도는 빨라진다. 육체노동이나 단순반복업무로 버티던 시절은 사라지고 머리로 총명하게 일을 처리하는 사람만이 경쟁력을 가지는 비즈니스 환경으로 변하고 있다.

전문직도 마찬가지다. IBM의 인공지능 왓슨Watson은 이미 병원진료지원 경험을 쌓고 있고, 월가의 투자지원 분석가로도 활약하고 있다. 의사도, 변호사도, 증권 투자가도 이젠 컴퓨터의 판단에 의존하는 시대를 향해 가고 있다.

미래를 긍정적으로 전망하는 사람들은 앞으로 많은 일자리가 사라지더라도 더 많은 일자리가 새롭게 탄생하여 인류는 더 고급스런 일을 하면서 살게 될 것이라고 말한다. 증기기관이 등장했을 때나 컴퓨터가 등장했을 때 그러했듯이 말이다. 물론 그렇게 되어야 한다. 그러나 그 과정에서 많은 사람이 어마어마한 고통을 감내해야 한다. 어떤 일들이 벌어질 수 있는지 세 가지의 가상 시나리오를 그려보자.

첫째, 고통스런 변화를 겪지만 결국은 일자리가 회복하는 경우다. 가장 바람직한 시나리오다. 미국은 19세기에서 20세기 사이 농업경제가 산업경제로 전환되면서 이런 과정을 겪었다. 농업의 기계화로 농산물 생산이 크게 증가하자 농작물과 축산물 가격이 절반이나 폭락했다. 그러자 전체 인구의 20%를 차지하던 농민들은 구매력을 상실하고 빚더미에 나앉게 되었고, 부채가 쌓이자 은행이 파산하고, 신용이 붕괴되어 대공황을 초래했다.

제2차 세계대전을 거치면서 미국 경제는 군수산업을 기반으로 다시 건실해졌지만 한번 엄청난 충격을 겪었던 농업은 더 이상 회복되지 않았고 농업인구는 2%대로 줄어들었다. 경제가 호전되어도 종사자들의 삶은 바뀌지 않았다. 많은 노동자가 흘러간 산업영역에 갇혀서 실업상태에 놓였다. 세상이 바뀌었다고 죽은 경제에 종사하던 사람들이 당장 다른 업종에 종사할 수 있는 건 아니다. 재교육이 필요하다.

물론 모든 노동자가 직장을 잃는다고 할 수는 없다. 제대로 재훈련만 해 준다면 기계와 함께 상생하면서 자동화 위협을 피할 수 있는 안전 영역을 찾을 수 있을 것이다. 그러나 현대는 극도의 와해성 기술* 시대다. 특히 컴퓨터 기술은 이전의 산업보다 와해성이 더욱 높다. 연관되지 않은 산업이 없을 정도로 모든 분야에서 기술혁신을 주도하고 있다. 만약 지금 50대 중반의 나이에 실직했다면 다시는 예전과 비슷한 일을 하는 일자리로 복귀하기 힘들다. 물론 십대라면 미래가 매우 밝다. 이들은 부모 세대에는 존재하지도 않았던 새로운 일자리를 얻을 기회가 더 많다. 똑똑해진 인공지능을 활용한 새로운 비즈니스 영역이 그들의 차지가 될 것이다.

* 와해성 기술 새로운 산업을 창출하며 시장을 재편성하는 혁신적인 기술. 기존의 기술이나 서비스는 대체되거나 수요가 없어진다.

둘째, 일자리를 만들지만 저급 일자리만 제공하는 경제시스템이 구축되는 경우다. 지금 선진국에서 벌어지는 현상이 이와 비슷하다. 영리하고 솜씨 좋은 소프트웨어들이 계속해서 중산층 일자리를 잠식하고 있다. 기계가 대신할 수 없는 일에 종사하는 지식 노동자, 기계를 잘 활용하여 지속적으로 생산성을 높일 줄 아는 상위권 고급기술자들은 생존한다. 그리고 저임금 일자리도 기술의 공격을 덜 받는다. 호텔방을 말끔하게 청소하는 일이나 식당에서 요리하고 그릇 씻는 일은 아직도 사람이 잘한다. 하지만 중간 수준의 보수를 받는 일자리 대부분은 기계와 경쟁해야만 하고 그나마 보수도 차츰 낮아진다. 많은 중간층 노동자는 직장을 잃거나 더욱 저기술 저임금 일자리로 밀려난다. 부자와 보통 사람들 간의 수입 격차는 점점 더 커질 것이다.

셋째, 로봇 자동화로 대부분의 일자리가 사라지는 경우이다. 새로운 일자리가 생기지도 않고 곧바로 완전한 디지털 세계로 탈바꿈하게 되는 사태다. 대부분의 생산활동을 컴퓨터끼리 알아서 처리하기 때문에 소수 인력만으로도 업무 태반을 감당해낸다. 이 경우 일자리 시장은 지금과는 완전히 다른 형태로 변하리라고 추정할 수 있다.

나이키는 신흥국의 저임금업체를 통해 위탁생산을 하면서 성장했다. 처음에는 이러한 생산방식이 경영 효율성이 높았다. 하지만 시장경쟁이 치열해지면서 점차 품질 고급화를 위한 고기능 기술자들이 필요해졌다. 나이키는 그 해결방안을 첨단기계자동화에서 찾았다. 임금을 올려달라는 노동쟁의도 없고 생산성도 부쩍 높일 수 있었다. 이젠 나이키와 같은 노동집약산업뿐만 아니라 반도체나 스마트폰에 이르기까지 모든 첨단제품을 신흥국이 도맡아서 생산한다. 제품생산에서 숙련된 기능인들의 역할은 사라져 버렸다.

첨단자동화는 제조업 공장에만 머물지 않는다. 기계와 소프트웨어가 할 수 있는 일은 모두 자동화하는 추세다. 대표적인 사례가 자동차 무인주행기술이다. 사람의 시각, 청각 등 감각기능을 센서로 대체하고, 주변상황을 판단하는 두뇌능력은 인공지능제어로 해결하여 무인자동운전을 현실화했다. 법적 또는 윤리적인 문제가 없다면 모든 직업이 무인화될 수 있다고 봐야 한다.

대학을 졸업해도 취업이 쉽지 않다. 사회변화를 이끌어갈 인력은 부족한데 실업률은 증가하는 추세다. 전 세계적으로 대학 무용론이 제기되고 있다. 미국에서도 대학등록금이 너무 비싸다는 저항이 있다. 교육에 투자해야하는 비용에 비해 실질적으로 돌아오는 이득이 적다고 믿기 때문이다. 그러나 본질은 등록금 액수가 아니다. 등록금이 반절이 된다한들 대학에서 배운 지식이 곧 쓸모없어진다면 졸업생들이 만족하겠는가. 옛날에도 대학 등록금은 서민에겐 큰 액수였다. 그런데도 부모가 빚을 내서라도 자식의 등록금을 지원해준 이유는 대학만 졸업하면 그럴듯한 직장에 취업할 수 있고 평생 소득이 보장된다고 믿었기 때문이다.

경제전문지 이코노미스트는 제조업의 디지털화를 3차 산업혁명이라고 평했다. 제품의 설계부터 제조공정, 시제품 평가에 이르기까지 디지털 해석과 시뮬레이션만으로 진행되며 모든 과정이 네트워크와 디지털 시장을 통해 조절이 가능할 것이라 보았다. 3D프린팅 기술에 의해 맞춤상품을 대중에게까지 제공할 수 있다고 한다. 1, 2차 산업혁명과 마찬가지로 3차 산업혁명은 우리가 미처 생각도 못한 엄청난 사회변화를 일으킬 것이다. 기존의 경제논리로는 이해할 수 없는 일들이 일어날 수도 있다. 최근 개발되고 있는 인공지능, 나노기술, 사물인터넷 등을 살펴보면 이런 기술이 몰고 올 변화의 물결이 결코 사소하지 않을 것만 같다.

당장 일어나는 현상만 보아도 우선 중산층의 일자리가 서서히 사라지고 있다. 기술이 일자리를 대체하는 현상은 예전에도 있었지만 현재는 그 추세변화가 매우 급하다. 정신노동자, 육체노동자 할 것 없이 반복적인 업무에 종사하고 있는 사람은 컴퓨터나 로봇이 바로 대체할 수 있다. 대부분 대졸 중산층이하던 일이다. 국가의 경제규모는 계속해서 증가하지만 그에 따른 이익이 부유층이나 지식층에 집중되면서 빈부격차는 점점 커지고 있다. 부유층에게 세금을 많이 부과해서 저소득층에 나눠준다고 해결될 문제가 아니다. 스스로 소득을 높이도록 유도해야 한다. 사람들에게 미래에 번창할 일자리를 알려주고 변화에 대비할 수 있도록 정부와 사회가 도와야 한다.

EU는 2020년까지 디지털사회를 구축해서 유럽 경제를 부흥시킬 전략을 수립 중이다. 그 방안 중의 하나는 정보통신분야ICT 종사자를 배출하는 것이다. ICT 종사자 수가 매년 3%씩 증가하는데 비해 대학에서 배출하는 관련분야 전문가 수는 오히려 줄어들고 있다. 2015년까지 채워지지 않고 빈자리로 남는 ICT 일자리는 90만 개로 추산된다. ICT 위원회는 관련 기술자 수를 늘리고 기술 잠재력을 높이기 위해 이수해야 할 교육 수준을 정하고, 국제적인 기술인증 제도를 마련하여 ICT 인력이 쉽게 국경을 넘어 취업할 수 있도록 제도적 기틀을 제공하겠다고 한다.

2013년 미국 노동부는 향후 10년 동안 새롭게 등장할 일자리 유형과 규모를 조사 분석해서 발표했다. 미래에 고수익을 올리게 될 일자리의 종류와 그 전망의 근거를 국민들에게 소개했다. 고령화사회가 되고 건강관리사업이 급속히 팽창하면서 간호사의 일자리가 가장 많이 늘어날 것으로 예상된다. 2022년까지는 현재 등록된 것보다 52만 6,800명의 간호사가 더 필요하게 될 것이라고 한다. 문제는 간호사가 저임금 일자리라는 것이다. 다음으로 수요가 높은 일자리로는 24만 4,100명이 더 필요하다고 보고된 부서경영자직이다. 모든 기업과 기관에서는 매끄러운 운영을 위해 총무나 경영 전문직이 필요하다. 경기침체를 벗어나면 건설 수요가 급속하게 팽창할 전망이라 목수도 21만 8,200명이 필요하다고 한다. 또 의사, 특히 신경과와 피부과 전문의들이 많이 필요하며, 외과의사도 많이 필요할 것이라고 한다.

미래 일자리 중 대표적인 것은 소프트웨어 개발 업무다. 소프트웨어 전문가는 지금도 미국뿐 아니라 전 세계 기업들이 원하는 고소득 직종이다. 직무가 자동화될수록 다양한 소프트웨어가 필요하다. 그 밖에도 기업의 생산성을 최대한 높이는 전략을 제공하는 경영분석가, 시장을 분석하고 상품판매 전략을 수립하는 시장전문가, 일선 행정업무를 관장하는 행정전문가 등 사실 따지고 보면 일자리는 많다. 관건은 이런 업무를 위해 어떤 자질과 능력을 갖추어야 하느냐이다.

인공지능기술이 발달하면서, 컴퓨터는 모든 사항을 일일이 지정해주지 않아도 스스로 학습해서 자율 판단하는 능력을 키우고 있다. 너무 복잡하거나 미묘해서 사람의 판단에 의존해야만 했던 일도 상당수가 인공지능이 감당하는 범위 안에 들어왔다. 실제로 다양한 분야에서 인공지능 소프트웨어를 활용하고 있다.

컴퓨터가 사람에 비해 열등한 부분은 크게 나눠 세 가지다. 먼저 미세한 손재주가 필요한 업종이다. 구강외과의사, 메이크업 아티스트 등이다. 두 번째로 창의성이 필요한 분야다. 안무 연출가, 큐레이터, 예술 감독 등이 해당된다. 마지막으로 사람과 교류하면서 사회적 통찰력을 발휘해야하는 업종이다. 정신건강분야 종사자, 간호사, 성직자, 코치 등이 이에 해당된다. 그러면 나머지 분야에선 사람이 종사할 일이 없어진다는 뜻일까? 꼭 그렇지만은 않다. 같은 일이라도 단순히 요약하는 일은 소프트웨어가 빠를지 모르나 상상력을 불어넣어 새로운 가치를 만드는 일은 사람만이 할 수 있다. 미래 직업은 사람이 관리나 기획 그리고 설계업무를 주로 담당하고 일상적인 일은 기계가 담당하는 협력 작업이 될 것이다.

사람이 사는 세상에서 변치 않는 것은 융통성 있는 감성적 교류다. 컴퓨터 챗봇chatbot이 아무리 다정하게 말을 건넨다 해도 자세히 살피면 비슷한 패턴의 말을 반복할 뿐이다. 컴퓨터 인공지능은 정해진 일을 빨리 처리하는 능력은 높지만 상상력은 없다. 하지만 인류문명은 동굴생활 시절부터 지금까지 상상력을 기반으로 발전해 왔다. 미래에도 마찬가지다. 끝없는 인간의 상상력만이 미래의 일터를 만드는 힘이다.

09 미래 일자리는 새로운 역량을 원한다

사람들은 미래에 대하여 두려움부터 품는다. 공상과학영화나 각종 미래전망 기사들을 보면 인공지능로봇이 인간의 일을 모두 대신할 것이라 예측한다. 이러한 관점에는 언젠가 인간이 로봇에 지배당할지도 모른다는 불안이 담겨 있다. 그러나 영화는 만에 하나 찾아올지 모를 위험을 경고하는 것 정도라고 생각해야 한다. 이제까지 과학기술은 인류가 인간의 한계를 뛰어넘는 능력을 발휘할 수 있도록 도움을 주어 왔으며 이는 앞으로도 마찬가지일 것이다.

인간의 일자리를 빼앗을 것이라고 여겨졌던 기술들이 어쩌면 인간의 꿈을 더 넓혀주는 계기가 될지도 모른다. 인간의 두뇌는 몰입하면 할수록 더 고도의 문제해결능력을 발휘한다. 기술개발은 인간의 사고능력을 키워 더 빨리 더 많은 생각을 할 수 있게 한다. 사람들의 일처리 속도도 자꾸만 빨라지고 있다. 컴퓨터만 빨라지는 것이 아니라 인간의 잠재능력도 덩달아 증강되는 것이다. 모든 기술 발전은 항상 새로운 환경에서 할 수 있는 새로운 일거리를 생성한다. 지금까지 사례가 없던 일을 만들어내는 것이 인간이다. 일거리가 차츰 고급스러워진다고 보는 것이 맞다.

영국의 고용기술위원회UKCES, UK Commision for Employment and Skills는 〈미래의 일터: 2030년 일자리와 기술〉이란 분석 보고서를 내놓았다. 15년 이후에나 닥칠 일을 전망했다는 점에서 도박에 가깝지만 미래 직업사회를 미리 조명했다는 점에서 매우 가치 있는 자료다. 이 자료를 중심으로 미래 일터와 미래 인재의 요건을 살펴보자.

UKCES는 로봇, 차세대 유전자, 그래핀과 같은 신소재, 에너지 저장, 3D프린팅, 자율자동차 기술과 같은 게임 판을 완전히 바꿀만한 기술이 미래의 노동시장을 요동치게 할 것으로 전망했다. 학문 또는 업무의 경계 영역에서 끊임없이 새로운 혁신이 발생하고, 경계를 허문 융합기술이 등장할 것이라고 한다.

기술은 분야를 넘나들며 융합하고 새로운 일자리를 만든다. 기업이 영역을 뛰어넘는 혁신적 변화를 수용하고 공급망을 활용한다면 차별화된 상품을 개발하기 쉽다. 직원들도 기존의 전문영역을 벗어나 기술융합의 추세에 따라야 한다. "위대한 혁신은 한 영역을 지배하던 패러다임을 다른 영역의 패러다임으로 바꾸는 사람에 의해 이루어진다." 이 보고서가 인용한 어느 전문가의 말이다.

이 위대한 혁신의 심각한 문제점은 앞 장에서 다루었듯 전통적인 중산층 일자리가 점차 줄어든다는 점이다. 주로 사무실 행정을 도맡던 화이트칼라나 숙련공 블루칼라의 일들이다. 기술발달과 글로벌화는 이런 중산층 일자리부터 잠식하고 있다. 소멸된 일자리를 메우기 위해 새로운 형태의 일자리가 등장한다 해도 그 일은 다른 영역에서 다른 기술로 대체된다. 저급 일자리와 고급 일자리의 구분이 뚜렷해진다. 창의성, 문제해결 능력, 소통 능력을 갖춘 고급기술자는 노동시장에서 강력한 협상력을 갖는 반면에 저숙련공은 임시고용직이나 파견근로자로 전락하여 원가절감의 희생물이 된다.

보고서가 지적하는 또 하나의 중요한 변화는 다세대 공존사회다. 전후 베이비붐 세대에서 디지털 이전 세대, 디지털 세대 그리고 터치스크린으로 대변되는 모바일 세대에 이르기까지 네 세대가 같은 일터에서 함께 일하는 시대가 곧 온다. 이렇게 되면 전통적인 위계질서나 연공서열은 중요하지 않다. 네 세대에 걸친 인력을 이끌고 이들 간 협력과 가치를 결합시키는 관리능력이 매우 중요한 역량으로 대두된다. 사회적 책임감을 갖고 협력하는 자세와 유연한 근무조건을 인정하는 자세가 인력채용의 기준이 될 것이다.

기술변화에 대응하는 속도가 빠르다는 점에서는 디지털환경에서 성장한 젊은이들이 조금 더 유리할 것이다. 그러나 새로운 지식을 꾸준히 흡수하지 않으면 안 되는 것은 모든 세대에게 마찬가지다. 특히 고령층 노동자에게는 젊은 세대와 차별화될 수 있는 숙련된 기술력이 필요하다. 세대 간 상호 이해와 결속 역시 중요하다.

글로벌 환경에서 비즈니스 경쟁력은 업무의 유연성에서 나온다. 앞으론 일의 성격도 달라진다. 오전 9시부터 오후 6시까지의 근무시간 중심, 사무실이라는 장소 중심의 업무는 점차 사라진다. 모든 업무는 한 지역에 국한하지 않고 프로젝트 중심으로 연결된 네트워크

안에서 진행될 것이다. 일자리의 국경도 사라지게 된다. 회사 내에서의 계층 구조는 일이나 프로젝트 중심으로 재정립된다. 프로젝트별로 필요한 자질이나 능력이 없으면 퇴출될 위험이 높다.

기술력이 강한 인력이 우선 취업한다. 모든 업무가 기술과 연관될 수밖에 없다. 글로벌 경쟁력을 갖추려면 가능한 최고급 기술을 익히고 독특한 재능을 지녀야 한다. 필요한 기술은 자기주도적으로 바로바로 습득하고 동료 간 공동학습에도 노력을 기울일 필요가 있다. 기술을 모르면 직업전선에서 도태된다. 지속적으로 최신기술, 그리고 다른 차원의 새로운 기술을 배울 기회를 만들고 적극적으로 훈련에 임해야 한다.

디지털기술이 계속 발달하게 되면 10년 후쯤엔 모든 영역에서 일자리 스펙트럼이 바뀌고 요구되는 재능도 엄청나게 달라질 것이다. 핵심 비즈니스 능력은 물론이고 자기관리 측면에서 프로젝트관리의 전문성이나 개인의 명성관리도 고용의 중요한 판단기준이 된다. 변화를 적극적으로 수용하고 새로운 상황에 민첩하게 적응하는 능력을 갖춰야 한다.

기술발달에 따라 비즈니스 모델도 다양한 변화를 겪는다. 이후 태동할 새로운 비즈니스는 장치산업보다는 기술개발을 통해 소규모로 시작해서 크게 키워나갈 수 있는 서비스 산업의 비중이 커질 것이다.

건강관리 부문에선 가정에서 자가진단기기로 건강관리를 할 수 있게 된다. 전문 의료진과 장비 엔지니어, 프로그램 전문가가 한 팀이 되어 제공하는 개인맞춤 질병관리 서비스 사업이 번창할 수 있다.

건설부문에서는 복잡한 건축기술이 늘어나고, 홈오토메이션 장치의 설치, 관리, 수리 및 개조 사업이 번창할 수 있다. 건축가나 빌딩관리인은 대형건물의 디지털화 설계, 수명관리 및 개조 사업에 주목할 것이라 한다.

유통산업분야는 특히 정보통신기술의 확산에 의해 크게 영향을 받을 분야다. 인구증가로 인해 저숙련 일자리와 고급 일자리가 모두 늘어날 것이다. 데이터 관리기술을 이용해서 고객을 분류하고 개별맞춤으로 고객을 관리하게 되므로 데이터기술자들이 핵심인력이 된다.

제조업은 많은 부분에서 혁신기술을 채용할 것이다. 저숙련 수요는 점차 줄고 고급기술자 중심으로 첨단산업화할 것이다. 청정기술을 기반으로 한 첨단 제조업기술로 재편되므로 혁신역량을 갖춘 기술선진국이 다시 글로벌 제조업의 중심지역이 된다.

교육산업은 개별 맞춤교육이 대세를 이룰 것이다. 온라인 교육시스템과 결합된 형태의 교육 제도가 자리를 잡게 되고 직무중심의 교육수요가 증가한다. 경쟁은 가열되고 공공교육 재정은 충분치 않아 다양한 전문지식을 선별적으로 집중해서 가르치는 사교육 시장이 발달할 가능성이 높다.

정보통신 기술발달은 디지털기술을 활용한 창의적이고 새로운 비즈니스모델을 많이 탄생시킬 것이다. 이 기술은 다른 분야의 산업 발전에 상당한 기여를 한다. 보고서는 대표적인 분야로 가상협력 기술,

외주관리 기술, 공정관리 기술 등을 소개했다. 특히 디지털 기술은 모든 분야의 산업에서 다양한 형태의 플랫폼을 만들면서 파격적인 일자리 변화를 주도하게 될 전망이다.

중산층 일자리가 사라지면서 미래 일자리에 적응하지 못한 노동자들이 거리로 쏟아져 나올 수 있다. 모든 계층의 노동자들이 새로운 지식으로 무장하지 못하면 도태되는 상황에 몰린다. 새로운 기술을 익히기 위한 사회 재교육 시스템이 절실하다. 정부는 일자리가 쉽게 진화할 수 있도록 새로운 제도나 시스템 도입을 적극적으로 지원해야 한다.

LOOKING AHEAD TO THE FUTURE

PART

2

벽을 넘는 컴퓨터의 진화

작아지고 빨라지고 다양해진 컴퓨터가
새로운 가치를 만든다

01 꿈을 실현하는 슈퍼컴퓨터

국제 슈퍼컴퓨팅 컨퍼런스는 매년 6월과 11월 두 차례 열리는데, 개회식에서 세계에서 가장 고성능의 슈퍼컴퓨터 500위까지의 명단을 발표한다. 2013년 6월 17일에 열린 독일 라이프치히 컨퍼런스에서는 린팩Linpack 벤치마크 측정결과 33.86페타플롭스petaflops* 인 중국 국방대학교의 티엔허天河-2호기, 일명 밀키웨이-2를 세계에서 가장 빠른 슈퍼컴퓨터로 공인하여 세계를 놀라게 했다. 원래 티엔허-2호기는 2015년까지 100페타플롭스급으로 개발된다는 소문이 있었으나 예상보다 2년이나 빠른 2013년 말에 광저우의 슈퍼컴퓨터 센터에 배치되면서 중국을 다시 세계 최고의 슈퍼컴퓨터 보유국으로 만들었다.

이 속도는 미국 오크리지 국립연구소가 보유한 슈퍼컴퓨터 타이탄의 지난해 기록인 17.59페타플롭스보다 1.9배나 빠른 속도다. 티엔허-2호기에 들어간 프로세서는 인텔의 제논 아이비브리지 프로세서와 제논 파이 프로세서로 이루어져 있으며 총 312만 개의 CPU로 구성되어 있다. 거기다 티엔허-2호기의 그래픽 프로세서를 업그레이드해서 성능을 100페타플롭스로 올리거나 100페타플롭스급 이상의

* 페타플롭스 FLOPS(floating point operations per second)는 초당 부동소수점을 몇 회 처리하는지를 표현하는 단위다. 페타는 10^{15}을 의미하므로 1초 동안에 1조 회만큼 처리를 하는 속도를 의미한다.

성능을 가진 티엔허-3호기를 2015년까지 개발할 가능성도 있다.

세계가 티엔허-2호기의 등장에 놀란 이유는 CPU를 제외한 나머지 기술을 모두 중국이 자체 개발했다는 점이다. 지난 2010년에 2.56페타플롭스로 주목을 받았던 톈진 국립슈퍼컴퓨터센터의 티엔허-1호기는 비록 세계기록을 세우긴 했지만 미국기업의 기술로 만들어진 것이었다. 하지만 중국은 그로부터 약 3년 만에 슈퍼컴퓨터를 대부분 국산화해냈고, 더욱 놀랍게도 2018년까지 1엑사플롭스exaflops• 급의 슈퍼컴퓨터를 완전히 국산화하겠다는 포부를 발표했다. 반면 미국은 2020년까지 엑사플롭스급 슈퍼컴퓨터를 개발하겠다고 밝혔지만 실제로는 기술개발을 위한 정부의 재정지원이 원활하지 못해 일정을 장담하지 못하는 분위기이다.

• 엑사플롭스 1초당 10^{18}회 만큼 빠른 속도로 처리한다는 의미. 엑사플롭 스는 인간 두뇌의 처리속도와 같은 급이라 해서 관심의 대상이 된다.

급기야 미국의 학자들은 고성능 컴퓨터의 성능 비교 방법으로 린팩 벤치마크 측정법이 부적합하다는 의견까지 내놓았다. 린팩 벤치마크 측정법은 지난 1993년 이래로 슈퍼컴퓨터의 성능을 비교 측정하는 기준으로 인정받아왔지만 단순히 선형방정식을 푸는 속도와 효율만을 기준으로 측정한다. 그런데 시간이 가면서 슈퍼컴퓨터의 성능에서는 복잡한 계산 능력이 중요해졌다. 계산방식이 광대역이고, 대기시간도 짧으며, 규칙적인 패턴의 데이터를 취급해야 한다. 그런데 린팩 벤치마크 법은 이런 복잡한 계산 성능을 측정하지 못하므로 린팩 성능 순위와 실제 응용 성능과는 차이가 있다고 보는 것이다. 그래서 앞으로는 분산형 메모리와 네트워크 구조 변화 그리고 멀티코어 CPU수식 처리나 GPU그래픽 처리의 장점들을 반영한 HPCG 벤치마크 법으로 성능순위를 매길 예정이라고 한다.

오크리지 국립연구소에 있는 슈퍼컴퓨터 타이탄은 벤치마크 측정 시 모든 부동소수점 계산과 데이터를 GPU에서 처리하지만, 실제 작업 시에는 주로 CPU에서 처리를 해주고 간혹 가다 선택적으로 내려받기 속도를 높이기 위해 GPU를 사용한다. 벤치마크 계산 환경과 실제 응용환경이 일치하지 않는 것이다. 이런 결과는 벤치마크 측정 결과에 대해 신뢰를 잃게 한다. 그래서 새로운 측정법이 확산되는 것은 컴퓨터의 디자인이나 적용 기술 방향을 새롭게 제시한다는 측면에서 매우 의의가 크다. 2014년 11월 미국 덴버에서 개최될 국제슈퍼컴퓨팅컨퍼런스 이후부터는 두 가지 측정법에 의한 결과를 모두 공표할 계획이다.

한편 미국과 중국의 차세대 슈퍼컴퓨터 각축전에 일본도 적극적이다. 일본에서는 2011년 후지쯔와 리켄 연구소가 공동으로 케이K 컴퓨터를 개발했다. 최초의 10페타플롭스급으로 주목을 받았으나 이듬해 미국이 개발한 세쿼이아(16.32페타플롭스)와 타이탄(17.59페타플롭스)에 밀려 3위가 되었다. 이에 일본은 2020년까지 케이 컴퓨터 100배의 성능을 갖는 1엑사플롭스급 차세대 컴퓨터를 기획 중이다. 케이 컴퓨터 개발비인 1,100억 엔보다 개발비가 적게 들 것으로 보고 2015년 예산부터 반영할 계획이다.

엑사플롭스 장벽을 깨는 것은 많은 슈퍼컴퓨팅 연구자들의 오랜 개발 목표다. 그것은 엑사플롭스가 인간 두뇌의 처리 속도와 같은 수준이기 때문이다. 이론적으로 엑사exa급 시스템은 오늘날 가장 빠른 시스템보다 약 30배 빠른 계산 능력을 갖고 있다. 슈퍼컴퓨터들은 수백만 개의 프로세서를 장착하고 있지만 엑사급 슈퍼컴퓨터는 약 1억여 개의 프로세서를 필요로 한다. 그러나 프로세서 수만 증가한다고 성능이 높아지는 것이 아니다. '무어의 법칙'이 지속되도록 프로세서의 기술혁신이 이어져가야 한다.

그렇다면 무어의 법칙은 계속 유지될 수 있는가? 인텔의 스티븐 폴로스키Steven Powlowski는 '2020년, 무어의 법칙'이란 주제 강연에서 "항상 사람들은 무어의 법칙이 한계에 다다랐다고 말해왔지만 트랜지스터 크기는 여전히 매 2년마다 두 배씩 줄어들고 성능은 향상되었으며, 소비전력은 줄고 생산단가는 내려갔다. 그러므로 무어의 법칙은 살아있으며 현재도 진행형이다. 다만 그 성공방정식은 매번 변하고 있다."고 주장했다. 또한 앞으로 더 나가려면 트랜지스터 선폭 및 치수 감소에 따른 구조혁신이 필요하다면서 이에 필요한 유망한 미래기술로 3D칩 적층, 그래핀, 나노 와이어, 광전자 등을 소개했다. 또 폴로스키는 린팩 벤치마크에서 좋은 성적을 얻는 것보다 과학적 응용에 적합한 기계를 만들어내는 일에 초점을 맞춰나가야 한다고 설명했다.

엔비디아NVIDIA의 빌 달리Bill Dally는 같은 컨퍼런스 기조강연에서 "고성능 슈퍼컴퓨터에 대한 사람들의 욕구는 끝이 없다. 실제로 많은 연구소에서 벌어지는 상황을 보면 성능부족이 과학기술 발전의 큰 제약으로 작용하고 있다. 성능이 높아질수록 해낼 수 있는 일들은 더욱 더 많아진다."고 말했다.

하지만 기술적인 걸림돌이 많다. 달리의 분석에 의하면 칩 디자인, 전력 소비량 감축, 프로그래밍 세 가지의 커다란 과제가 남아있다. 최근 CPU와 GPU 가속기를 하이브리드 형으로 해서 전력소비문제를 일부 해결했으나 엑사급 장벽을 넘기 위해선 보다 획기적인 시스템 구조 변화가 필요하다는 지적이다. 발열이 적고 전력소비를 획기적으로 줄일 수 있는 새로운 차원의 아이디어가 필요하다. 또 대형컴퓨터를 더욱 쉽고 빠르게 프로그래밍 할 수 있도록 알고리즘을 완전히 개선해야 한다. 아직까지 엑사급 시스템을 장담하기엔 제조공정 발전이 충분하지 못하다고 달리는 말하고 있다.

그럼에도 불구하고 2019년경에 엑사급 슈퍼컴퓨터가 등장할 것이라는 주장에는 모두들 고개를 끄덕이고 있다. 이렇게 각국이 슈퍼컴퓨터 개발 경쟁에 주력하는 이유는 모든 과학기술 개발능력이 슈퍼 컴퓨팅 능력에 의해 결정되기 때문이다. 지금 전 세계는 누가 맨 먼저 엑사플롭스급 컴퓨터를 개발하게 될 것이며 얼마나 오래 그 최고 지위를 유지하게 될 것인가에 쏠려 있다.

02 손톱만한 컴퓨터가 모든 일을 처리한다

세계 최고의 기술기업들이 참가하는 라스베이거스 국제소비자가전박람회CES, The International Consumer Electronics Show는 미래 비전을 보기 위한 사람들로 항상 성황이다. 2014년 행사에서 가장 주목받았던 핵심기술은 커넥티드 카, 웨어러블 디바이스, 그리고 사물인터넷이었다.

이 기술들은 사람과 사물을 서로 연결시켜준다. 탁상용 컴퓨터를 통해 정보를 교환하던 인터넷 세상에서, 모바일 스마트폰을 통해 사람들이 직접 정보를 교환하는 소셜네트워크 세상을 거쳐, 사람들과 사물들이 연결하여 정보를 서로 교환하는 만물인터넷 세상이 도래하고 있다. 그리고 이 혁신의 바탕에는 폭발적인 속도로 발전해온 컴퓨터 기술이 있다. 만물인터넷 세상을 가능하게 하는 기술은 모두 CPU 기술개발에 의존한다.

세상을 움직이는 컴퓨터 CPU는 매년 더욱 작아지고 빨라지고 기능이 다양해진다. 그 변화 속도를 지배하는 것이 바로 무어의 법칙이다. 이 법칙은 인텔의 회장이었던 고든 무어가 1965년 한 전자잡지에 컴퓨터 처리속도 발달에 대해 발표하면서 유래했다. 그는 집적회로의 부품 수는 매년 2배로 증가한다고 말했다. 이 법칙의 정확도를 높이기 위해 1975년 무어는 매 2년마다 2배로 트랜지스터가 늘어난다고 기준을 완화했고, 그 후 다시 인텔의 데이비드 하우스David House가 매 1.5년마다 트랜지스터의 성능이 2배로 증가한다고 법칙을 수정하여 지금까지 전해지고 있다. 발언 당시 무어는 적어도 10년 동안 이런 추세가 지속되리라고 예측했다. 그러나 그 법칙은 근 50년이 지난 현재까지도 효력을 발휘하고 있다.

무어의 법칙은 자연현상을 지배하는 자연법칙이 아니다. 그런데도, 지난 50여 년간 무어의 예측이 적중한 이유는 기술자들이 개발을 할 때 무어의 법칙에 근거하여 목표를 설정하고 실천했기 때문이다. 즉, 무어의 법칙은 스스로 미래를 예언한 동시에 반드시 실천해야 할 규율로 작용하게 된 인공법칙이다. 무어의 법칙은 단지 트랜지스터의 성능만을 언급했지만 집적회로와 관련된 처리속도, 픽셀 밀도, 센서의 강도, 메모리 용량 등 디지털 지표들이 모두 무어의 법칙과 같은 경향을 보이고 있다. 그것은 디지털 기술이 컴퓨터 처리속도와 밀접한 관계가 있기 때문이다. 뿐만 아니라 컴퓨터 처리속도의 발전은 업무처리 속도에 영향을 미치면서 세상의 모든 시스템을 지배하기 시작했다.

이젠 무어의 법칙이 컴퓨터와 관련된 산업에만 국한되지 않는다. 모든 기술개발 속도, 나아가서는 사회발전 속도, 심지어 글로벌 경제규모 변화에까지 폭넓게 적용되고 있다. CPU 전문 제조사인 인텔은 무어의 법칙에 따라 CPU 집적도를 높이기 위한 선폭기술을 예시했다. 2014년 10월 기준으로 보면 가장 최신기술은 14나노미터 브로드웰칩Broadwell chip•으로 인텔의 5세대 반도체로 구분한다. 첫 번째 칩 브로드웰-Y는 태블릿용으로 설계되었으며 13억 개의 트랜지스터를 칩 한 개에 모아 놓았다.

• 트렌지스터 회로도 선폭이 14 나노미터(10^{-9}미터)

사람들은 무어의 법칙이 한계점에 거의 도달했다고 말한다. 무어 본인도 2005년도에 한 모임에서 "이 법칙이 영원히 지속될 수는 없다. 만약 이 법칙대로 계속 지수함수로 컴퓨터 처리속도가 증가하면 세상은 재앙을 맞게 될 것"이라고 말한 바 있다. 컴퓨터 산업계에서도 이 법칙을 지속시키기엔 너무 많은 도전과제가 산적해 있음을 인정하고 있다. 그런 고민을 담은 주장이 무어의 제2법칙이라는 록Rock의 법칙이다.

록의 법칙은 컴퓨터가 빨라질수록 무어의 법칙을 준수하기 위하여 CPU 제조업체가 감당해야할 비용이 증가하고 극복해야 할 기술이 많아진다는 법칙이다. 실제 새로운 세대의 칩을 개발하고, 제조하고, 시험하는 비용이 점점 더 증가하고 있다. 투자비도 월등히 늘어났다. 물론 록의 법칙이 기술개발에 직접적인 장애가 되는 것은 아니지만 무어의 법칙을 지킨다고 해서 개발업체가 얻는 보상이 커지는 게 아니라 오히려 점점 줄어들고 있음을 보여준다.

무어의 법칙은 또 많은 물리적 한계점을 갖고 있다. 인텔의 로드맵에 따르면 2016년에 10나노미터급, 2018년에 7나노미터급, 그리고 2020년에 5나노미터급 제품을 시판하여 무어의 법칙을 이어갈 계획이다. 그러나 선폭을 줄이려면 다양한 기술혁신이 수반되어야 한다. 우선 선폭을 그리는 광원 다발의 굵기를 더 이상 작게 만들기 어려운 상황에 이르렀다. 칩 구조도 혁신적으로 바꿔야 한다. 이론적으로 상온에서 작동할 수 있는 선폭의 한계는 1.5나노미터이다. 그러나 전문가들은 제조기술면에서 현재의 실리콘 산화물 반도체로는 선폭의 한계가 5나노미터라고 본다. 3.5나노미터까지 제작에 성공한 사례*는 있으나 이는 실험실용이다.

* 김기남, "세상을 바꾸어갈 미래유망기술", 제135회 CEO포럼, 한국공학한림원, 2012. 5. 21.

모바일 컴퓨터가 확산되면서 PC용 CPU 수요가 2010년 이후 급격히 줄고 있다. PC용 CPU 생산을 주로 하던 인텔의 전략도 모바일이나 웨어러블 CPU 쪽으로 바뀌었다. 2014년 CES에 기조연설자로 처음 등장한 인텔의 CEO 브라이언 크르자니크Brian Krzanich는 공장장 출신의 엔지니어다. 투박한 말투로 인텔의 신제품들을 차례로 소개하는 그의 연설은 세련되진 않았지만 매우 진지했다. 그가 펜티엄급의 에디슨Edison 컴퓨터를 엄지와 검지로 치켜들었다. 디지털 카메라에 끼워 사용하는 SD 메모리카드와 동일한 크기이다. 선폭 22 나노미터급의 집적도를 가진 이 컴퓨터는 모든 사물에 끼워 넣을 수 있는 크기였다. 와이파이와 블루투스 통신이 가능하고 리눅스 운영체제로 돌아간다. 앱을 설치할 수 있어 디스플레이가 달린 웨어러블 디바이스에 채용하면 스마트폰과는 별도로 독립구동이 가능한 웨어러블 컴퓨터이다. 사물을 제어하고 데이터를 교환할 수도 있다. 특히 인공지능을 기반으로 한 울프럼Wolfram 언어와 거의 모든 수학문제를 풀어 내는 소프트웨어 매스매티카Mathmatica[•]를 탑재하여 지금까지와는 전혀 다른 차원의 인공지능 웨어러블 시대를 예고했다.

• 매스매티카 과학, 공학 등에서 널리 사용하는 계산용 소프트웨어이다. 스티븐 울프럼이 처음 고안하였다. 1988년에 버전 1.0을 발매하고, 2014년에 버전 10.0을 발매하였다.

울프럼은 과학기술 계산 소프트웨어로 명성을 쌓아온 지식 클라우드다. 지금까지 가정용이나 개인용 소형전자기기들이 단순한 버튼 조작에 의존하여 동작했다면 울프럼 언어로 무장한 에디슨 컴퓨터는 이 모든 디바이스를 모든 상황에 대응할 줄 아는 지능기계로 탈바꿈시키며 순식간에 대변혁을 일으킬 것이다. 즉, 모든 사물이 스스로 복잡한 계산을 하고 지능을 갖는 시대가 된다. 이 울프럼 인공지능 언어를 탑재한 에디슨 컴퓨터를 소형 전자기기에 삽입하면 사물이나 인체로부터 원격 센싱한 데이터를 자체 컴퓨터에서 처리해 다양한 분석결과를 서비스하는 비즈니스가 가능하다.

CPU칩의 선폭이 22나노미터 수준에서 2014년말 경 14나노미터급, 그리고 2016년도엔 10나노미터급 컴퓨터로 바뀌게 되면 에디슨의 크기도 스마트폰 메모리와 같은 크기인 마이크로 SD 메모리카드 같이 작아질 것이다. 몇 년 후면 아기 손톱만한 컴퓨터가 모든 일을 처리할 수 있게 된다. 이런 작은 컴퓨터가 모든 사물에 삽입되어 시스템을 제어하고 작동시키는 것이다.

무어의 법칙은 컴퓨터 과학 발전의 상징과 같다. 이 법칙이 모든 기술의 변화와 사회변화를 가속시키는 강력한 원동력이 되어 왔다. 이 힘은 2020년까지도 충분히 지속될 것으로 판단된다. 따라서 2020년까지 만물이 지능컴퓨터가 되는 만물인터넷 기술이 급속히 퍼져 나가게 되리라 본다.

직경이 1센티미터 정도인 컴퓨터에 테라바이트급* 마이크로 메모리 카드가 장착되어 모든 사물에 삽입될 시점이 멀지 않았다. 수 년 내에 지금까지 경험했던 개념과는 완전히 다른 형태의 서비스를 받게 될 것이다. 우선 사람들은 재능 있는 비서를 가상세계에서 채용할 수 있을 것이다. 교육업은 물론이고 도소매업, 제조업, 물류업, 사무실 업무, 공공서비스 등 모든 일상 생활환경이 지능화하고 자동화 될 것이다. 엄청난 지능컴퓨터 시대가 쓰나미처럼 다가오고 있다.

* 2014년 9월에 이미 메모리 용량이 2테라바이트급이나 되는 상품이 출시되었다.

03 컴퓨터 구조가 새롭게 바뀐다

최근 HP는 기존의 컴퓨터와는 완전히 차별화된 구조를 갖는 PIMProcessor in Memory개념의 컴퓨터 '머신The Machine'을 발표했다. 전체 연구개발 인력의 75%를 이 기술개발에 투입할 만큼 기업의 미래운명을 걸었다.

프로세서는 시스템 온 칩*으로 만들고 메모리는 비휘발성 차세대 메모리 멤리스터Memrister를 사용했으며, 이들 간의 데이터 전송은 실리콘 포토닉스 기술을 채용한 완전히 새로운 아키텍처다. 스마트폰에서 슈퍼컴퓨터급에 이르기까지 모든 규모의 기존 컴퓨터를 대체할 수 있다고 한다. 클라우드 컴퓨팅 기술 확산에 따라 데이터 센터에 요구되는 데이터 저장능력이 엄청난 속도로 늘어나고 있는데, 여기에도 효과적으로 대응할 수 있다고 한다.

* 시스템 온 칩system on chip(SoC). 컴퓨터나 전자시스템의 부품을 하나의 집적회로에 몰아서 설계한 칩.

ICT의 급속한 발전으로 만물이 서로 연결하고 소통하는 사물인터넷 사회도 눈앞까지 찾아왔다. 사물 간 통신M2M, 사물인터넷IoT, 서비스인터넷IoS, 만물인터넷IoE 등으로 지칭하듯 사물과 인간은 물론이고 사물과 사물 간, 사람과 사물과 서비스 간에도 서로 데이터를 교환할 수 있다.

미국의 네트워크 통신회사 시스코시스템즈**Cisco Systems, Inc.**의 전망에 따르면 기계, 통신장비, 단말기 등의 사물에 연결된 인터넷이 2013년에 약 100억 개였다면 2020년에는 약 500억 개가 될 것이라고 한다. 당연히 데이터의 양은 급속하게 팽창할 것이다.

구글은 2014년 말까지 전 세계 17곳에 데이터 센터를 둘 예정이다. 현재 서버는 90만 개이며 전력 소모량은 2억6천만 와트로 글로벌 에너지 사용량의 0.01%를 점유한다. 20만 가구가 사용할만한 전력량이다. 페이스북은 2012년 기준으로 매일 750테라바이트의 데이터를 축적한다. 매년 20%이상 늘어나므로 적어도 매일 1페타바이트의 데이터가 쌓이고 있는 셈이다. 부피가 작은 고용량 데이터 저장장치가 매우 절실한 실정이다.

늘어난 데이터량이 저장능력을 초과하는 현상이 발생할 수도 있다. 2013년 한 해 동안 발생한 디지털 데이터의 량은 4.4제타바이트**zettabyte**• 였는데, 2020년엔 요타바이트**yottabyte**•나 브론토바이트**brontobyte**• 규모로 증가하고 2025년경에는 지옵바이트**geopbyte**• 규모로 증가할 것이라고 HP는 전망하고 있다.

컴퓨터 아키텍처의 주요 구성은 프로세서**CPU, GPU**, 데이터 저장장치**SRAM, DRAM, Flash, HDD**, 입출력장치**I/O**, 그리고 이들의 연결 통로인 버스**Bus**와 운영체제**OS**이다. 그런데 현재의 컴퓨터 아키텍처는 빅데이터 트래픽을 취급하기엔 비효율적인 구조이다. 운영체제와 프로세서가 하는 일의 90% 이상을 데이터 저장매체들**SRAM, DRAM, Flash, HDD**

• 제타바이트 데이터의 양을 미터법으로 표현하는 단위로 10^{21}을 뜻한다.

• 요타바이트 데이터의 양으로 10^{24} 바이트를 뜻한다.

• 브론토바이트 데이터의 양으로 10^{27} 바이트를 뜻한다.

• 지옵바이트 데이터의 양으로 10^{30} 바이트를 뜻한다.

사이를 오가는 일에 허비하기 때문이다.

실리콘 집적회로는 속도 증가에 따라서 전력 소비량이 급증하고 있다. 따라서 컴퓨터 설계의 핵심기술은 에너지 절감과 냉각기술이다. 실리콘 반도체를 기반으로 한 무어의 법칙은 2020년 이전에 한계에 다다를 것으로 예측된다. 이런 문제점을 근본적으로 해결할 수 있는 방법은 새로운 개념의 컴퓨터를 개발하는 일이다. 이 관점에서 머신은 뚜렷하게 진일보하려는 모습을 보이고 있다.

2014년 라스베이거스에서 가진 기술 컨퍼런스에서 HP의 여성 CEO인 멕 휘트먼Meg Whitman은 "지금까지 컴퓨터 기술은 부품기술에 한정되어 있었지만, HP는 2010년대 말까지 완전히 새로운 컴퓨터 아키텍처를 개발하는 프로젝트를 추진합니다."라고 새로운 구상을 소개했다. 머신의 설계 개념과 핵심 기술개발 사안들에 대해서는 기술담당 총책임자인 마틴 핑크Martin Fink가 소개했다.

머신의 가장 큰 진전은 데이터의 광전송기술인 실리콘 포토닉스다. 이는 광섬유 대신에 실리콘을 마이크로 광부품으로 가공하여 적외선을 전송하는 기술이다. 실리콘은 집적회로 기판재료로도 사용하므로 광부품과 전자부품을 하이브리드 형으로 일체화시켜 한 개의 마이크로칩으로 만들 수 있다. 이는 마이크로칩 내부에서는 물론 프로세서가 처리하는 실질적인 메모리 영역인 RAM과 캐시 사이의 데이터 전송이 지체되는 문제를 해결하는 방안이 된다. 프로세서와 메모리 사이에서 초당 엑사바이트의 속도로 전송이 가능하다.

머신의 또 다른 핵심기술은 비휘발성 메모리인 멤리스터이다. HP가 개발한 차세대 메모리로 황금알을 낳는 기술로 평가받는다. 멤리스터는 전력 없이도 정보를 기억하는 메모리다. 아주 적은 양의 에너지로 고속데이터 처리가 가능하다. 기존 CMOS와 마찬가지로 일반 팹*에서 제조할 수 있다는 것도 장점이다. 또 기존 스마트폰의 배터리 수명이 수십 시간 정도라면 멤리스터는 수주일 동안 견딜 수 있다. 물론 가격도 저렴하다. 정보를 저장하는 모든 상품에 적용할 수 있다. 멤리스터를 대량생산하면 차세대 메모리시장을 독점할 수 있다.

현재 활용되고 있는 낸드플래시 메모리도 집적도가 높아져서 크기가 작고, 고속이며 전력소모도 적지만, 웨어러블 디바이스의 발달로 보다 성능이 향상된 새로운 메모리가 요구된다. 플래시 메모리를 잇는 차세대 메모리로 대두된 것이 비휘발성 메모리NVM이다. 저항 메모리, ReRAMresistive random access memory이라 통칭한다. HP는 2008년 멤리스터란 이름으로 ReRAM 분야의 선두에 나섰다. 2010년에 SK 하이닉스를 통해 상업생산 방안을 모색했지만, 당시에는 기존 메모리와 경쟁할 만큼 충분한 수율收率을 얻지 못했다. 그러나 2015년 경에는 상업화될 전망이다.

머신은 멤리스터 메모리를 통합메모리로 설계해서 메모리 사이를 오가는 데이터 트래픽을 없앴다. 마틴 핑크는 멤리스터와 프로세서 간 데이터 전송 속도를 초당 6테라바이트까지 구현한 시제품을 발표장에 들고 나왔다. 1테라바이트는 HD급 비디오 259시간 분량을 저

* 팹fab 나노공정 장비들을 모아 놓은 제조실험실을 말한다. 나노장비들이 워낙 고가이므로 모든 기업들이 이를 다 갖추기 힘들다. 따라서 공공기관이나 기업이 공통장비들을 갖추어 두고 나노부품을 주문받아서 전문으로 생산해주는 실험실이나 제조공장을 팹이라 부른다.

장할 수 있는 용량이다. 그의 설명에 의하면 멤리스터 기술과 포토닉스 기술을 결합하면 머신을 160페타바이트급 랙으로 만들 수 있다고 한다. 그리고 이 160페타바이트 속에 파묻힌 1바이트 데이터를 250나노초 이내에 찾아낼 수 있다. 2018년경에는 스마트폰에 현재의 약 3천 배에 해당하는 100테라바이트급 메모리를 장착할 수 있다고 한다. 하드웨어뿐만 아니라 OS도 중요한데 오픈 소스인 리눅스 기반으로 개발하고, 안드로이드 기반으로도 개발할 계획이다. 또한 대학과 공동으로 멤리스터의 특성을 잘 반영한 머신 전용 OS도 개발한다고 한다. HP의 구상대로 머신을 완성하면 강력한 새로운 개념의 컴퓨터가 등장한다. 그러면 하드웨어시장을 다시 HP가 선도할 기회를 잡을 수도 있다.

PIM 개념의 새로운 컴퓨터 기술은 다른 곳에서도 태동하고 있다. IBM은 기존 컴퓨터 개념을 뛰어넘는 인지능력컴퓨터 개발에 몰두하고 있다. 프로그램에 의존하지 않고 인공지능과 기계학습 알고리즘을 이용하여 작동하는 컴퓨터이다. 컴퓨터 스스로 데이터를 감지하고, 예측하고, 추론하고, 생각하는 기능이 있다.

시간이 갈수록 지식의 양이 늘고, 영역도 넓어지고 있다. 인지능력컴퓨터는 방대한 데이터를 최적으로 분석해서 누구나 전문가 수준의 결정을 할 수 있도록 의사결정을 지원하게 될 것이다. 의료 진단 및 건강관리, 금융투자, 고객서비스 부문에서 컴퓨터의 지원을 선호하게 될 것이다. 2020년대 컴퓨터 시장을 어느 기업이 지배할 것인지는 장담할 수 없지만 지금과 전혀 다른 컴퓨터 세계가 기다리고 있음은 틀림이 없다.

04 스스로 학습하는 인지컴퓨팅

컴퓨터는 법칙이 명확한 문제를 처리하는 능력이 인간보다 월등하게 우수하다. 해답을 구하는 법칙이 있는 경우라면 인간의 두뇌와는 비교할 수 없을 만큼 빠른 속도로 반복 계산하여 원하는 해답을 구한다. 그러나 법칙이 정해져 있지 않은 애매모호한 문제를 제대로 처리하는 추론능력은 부족하다. 최첨단 인공지능 로봇이라고 내세우는 신기술도 주변을 인식하고 대처하는 순발력은 두 살배기 어린아이 수준이다. 반면 인간의 두뇌는 어느 컴퓨터도 따라가지 못할 특별한 추론능력을 가지고 있다. 일일이 계산해 보지 않고도 척하고 알아차리는 추론능력은 컴퓨터의 모든 계산능력을 압도한다.

갓 태어난 아이의 두뇌는 거의 비어있다. 아이는 학습을 통해 정보를 축적하고, 이렇게 형성된 지식을 지능을 통해 활용한다. 아이가 뜨거운 냄비를 손으로 만지고 아파할 때, 엄마가 '뜨겁다'고 말해주면 아이의 두뇌는 방금 느꼈던 아픈 감각을 '뜨겁다'라는 언어와 함께 앞으로 주의해야 할 일로 기억한다. 그리고 시간이 지난 이후에도 누군가가 '뜨겁다'라는 말을 하면 아이는 예전에 느꼈던 통증을 기억해 내고 뜨겁다고 칭해진 물건을 조심한다. 비슷한 경험이 쌓이면 아이는 비슷한 통증이라도 어떤 경우에 뜨겁고, 어떤 경우에 아픈 것인지 구분한다.

두뇌는 감각적인 경험을 끊임없이 체계적으로 분류하고 언어적 표현과 결합시켜 기억하며 학습한다. 그리고 이런 경험을 앞으로 닥칠 일들에 대한 판단 기준으로 활용한다. 인간의 두뇌가 활용하는 기본적인 감각정보는 오감이다. 만져보고, 맛보고, 냄새 맡고, 눈으로 보고, 귀로 들어보고 판단한다. 두뇌가 직접 주변으로부터 데이터를 수집하는 것이 아니라 인체의 감각기관이 수집한 데이터들을 두뇌 안에서 서로 연결하고 경험적 지식과 조합해서 판단한다.

이런 종합판단 능력 덕분에 사람은 직접적인 감각 데이터 없이도 사물의 본질을 추정하는 초감각적 능력, 육감을 갖게 된다. 뿐만 아니라 앞으로 벌어질 일을 느낌으로 알아차리는 예감 능력을 갖고, 직접 겪어보지 않고도 알아차리는 통찰 능력이 있다. 더욱이 눈으로 보지 않은 일도 머릿속으로 그려보는 상상력을 갖고 있다. 또한 모든 정보에서 비어 있는 공간을 채우는 추론능력을 갖고 있다.

이러한 사람의 능력을 컴퓨터는 감당하지 못한다. 이해가 가지 않는 상황을 만나면 사람의 두뇌는 없던 일도 만들어서 논리를 보충하지만 컴퓨터는 그런 능력이 없다. 입력된 데이터의 중요도 차이도 구분하지 못하고 반복된 입력횟수에 기준한 가중치만을 활용할 뿐이다. 그러나 사람의 두뇌는 복잡한 것을 싫어한다. 감각기관이 감지한 정보가 복잡하고 이해하기 힘들면, 스스로 우선순위를 정하여 간단하게 간추리고 생략해서 쉽게 정리한다. 그래서 지금까지 사람의 두뇌가 처리해온 모든 작용들을 컴퓨터가 공학적으로 재현하는 것은 거의 불가능하다.

그럼에도 학자들은 컴퓨터를 인간의 두뇌작용과 견주어서 개별 뇌신경활동을 컴퓨터로 시뮬레이션 한다. 심지어 어떤 학자는 두뇌작용을 컴퓨터 데이터로 번역해서 두뇌 속의 지식을 컴퓨터에 내려받기하거나, 컴퓨터 정보를 두뇌에 입력할 수 있다고 주장한다. 하지만 뇌신경과학자들은 두뇌활동이 컴퓨터와 같은 연산 작용이라고 생각하는 것은 커다란 착각이라고 한다.

두뇌는 동시에 다차원적으로 정보를 인식한다. 김치찌개를 맨 처음 만났을 때, 사람은 눈으로 보는 모양새, 귀로 듣는 끓는 소리, 혀로 느끼는 맛 그리고 냄새 등 시각, 청각, 미각, 후각 정보를 동시에 중첩시켜 처리하는 방식으로 김치찌개의 의미를 이해한다. 심지어 요리를 실제로 보지 않고 소설에서 김치찌개를 묘사한 문장만 본 사람이라도 상상만으로 김치찌개의 특성을 추론해 낸다. 사물을 판단하는 방식은 다양하다. 따라서 사람의 두뇌를 모방하여 데이터를 병렬 처리하는 방식을 따르지 않고는 인공지능이 두뇌의 성능을 흉내내기 어렵다는 것이 정설이다.

디지털 문명이 확산되면서 매년 데이터 발생량은 지수함수적으로 늘어났다. 동시에 빅데이터의 불확실성도 증가하고 있다. 불확실한 소셜미디어, 부정확한 센서들의 오작동, 비디오 스트림의 불확실한 개체 인식 등 데이터 교란 요소들이 잡음이 되어 사실을 왜곡하기도 한다. 전문가들은 데이터 발생량의 80%까지 확실한 정보가 될 수 있다고 판단한다. 그러나 불행하게도 사람의 두뇌 능력은 데이터 신뢰도를 점검하거나 빅데이터를 처리할 만큼 민첩하지 못하다. 따라서 데이터의 신뢰성을 구분하고 통찰력을 이끌어낼 수 있는 새로운 개념의 인지cognitive컴퓨팅 기술이 절대로 필요한 시점이 되었다.

따라서 분야마다 다른 프로그램으로 일을 처리하는 것이 아니라 인공지능이나 기계학습을 통해서 상황을 감지하고, 앞일을 예측하고, 생각하는 능력을 가진 인지컴퓨팅에 관심이 집중되고 있다. 사람의 두뇌가 처리하지 못하는 빅데이터를 분석하여 컴퓨터에게 통찰력과 더 높은 이해력을 갖게 할 수 있다. 인지컴퓨팅은 컴퓨터와 사람이 함께 경험을 통해 학습하고 자연어로 정보를 교환하고 판단을 공유한다. 지금까지 컴퓨터에서 소프트웨어가 중요했다면, 앞으로의 컴퓨터는 스스로 배운다. 인지컴퓨팅 시스템 하에서는 컴퓨터 또한 사람과 마찬가지로 사용하면 할수록 학습을 통해 더 똑똑해진다.

인지컴퓨팅 시스템을 개발해온 IBM의 주장에 따르면, 인지컴퓨터는 인간을 대체하는 것이 아니라 의료, 금융, 무역 등 분야별로 깊이 있는 전문성을 높이고, 데이터 영상처리 기술 등의 첨단기술을 활용하여 빅데이터를 감지하고, 인간의 두뇌만으론 감당하기 어려운 복잡한 문제를 자문하는 전문 컨설턴트 역할을 한다고 한다. 사람과 자연스러운 대화로 소통하며 인간 전문가가 빅데이터의 복잡성을 극복하여 더 나은 결정을 내릴 수 있게 도와준다. 이것이 가능해지려면 컴퓨터의 하드웨어와 데이터 처리방식을 지금과는 완전히 다른 형태로 바꿔야 한다. 현재의 컴퓨터는 데이터를 빠른 속도로 처리하는 데 중점을 두었지만, 앞으로의 기술발전은 생각하는 능력을 높이는 방향이어야 한다.

지금까지의 컴퓨터 연산방식은 '만약 X라면 Y를 실행하라' 식의 로직을 나열하고 대입하여 처리하는 방식이었다. 반면 앞으로의 컴퓨터는 신경세포나 시냅스가 하는 작용과 비슷하게 이미지를 분석하고 이미지 데이터로 바꿔서 쉽게 의미를 깨닫는 방식으로 인간 두뇌를 모방할 것이다. 이미지 인식기술이나 음성 인식기술은 기존 컴퓨터 데이터 같은 구조화처리 없이 자연정보를 그대로 처리하고, 이를 번역과정 없이 매끄럽게 인간 두뇌와 교환하게 된다. 사람과 기계는 서로 실시간으로 되먹임하는 방식으로 학습을 공유할 것이다.

인지컴퓨팅이 대용량 자연데이터를 처리할 수 있는 능력이나 알고리즘을 갖는다 해도 자연세계가 제공하는 데이터를 컴퓨터가 곧바로 인식하지 못한다면 데이터 변환과정이 별도로 필요하다. 따라서 인간과 마찬가지로 컴퓨터가 이미지를 본대로 인식하고, 소리를 들은 대로 바로 이해하는 능력이 매우 중요하다. 컴퓨터도 사람과 똑같은 수준의 시력이나 청력을 갖게 되면 자연을 보고 들을 수 있게 된다. 뿐만 아니라 사람의 감각기관으로는 감지할 수 없는, 곤충이나 동물이 감지하는 파장 영역까지 컴퓨터의 인식 범위를 확장시킨다면 인간의 생물학적 잠재능력이 확장되는 것과 마찬가지의 효과를 곧바로 얻을 수 있다.

IBM은 2018년에서 2024까지 새로운 컴퓨터 시대를 열 것이라고 주장한다. 인지컴퓨팅 기술혁신은 점진적으로 진행되는 것이 아니라 전면적으로 기존방식을 대체하는 파괴적 현상으로 나타날 것이다. 그리고 더 멋진 세상을 우리에게 열어줄 것이다.

05 인간두뇌를 닮아가는 뇌신경 컴퓨터

실리콘반도체는 매 2년마다 2배씩 성능을 개선하면서도, 회로 선폭을 줄이고 집적도를 높여 가격은 30%씩 낮추었다. 무어의 법칙을 따르면서 최고 성능의 개인용 컴퓨터를 만들겠다는 인텔의 전략은 지금도 계속 이어지고 있다. 하지만 실리콘 기판에서 집적도를 높이는 방법은 2020년 이전에 한계에 봉착할 것이다. 인텔도 꼭 실리콘 반도체를 고집하지는 않겠다고 한다. 여러 대안 중 한 가지는 폰 노이만von Neumann이 제안한 컴퓨터 구조•를 벗어나는 방법이다. 즉, 메모리 기능과 프로세서 기능을 하나의 코어에 합친 뇌신경 모방 칩이다.

• 1945년 폰 노이만은 CPU, 메모리, 그리고 프로그램으로 이루어진 컴퓨터 구조를 제안했다. 최초로 제시된 프로그램 내장 방식의 컴퓨터였다. 실제로 이 방식으로 에드삭EDSAC이 제작되었고, 이후에 나온 컴퓨터는 모두 폰 노이만의 설계를 기본으로 하고 있다.

브라질에서 개최된 2014년 월드컵의 결승전은 시종일관 팽팽했다. 그러나 후반전에 교체선수로 들어간 독일의 마리오 괴체는 왼쪽에서 패스로 넘어온 공을 뛰어들면서 가슴으로 받은 후, 떨어지는 공이 땅에 닿기도 전에 왼발로 공을 튕겨 아르헨티나의 골대 속으로 밀어 넣었다. 이런 순간적인 공간인지능력과 판단력, 순발력은 아직 컴퓨터가 도저히 흉내 낼 수 없는 능력이다. 얼마나 빠른 속도로 달려들어 어느 정도로 가슴을 내밀어야 공이 가슴에 닿을까? 다시 떨어지는 공을 힐끗 보고 곧바로 연결동작으로 슬라이딩하듯이 몸을 내

던지며 내리뻗은 왼발 발목을 어떤 각도로 비틀어야 공이 골대 속으로 들어갈까? 그냥 우연히 들어간 골이 아니라면 괴체의 머릿속에선 분명히 이 긴박한 상황을 인지하고 온몸의 근육에 최적의 위치와 힘 조절을 지시하는 과정이 있었을 것이다. 골인은 그 결과일 뿐이다. 그런데 이것을 슈퍼컴퓨터에 맡긴다면 과연 계산이 가능할까?

인간두뇌가 컴퓨터보다 우수한 이유는 신호처리 속도나 기억력, 그리고 치밀함을 비교해서가 아니다. 인간두뇌의 직관력, 공간인지력, 학습력, 이해력, 추리력, 판단력, 의지력, 창의력, 적응력, 자율성 등은 컴퓨터가 감히 흉내조차 내지 못한다. 컴퓨터는 사람과 달리 스스로 기준을 세우고 대처하는 방법을 찾지 못한다. 사람이 기준을 정해 주지 않으면 스스로 할 수 있는 일이 없다.

산업혁명 이후 기계는 사람을 대신하여 작업에 물리적인 힘을 보강해 줬다. 기계가 작동하는 기준의 초기모델은 도표였다. 숙련공이 전수한 기술의 내용이나 계산결과를 도표로 만들고 그 값대로 기계를 작동시켰다. 기계를 이용할 때뿐만 아니라 정보를 정리할 때도 표를 이용했다. 인구조사를 비롯한 정부의 통계나 기업의 판매장부나 경영장부도 표로 정리하여 관리의 시행착오를 줄였다.

1970년대 후반, 컴퓨터를 도입하면서 도표가 무용해졌다. 기계가 작동할 조건이 단계별 판정 프로그램에 의해 자동으로 산출되기 시작한 것이다. '0'과 '1'을 조합한 마술로 무엇이든 프로그램했다. 숙련공의 고민을 소프트웨어가 대신해주었다. 소프트웨어의 지배를 받는 전기장치들이 기계장치를 조종했다. 이 컴퓨터 기술은 사람이 해야 할 신체활동은 물론이고 두뇌활동까지 크게 줄여놓았다. 기계가 작동하는 원리는 사람들이 미리 실험이나 시뮬레이션을 하고 계산모델로 만들었다. 컴퓨터는 그 모델대로 작업했다.

그런데 또 시대가 변했다. 인터넷이 발달하고 통신 속도가 증가하면서 디지털 데이터가 기하급수적으로 늘어났다. 이런 변화는 새롭게 수많은 변수를 발생시켰다. 간단한 수식모델로 세상을 진단하기가 점차 힘들어졌다. 늘어나는 데이터를 모두 수용하기엔 컴퓨터의 능력이 모자랐다.

매년 데이터량은 제타바이트를 넘어서 2015년에는 요타바이트, 2020년에는 브론토바이트까지 늘어날 예정이다. 데이터량만이 아니다. 데이터의 형태, 종류, 발생 속도나 모호함이 다 새로운 영역에 들어섰다. 이름하여 빅데이터 시대다. 사람의 두뇌로는 이 많은 데이터가 발생시키는 영향을 수식모델로 만들기 힘들다. 결국은 처리속도가 빠른 컴퓨터에 인간의 능력을 옮겨주어 성능을 한 단계 높여야 할 상황에 이르렀다.

애매한 데이터로부터 통찰을 얻기는 어렵다. 건강관리공단의 의료보험 이용 자료는 온 국민의 건강 상태를 종합적으로 엿볼 수 있는 방대한 기초자료다. 그러나 데이터가 많다고 문제를 다 해결할 수 있는 것은 아니다. 데이터를 분석하는 통찰력이 필요하다. 데이터를 수집할 때도 해석할 때도 마찬가지다.

사물인터넷 시대가 전개되고 도시 전체가 데이터 소스가 된다면 도시행정의 기본 틀도 데이터 분석에서 나와야 한다. 이를 컴퓨터 프로그램으로 처리하려면 프로그래머가 데이터 사이의 인과관계를 파악해서 "A라면 B다"라는 로직을 세워주어야 한다. 원인을 알아야 대응책을 프로그램 할 수 있기 때문이다. 지금 데이터 과학자의 가치가 하늘을 찌르는 것은 그래서다.

그런데 만약 컴퓨터가 데이터를 스스로 관찰하고, 학습한다면 별도의 프로그램이 없어도 시간이 흐를수록 새로운 지식을 컴퓨터가 정리할 수 있다. 사람과 달리 컴퓨터는 감정이나 주관에 치우치지 않고 비교적 객관적이고 이성적인 판단을 내릴 수 있다. 그래서 사람이 놓치기 쉬운 현상이나 미처 깨닫지 못하는 현상을 데이터 뭉치에서 찾아낼 수 있다. 컴퓨터가 인지능력을 갖게 되면 스스로 문제를 발굴하고 대책을 쉽게 찾아낼 수 있다.

IBM은 오랫동안 뇌신경칩을 개발해 왔다. 그 결과 2014년 가을에 제 2세대 뇌신경칩 트루노스True North의 시작품을 공개했다. 아직은 연구용이지만 뇌신경 시냅스 코어가 4,096개 집적된 칩이다. 각 코어는 독립적으로 데이터를 처리할 수 있는 256개의 뉴런과 데이터 저장창고인 SRAM 그리고 각 뉴런이 다른 255개 뉴런과 데이터를 교환하는 경로를 관장하는 라우터가 들어 있다.

모든 코어들이 일을 분담해서 병렬 처리하므로 처리속가 빠르다. 소비전력을 직접 비교하기는 힘들지만 세계에서 가장 효율적인 슈퍼컴퓨터보다 100배 효율적이다. 슈퍼컴퓨터는 와트당 45억 번 신호를 처리하는데 트루노스칩은 와트당 4천억 번 시냅스 작업을 할 수 있다. 트루노스칩 내의 뉴런들은 두뇌신경망 회로처럼 서로 연결되어 있다. 신경회로를 따라 빛으로 신호를 보내는데 빛의 양이 특정 역치*를 넘어서면 다른 뇌신경들이 신호를 인식하는 방식이다. 뉴런들이 병렬처리하면서 서로 내보낸 데이터 빛이 점점 밝아져서 색상과 형상이 변하는 패턴을 만든다고 한다.

* 역치 어떤 신호를 감지할 수 있는 최소한의 자극 크기를 말하며 문턱값이라고도 한다. 이 값을 넘어서야 비로소 신호의 변화를 인식한다.

과학자들은 두뇌가 어떤 방식으로 정보를 부호화하고 처리하는지 이해하려 노력해 왔다. 그러나 두뇌 작용이 정확히 어떤 원리에 의해 작동하는지 아직 완전하게 밝히지 못했다. IBM이 개발한 뇌신경모방 칩은 두뇌와 마찬가지로 정보 저장과 처리를 따로 구분하지 않는다. 기억, 계산, 통신 기능을 작은 모듈 안에 묶어서 국부적으로 정보를 처리하고, 모듈끼리 서로 쉽게 소통하도록 설계하여 에너지 소모가 매우 적다.

이 새로운 트루노스 뇌신경모방칩은 기존의 클라우드 서비스, 슈퍼컴퓨터, 스마트폰 등을 완전히 바꾸게 될 것이다. 두뇌를 모방한 새로운 컴퓨터 시대로 향하는 이정표를 세웠다고 IBM은 자부하고 있다. 기존 컴퓨터와는 전혀 다른 컴퓨터임에 틀림이 없다. 그러나 뇌신경세포를 모방했다고 인지기능을 갖춘 것은 아니다. 즉, 트루노스칩은 IBM이 개발 중인 인공지능 왓슨과 합체되어 학습능력을 갖췄을 때 비로소 인지컴퓨터라 불릴 수 있을 것이다.

그러나 인지컴퓨팅 기술이 인간의 두뇌를 대체하는 데 목표를 두어선 안 된다. 컴퓨터는 인간두뇌의 보조수단에 머물러야 한다. 가치와 도덕성을 판단하는 기준 설정 능력, 느낌으로 판단하는 직관력, 마음으로 이해하는 공감력, 방향성과 새로운 개념을 발견하는 창의력과 상식을 벗어난 엉뚱함은 사람의 몫으로 남겨둬야 한다.

인지컴퓨터가 과학기술은 물론이고 기업, 정부, 사회 곳곳에서 끊임없이 발생하는 새로운 문제를 해결하고 새로운 가치를 발굴하길 희망해 본다. 뇌신경 컴퓨터 시대가 2020년대에 펼쳐질지 궁금하다.

06 인공지능은 인간을 초월할 것인가

영화 〈트랜센던스〉를 방금 보고 나온 초등학생이 엄마에게 한마디 툭 던졌다

"누가 선善이고 누가 악惡인지 헷갈려요."

"그러게."

엄마 역시 동조한다.

곁을 지나가던 나 역시 그런 생각이 들었다. 영화의 의도는 야심찼지만 스토리 전개방식이나 표현 방식이 혼란스럽고 과장이 많았다.

영화가 시작하면 저명한 인공지능 전문가 윌이 암살된다. 인공지능 기술이 암울한 미래를 가져오리라 믿는 테러단체의 소행이다. 여주인공이자 인공지능 전문가인 윌의 부인은 남편의 연구업적을 아깝게 여겨 그의 의식을 양자컴퓨터에 복사한다. 인공지능 로직을 복사해 심은 양자컴퓨터는 스스로 인간보다 우월한 초월적 수준으로 진화한다. 이 초월적 존재는 인터넷을 통해 세상의 모든 정보를 장악하고 진화된 지능으로 기술적 유토피아를 건설한다. 사람의 의식을 점령하고 생명체를 재생시키는 능력까지 갖게 된다. 그러나 시간이 지나면서 여주인공은 이 초월적 존재의 행위들이 인간세계를 유토

피아가 아니라 기계가 모든 권한을 움켜쥐는 디스토피아로 만들고 있음을 깨닫는다. 사람들은 인간성이 말살되어 컴퓨터의 의지대로 움직이는 꼭두각시가 되어 버렸다. 결국 여주인공은 정부기관과 테러 단체와 협력하여 초월적 컴퓨터에 바이러스를 감염시킨다. 그 결과 그동안 이룩해 놓은 컴퓨터 문명은 전부 파괴된다. 여주인공은 인간의 자주권을 지키기 위해 기술적 유토피아를 파괴한 셈이다. 이런 결말을 통해 영화는 관객들에게 인공지능이 인간성을 말살하는 도구라는 인식을 심어주고 있다.

흔히 사람들은 컴퓨터의 성능 발달을 인간의 두뇌 작용과 비교하지만 엄밀하게 말하면 컴퓨터와 두뇌는 구조나 작용이 완전히 다르다. 컴퓨터는 한 순간에 한 번만 작동하지만 그 동작속도가 너무 빨라서 속도만 비교하면 뇌세포가 도저히 따라갈 수 없다. 반면에 인간의 뇌신경세포는 정보 전달속도는 느리지만 수천 또는 수만 개의 다른 신경세포와 시냅스가 동시에 대량으로 정보를 분산시켜 처리할 수 있다. 정보처리 성능으로 비교하면 인간 두뇌는 현존하는 최고 속도의 슈퍼컴퓨터보다 수천 배 효율이 높다.

두뇌 정보를 저장한 시냅스는 매초마다 수백만 개의 연결정보를 새롭게 생성시킨다. 같은 정보를 입력한다 해도 뇌신경세포의 연결패턴이나 강도는 사람마다 다르기 때문에 시냅스 분포도를 안다고 해도 그 속에 담긴 정보나 지혜는 해석할 수 없다. 당연히 어느 한 사람의 지능이나 의식을 다른 사람에게 복사할 수 없다. 이것은 인지

컴퓨터가 발달해도 해결할 수 없는 문제다.

사람들 중에는 컴퓨터 지능을 인간의 두뇌에 이식할 수 있다고 믿는 사람도 있다. 그러나 인간의 지능이 논리를 처리하는 방식은 컴퓨터가 데이터를 다루는 방식과 전혀 다르다. 따라서 컴퓨터 정보를 두뇌에 복사하거나 인간 두뇌정보를 컴퓨터에 바로 복사하는 일 또한 불가능하다. 다만 컴퓨터가 가진 정보를 사람의 감각세포에 알려주어 사람이 그 정보를 응용하게 도와줄 수는 있다.

인간의 두뇌와 같은 수준의 지적 판단능력을 컴퓨터에 부여하기 위한 인공지능 연구가 한창이다. 인공지능의 초창기 모델은 전문가 시스템이다. 전문가의 경험을 모아서 데이터 테이블을 만들고 비슷한 경우가 발생하면 전문가의 지식패턴을 그대로 적용하는 방식이다. 이런 일차원적 판단방식의 문제는 여러 가지 대안이 존재할 때 무엇을 적용할지 우선순위를 정할 수 없다는 것이다. 이를 극복하는 방법으로 가중치를 구하는 기술이 발달했다. 주로 논리적 모델이나 수학적 시뮬레이션을 통해 현상을 진단하고 확률적으로 가장 우수한 대응수단을 선택하는 기술이다.

최근에는 대량의 데이터 처리를 통해 가장 신뢰도가 높은 해법을 찾아내는 빅데이터 처리기술이나 인간두뇌에 견줄 만한 수학적 논리구조를 가진 지능회로 칩을 이용하여 확률적으로 가장 합리적인 해답을 찾아내는 기법을 활용한다.

인공지능이라고 해서 인간두뇌에 담긴 정보를 그대로 컴퓨터 언어로 바꿔주지는 못한다. 인간의 두뇌는 아직 그 작동원리가 다 밝혀지지 않아서 인간의 기술로 복제해 낼 수 있는 대상이 아니다. 특히 뇌신경세포의 정보처리 방식은 컴퓨터와 달리 생화학반응에 의해 정보를 전달하는 공정이다. 뇌신경세포 간에는 글루타메이트, 도파민, 아세틸콜린, 노르아드레날린, 세로토닌, 엔돌핀 등과 같은 화학물질이 정보를 전달하는 역할을 한다. 이 뇌신경전달물질은 감정의 변화도 조절한다. 예를 들면 세로토닌 결핍이 있으면 우울하고 불안해한다. 아세틸콜린이 줄면 알츠하이머병에 걸린다.

더욱이 두뇌에는 뇌신경세포만 있는 것이 아니라 뇌신경세포 수의 10배 이상이나 되는 신경아교세포가 있다. 신경아교세포는 뇌신경 신호를 증폭하는 기능을 갖고 있는데 정신적 작용에 중요한 역할을 한다. 이밖에 영장류만이 가진 방추세포가 존재하여 전두엽 피질에서 주의력, 고통과 공포, 심장박동이나 혈압 등을 관장하는 자율신경계를 조정한다.

일부 미래학자는 컴퓨터의 속도가 인간 두뇌의 정보처리 속도보다 빨라지면 기계 지능이 인간 지능보다 높아져서 초월적 기계인간이 세상을 지배하는 시대가 올 수 있다고 주장한다. 또 양자 컴퓨터를 실용화하면 정보를 두뇌와 같이 병렬처리 할 수 있으므로 사람의 두뇌 작용을 좀 더 유사하게 흉내낼 수 있을 것으로 기대한다. 실제로 많은 기업이 뇌신경세포를 모방한 새로운 구조의 신경세포 칩을 개발 중이다. 하지만 뇌신경세포칩을 개발한다고 해도 뇌세포의 정보를 바로 이식할 수는 없다. 다만 지금의 컴퓨터 CPU와는 달리 멀티 프로세싱이 가능해서 계산 성능이나 이미지 처리성능이 월등하게 개선될 뿐이다.

물론 컴퓨터칩이 발달하고 처리속도가 빨라지면 인간이 미처 알지 못하는 정보까지 모두 반영하여 컴퓨터가 인간의 판단력보다 우수한 제안을 할 수도 있다. 실제로 현재의 속도로 지식정보가 증가한다면 인간의 두뇌만으론 이를 모두 처리할 수 없다. 결국 발달한 컴퓨터의 능력에 의존하지 않을 수 없다. 그렇다고 인간이 컴퓨터에 종속되어서는 안 된다. 인간은 모두 나름대로의 개성과 가치관으로 의사를 결정한다. 동일한 정보도 사람마다 각기 다른 가치기준을 갖고 활용한다. 그게 인간이다. 이 때문에 사람은 초능력 컴퓨터가 있다 하더라도 자신의 개성과 취향에 맞춰 정보를 제공받길 원한다.

〈트랜센던스〉에서 감독이 던지는 메시지는 뚜렷하다. 아무리 기술이 발달하고 세상이 천국과 같이 바뀌어도 사람들이 기계의 판단에 예속되어 자신의 개성이나 가치기준을 잃어버릴 바에는 과감히 그 기술적 유토피아를 거부하자는 것이다.

사실 컴퓨터의 발달속도나 추세로 보면 20여 년 후의 기술적 상황을 장담할 수 없다. 다만 초월적 지능으로 무장한 컴퓨터가 지배하는 미래 세상은 그 어떤 사람도 원하지 않을 것이다. 사람은 누구나 자신의 의지대로 세상을 살아가기를 희망한다. 기계에 예속된다는 것은 상상할 수 없다. 컴퓨터 지능은 인류 문명에서 선한 역할만 부여받아야 한다.

LOOKING
AHEAD
TO THE
FUTURE

PART

3

빅데이터, 사회를 바꾼다

데이터 속의
보물지도를 찾아라

01 데이터 홍수에서 살아남는 법

매년 12월은 한 해를 마무리하기 위한 송년회로 바쁘다. 여러 가지 인연으로 맺어진 관계를 재확인하는 시간이자, 물리적 공간을 공유한 인연을 보다 끈끈하게 연결하는 자리이다. 그러나 디지털 세상이 맺어준 SNS 친구들은 새로운 형태의 인간관계를 형성하고 있다. 서로 대면하지 않아도 가상공간을 공유한다. 물리적 공간을 탈피하여 가상공간에서 생각을 교환한다. 소셜 네트워크라는 디지털 기술이 친구의 영역을 특정 인연에 기반을 둔 관계로부터 불특정 다수와의 관계로 재설정했다.

디지털 기술은 이미 모든 사람의 일상생활에 스며들었다. 시간이 갈수록 점점 더 똑똑한 소프트웨어가 생활 속 깊숙이 개입할 것이다. 애플의 시리나 구글 나우는 개인비서이다. 시리는 버튼만 누르면 바로 반응한다. 일정을 챙기고 앞으로 해야 할 일들을 알려준다. 질문을 던지면 곧바로 음성으로 대답한다. 아직 미숙한 면이 있긴 하지만 시간이 흐르면 정말 훌륭한 비서로 발전할 것 같다. 구글 나우는 물어보기도 전에 알아서 필요한 것들을 화면에 표시한다. 날씨, 출근버스나 전철 시간표, 실시간 벌어지는 사건 사고, 좋아하는 스포츠 팀

성적까지 샅샅이 챙긴다. 구글 나우는 내가 지금 무엇을 원하는지 굳이 말하지 않아도 미리 알아차리고 있다.

컴퓨터 알고리즘이 자동으로 우선순위의 것들만을 챙겨 나의 선택범위를 좁혀준다. 어쩌다 내가 미처 생각지도 못한 일을 일깨워주기도 하지만 아무래도 내가 미리 등록한 일정을 챙겨주는 역할이 크다. 스스로 생각해야 할 것들을 챙기지 않아도 되니 당연히 두뇌가 게을러진다.

사람은 편안함과 편리함을 선호한다. 인터넷 검색이 발달하기 이전 우리는 지식을 직접 찾아 여기저기를 헤맸다. 그렇게 찾아낸 정보는 소중히 다루었다. 좋아하는 음악은 반복해서 수십 번씩 들었다. 그러나 이젠 인터넷 검색을 통해 미처 생각지도 못했던 많은 지식을 접하게 되었다. 인터넷은 궁금증을 해소해 줄 만큼 다양한 정보를 제공하는 거대한 요술 상자이다.

호기심에 이끌려 인터넷을 이리저리 항해하다 보면 세상은 전율을 느낄 만큼 넓고 광활하다. 인간이 쌓은 모든 지식을 다양한 형태로 검색할 수 있다. 위키피디아, 학술논문, 웹문서, 유튜브 동영상, 수많은 보고서와 강연 자료, 트윗이나 페이스북에 널려있는 사람들의 생각, 이런 모든 지식과 정보가 21세기 인류문명을 대변한다. 흥미로운 사이트들을 평생 동안 쫓아다닌다 해도 도저히 다 섭렵할 수 없다.

그만큼 필요한 정보만 간추리고 요약하는 일이 중요해졌다. 그래서 내가 관심 갖는 정보를 일부러 노출시킨다. 이 정보를 기초로 하여 방대한 정보 중에서 선택의 범위를 컴퓨터가 알아서 좁혀준다. 사생활 문제가 불거질 수도 있지만 인터넷에 내 정보를 널리 공유할수록 역설적으로 나는 차별화된 경험을 제공받는다. 웹페이지에 뜨는 광고조차 내가 평소에 관심을 표한 내용으로 구성된다. 만일 내가 성형외과에 관해 알고 싶어서 관련 홈페이지를 검색하고 방문하면 다음부터 검색기는 내가 방문하는 웹페이지마다 계속해서 성형외과 광고를 끼워 넣는다. 구글이 나의 최근 관심사를 알아차리고 웹페이지 광고를 그에 맞춰버린 것이다.

이런 식의 편파적 정보제공 시스템은 내가 다른 생각을 못하도록 방해한다. 우연히 마주칠 다양한 정보가 차단되고, 한번 믿었던 사실은 더욱 공고해진다. 나는 점차 내가 원하는 정보만으로 둘러싸인 환경에서 살아가게 된다. 페이스북에 뿌려지는 뉴스도 나와 생각이 비슷한 사람들의 소식으로 채워지고 나와 다른 생각을 가진 사람들로부터는 격리된다. 보는 것이 단순해지면서 생각 또한 점점 더 닫히게 된다. 세상 모든 사람이 다 나와 비슷한 생각을 한다고 믿게 된다. 내가 사용하는 시스템이 내가 선호하는 것들만을 알아내서 24시간 관련 정보만 제공하기 때문이다. 내가 스스로 다른 주제를 찾기 전에는 어쩌면 이런 환경을 벗어나지 못할 수도 있다.

학자들조차 자칫 인터넷의 오도에 휩쓸릴 수 있다. 온라인에서 자료를 검색하면 사람들이 많이 본 자료를 우선 제공한다. 몇 가지 정보에 몰입하다 보면 정보를 편식하게 되기 쉽다. 구글은 온라인에 판권이 공개된 책자를 먼저 무료로 제공한다. 한 연구에 따르면 70% 이상의 사람이 이런 정보를 인용한다고 한다. 구태여 도서관을 방문하지 않아도 되기 때문이다. 문제는 검색에서 걸러진 정보만으로도 충분하다고 판단하여 굳이 다른 정보원을 찾으려 하지 않는다는 것이다. 모두가 검색기에만 의존하여 정보를 탐색하다 보면 더 많은 사람이 같은 관점으로 사물을 대하게 되고 이런 관점이 가속적으로 확산된다. 결국 다른 관점은 급속히 소멸한다. 인터넷은 사람들의 선택 폭을 좁히고 사고의 지평을 닫아버릴 수도 있다.

미래는 데이터에 의해 좌지우지되는 세상이 될 가능성이 높다. 디지털에 대한 맹목적 의존이 사회변화의 양상을 바꾸기 때문이다. 앞으로 10년간 사람들은 점차 기계적 판단에 의존하여 생각하게 될 것으로 예상된다. 사람과 기계의 접속은 인터넷 냉장고나 지능운전 차량, 지능형 시계의 개념을 넘어서 믿을 수 없을 만큼 빠르고 다양한 변화를 불러올 수 있다. 허구로만 여겼던 공상과학영화의 한 장면을 현실에서 마주할 수도 있다. 인공지능이 두뇌를 지원하고 사람의 개성은 온라인 아바타에 반영될 수 있다. 사물인터넷 시대가 되면 약 1천억 개의 연결망이 생긴다고 한다. 우리의 모든 가치기준이 컴퓨터 속으로 들어가고 모바일 폰이 인체 밖에서 두뇌 역할을 하게 된다. 완전히 새로운 형태의 인터넷 세상이다.

세상이 아무리 자동화되고 인공지능이 난무하는 세상이 되어도 이 세상의 주인공은 인간이다. 만약 문제가 있다면 인간의 문제다.

그리고 그 문제를 새롭게 해결하는 것도 바로 인간의 상상력이다. 인간은 아무리 똑똑한 기계라도 도저히 흉내 낼 수 없는 무한한 상상력을 가졌다. 인공지능시대에도 인간이 진정 창조적인 존재로 남으려면 평소 시간이 없어서 해보지 못한 일들을 마음껏 상상해볼 수 있어야 한다. 아무리 똑똑한 기계라도 인간의 무한한 상상력을 흉내낼 수는 없다. 세렌디피티serendipity, 예기치 못한 행운의 기회를 컴퓨터 지능은 포착하지 못한다. 유레카의 순간은 전혀 예상치 못한 장소와 순간에 떠오른다. 우연히 마주친 기회나 예상치 못한 자극에 인간의 두뇌는 빠르게 반응한다. 미래를 창조적으로 바꿔가는 힘은 바로 무작위로 열린 마음의 상상력에서 나온다.

02 인간의 두뇌능력은 어디까지 진화할까?

유인원과 같은 조상을 가졌는데도 인간은 왜 이들보다 유별나게 지능이 높은 것일까? 만약 인간의 지능도 진화한 것이라면 지금이 완성된 상태인가? 인간의 지능이 계속 진화하고 있다면 미래의 인간은 현대인과는 차원이 다른 지능을 갖게 되는 것일까?

지능의 유사성을 판별할 때는 무엇을 비교하는가에 따라 값이 달라진다. 정량화하기 어려운 차이가 상당히 존재한다. 사람들은 인간과 침팬지의 유전체genome를 비교하며 인간 지능의 신비를 밝히려고 노력해왔다. 인간과 침팬지의 유전자가 98% 이상 비슷하다는 설은 잘 알려져 있다. 그런데 로이 브리튼Roy Britten의 최신 연구결과에 의하면 일부 수정이 필요한 것 같다.

이전의 연구에서는 DNA의 구성성분인 뉴클레오타이드가 다른 것으로 교체된 경우만을 고려하고 삽입되거나 삭제된 것들은 무시했었다. 뉴클레오타이드의 교체는 돌연변이를 의미하며 염기쌍이 교체된 것을 의미한다. 반면에 삽입이나 삭제는 대질할 수 있는 위치에 있어야 할 염기쌍이 없는 것을 의미했다.

로이 브리튼의 연구를 보면 교체된 경우는 1.4%이고 98.6%가 유사한 것으로 나타났다. 그런데 염기쌍들이 삽입되거나 결실缺失된 것들을 합치면 놀랍게도 3.4%나 차이가 있었다. 이 차이는 세포유전학적 차이라 할 수 있는데, DNA의 반복회수, 전이성 인자들, 내부의 RNA 종양바이러스의 분포나 양, 대립형질의 존재와 양, 유전자 발현의 차이, 메신저 RNA의 접합 변화를 포함한다. 따라서 로이 브리튼의 연구가 틀림없다면 침팬지와 사람의 유전자 차이는 약 5%이다.

인간의 유전체는 침팬지보다 한 쌍이 적은 23쌍의 염색체로 이루어져 있다. 진화학자들은 사람의 염색체 수가 하나 적은 것은 침팬지의 염색체 중 작은 것 2개가 하나로 합쳐졌기 때문이라 추정한다. 인간과 침팬지의 염색체 중 18개 쌍은 거의 비슷하지만 염색체 4, 9, 12번은 진화하면서 재구성된 것으로 보인다. 다시 말하면 이들 염색체의 경우에는 인간과 침팬지의 유전자와 표지marker의 순서가 같지 않다. 진화론자들은 재구성되었다기 보다 서로 다르게 만들어졌기 때문에 근본적으로 다르다고도 말한다. 특히 Y 염색체는 크기도 많이 다르고 표지의 위치는 서로 비교할 수 없을 정도로 다르다.

과학자들은 특히 21번 염색체 유전자 지도를 비교한 결과 두 개의 유전체 사이에는 배열의 규칙성이 크게 다르다는 것을 알아냈다. 인간 가계에만 존재하는 부분이 상당히 많이 삽입되어 있다. 이런 것들을 다 포함하면 침팬지와 인간의 유전체 유사성은 95% 정도에 그친다. 그런데 뉴클레오타이드의 삽입이나 결실이 침팬지의 경우에서도 관찰되는 것은 인간과 침팬지가 본질적으로 다르기 때문이라고 한다.

그렇다면 인간과 침팬지는 유사성이 없는 것인가? 진화론자들은 이런 유사성이 90%로 낮춰진다 해도 인간과 영장류는 같은 조상을 공유한다고 믿는다. 유전체의 염기쌍 배열이 약 30억 개가 있다고 하므로 5%가 다른 것은 DNA로 1억 5천만 베이스의 염기쌍이 다른 것이다. 만약 인간이 침팬지에 비해서 유전적으로 영리하다면 유전자 차이만큼 그 원인이 있다고 본다. 침팬지와 인간이 갈라진 시점이 약 5~600만 년 전이라고 하니까 인간의 생물학적 유전정보는 매년 약 30비트씩 진화해 왔다고 할 수 있다.

한편, 인간은 학습을 통해 문명을 진화시켰다. 언어를 통해 정보를 소통하고, 문자를 만들어 후세를 위해 기록을 남겼다. 인쇄술을 발명한 후론 인류가 체득한 거의 모든 정보를 문자정보로 인쇄하여 널리 퍼트렸다. 책 한 권에 담긴 정보의 양을 계산해 보면 대략 이렇다. 책 한 권이 300쪽이고 한 쪽에 담긴 글자의 수는 1,000자 정도라고 할 때, 한 글자가 32비트라면 책 한 권에 담긴 정보의 양은 960만 비트다. 책 한권에 담겨 있는 정보의 1/3만 습득한다고 해도 인간은 지식정보에 의한 학습으로 매년 300만 비트 이상씩 진화한 셈이다. 그렇다면 출판물에 의한 학습 진화속도는 생물학적 진화속도의 10만 배나 된다.

어디 그뿐인가? 100년 전부터 라디오를 발명하여 소리정보를 전달하기 시작했고, 60년 전부터는 텔레비전을 개발하여 영상정보를 전달했다. 이런 소리 정보나 영상 정보의 양은 출판물이 전하는 정보량의 수천, 수만 배에 해당한다. 그래서 인간의 학습지능은 기하급수적으로 발달할 수밖에 없다. 더 나아가서 20년 전부터는 인터넷을 활용하면서 소통하는 모든 정보에서 시간 제약을 없애 버렸다. 언제든지 필요한대로 정보를 검색하여 취득할 수 있게 된 것이다. 그리고 모바일 인터넷을 일상화하면서 정보의 시간제약은 물론이고 공간적인 제약까지 없애버렸다. 언제 어디서나 무슨 정보든지 마음만 먹으면 검색하여 학습할 수 있게 된 것이다. 이렇게 인간의 학습지능은 매일 높아지고 있다.

우리가 일상생활 중에 마주치는 정보들은 빅데이터의 산물이다. 웹페이지를 열면 양측에 자동 추천되는 기사나 광고는 대부분 빅데이터 분석결과로 나에게 특별히 제공된 맞춤 정보이다. 이미 웬만한 웹사이트에서는 회원이 검색하는 패턴과 내용을 분석하여 관련 자료를 추가로 추천한다. 또 기업은 고객의 취향과 구매 이력을 분석하여 가장 적합한 상품을 추천하거나 관련 데이터를 먼저 제공한다. e-메일은 미리 등록해 놓은 핵심단어별로 새롭게 등장한 자료를 자동 검색하고 분류해서 통보한다. 그리고 페이스북 뉴스피드는 나와 가까운 사람의 관심 있는 정보를 우선적으로 보여준다.

개인이 관심사와 자신이 처한 상황의 정보를 적극적으로 노출하면 인터넷은 마치 X선 투시기로 비춰본 듯이 필요한 정보를 찾아서 제공한다. 데이터 과학은 이미 개개인에게 어떤 도움을 줄 수 있는지 모조리 알아내는 수준에 이르렀다. 원하는 식당 예약, 날씨정보, 대중교통, 주요 일정관리, 관심 뉴스 제공, 실시간 교통정보, 현지 정보, 그리고 긴급 알리미 등 무엇이든 설정만 하면 '구글 서치'가 알려준다. 사람들은 원하기만 하면 누구든지 더 똑똑해질 수 있는 환경에서 살고 있다.

머지않아 사람은 자신을 둘러싼 환경을 제3의 인공 눈으로 인식하고, 제 2의 인공두뇌의 도움을 얻어 판단할 수 있게 될 것이다. 외국어를 모르는 사람도 자신의 모국어로 모든 정보와 커뮤니케이션을 처리하게 된다. 거리를 걸을 때도 몸에 지닌 인식장치가 주변 공간에서 제공하는 데이터를 끊임없이 처리해서 앞으로 발생할 일에 대한 예측 시뮬레이션을 제공한다. 내가 필요하다고 지정한 모든 신규 정보는 어김없이 실시간으로 수집되어 맞춤형 분석 후 그래픽 화면으로 전달된다. 사람이 할 일은 오로지 질문과 판단뿐이다.

세상을 감지하는 센서는 시각뿐만 아니라 청각, 후각 등 다양한 감각을 활용하고 생물학적 한계를 넘어 정보를 수집하고, 인공두뇌도 생물학적 두뇌보다 훨씬 더 강력한 전문성과 신속성을 갖게 될 것이다. 더욱이 인공두뇌의 지능은 인간 자신의 두뇌와 함께 지속적으로 상호 보완하면서 자동 학습하기 때문에 활용 방법이나 분야에 따라서 완전히 다른 형태로 진화하게 될 것이다. 인공두뇌가 생물학적 두뇌의 일부로 전환되는 것이다. 인간의 두뇌는 그렇게 지속적으로 진화하고 미래는 더 월등한 지능사회로 변할 것이다.

03 사회적 유전자 패턴

물리학자들은 자연계의 원자가 서로 영향을 주고받을 때 어떤 일이 발생하는지 알아내고자 한다. 원자는 종류에 따라, 또 원자가 서로 뒤얽히는 패턴에 따라서 다른 성질의 물질을 형성한다. 액체, 고체, 전기가 통하는 도체, 전기가 통하지 않는 부도체, 반도체나 초전도체가 되기도 한다. 중요한 점은 물질의 본질이 아니라 그들이 이루는 패턴에 따라서 성질이 달라진다는 것이다. 물리학이 주는 이런 교훈은 사람들에게도 적용할 수 있다. 사회 구성원이 어떤 패턴으로 행동하는가에 따라서 그 사회의 형질이 달라진다는 뜻이다.

21세기 들어 발달하고 있는 빅데이터 분석기술은 사회의 기본 패턴을 이루고 있는 사회적 유전자를 밝혀내고 있다. 사회적 유전자는 엄청난 지식베이스인 소셜 네트워크에서 사람들의 관심과 관계를 찾아내는 인자로 활용할 수 있다. 사람, 주제, 상품, 위치정보, 조직이나 기관이 모두 빅데이터 분석인자로 사용된다. 그리고 이들 인자 간의 관계를 분석한다. '어떤 사람이 어떤 주제에 관심을 가지고 있는지', '어떤 행사에 누가 참석했는지', '어떤 주제의 행사인지', '그 행사는 어느 곳에서 진행하는지', '어떤 상품은 어떤 기관과 관계있는지'

등이다. 어떤 대상들이 어떤 관계를 맺고 있는지 시간에 따라서 계속 추적해서 분석해 내는 것이다. 또 사람이 대상이라면 그 사람의 친구는 누가 있는지 고려하고, 대상이 주제가 되면 비슷한 주제들은 무엇이 있는지 분석하고, 대상이 상품이라면 어떤 상품들이 경쟁관계에 있고 또는 대체 보완관계에 있는지도 분석해 주는 등 큰 그림을 그리는 것이다.

자연에서는 수만 수억 가지의 개별 상황이 동시에 벌어지지만 그 결과는 일정한 패턴으로 나타난다. 수많은 모래알들이 만들어놓은 사막 모래더미의 모양, 수많은 물방울들이 모여 만들어내는 파도의 형태 등이 이런 것들이다. 개미나 벌 한 마리 한 마리는 서로 다른 행동을 하지만 전체 무리는 일정하게 행동하는 것처럼 보이는 것도 같은 원리다. 자연은 스스로 자기 조직화를 행해 어떤 패턴을 만든다. 그리고 이 패턴은 그것을 이루는 인자들의 세부적 성질과는 거의 연관성이 없다. 소셜네트워크 세상에서도 수십억 개의 트윗과 페이스북 메시지가 존재하고 유튜브 비디오 등은 살아있는 유기체와 같이 계속 진동하고 서로 되먹임하면서 진화한다. 그러나 사회적 유전자란 사회적 인자들이 개별적으로 유발하는 일과는 별도로 이런 유기체 속에서 표출되는 기본 패턴과 같은 것들이다.

미국의 대형 소매상인 월마트는 지난 몇 년 동안 트윗을 기반으로 사회적 유전자를 분석하여 활용했다. 웹에 공개된 자료와 수많은 소셜미디어, 등록된 데이터를 분석하여 흥미로운 대상들과 관계들을 구분했다. 그래서 그것들을 추출하고 가능한 많은 정보와 결합시켜 증폭시키면 이것을 사회적 유전자의 하나로 분류해서 추가하는 것이다. 이를테면 루시 앤더슨이란 이름이 웹에서 처음 언급되었을 때, 소셜미디어 세상에서 그녀에 대한 관심이 모이고 있다면 월마트는 이를 곧바로 알아차린다. 그리고 그녀를 사회적 인자에 추가하고 소셜미디어를 관찰하면서 그녀에 대해 더 많은 정보를 수집한다. 그녀가 어떤 행사에 참석하면 그 행사도 사회적 인자로 추가한다. 그녀가 자신의 트위터에서 새로운 커피메이커를 언급한다면 이 역시 감지하고 사회적 인자로 추가한다. 트윗이 한번 감지된 후 2초 내에 다른 트윗에서 같은 내용이 감지되면 사회적 인자에 정보를 첨가해 준다. 이런 식으로 사회적 인자를 계속 갱신한다. 그 결과 사회적 인자는 광범위한 영역을 아우르며 계속 변해가고 수억 개의 대상과 관계들이 지식기반을 계속 갱신해 준다.

소셜미디어 속 사회적 인자를 분석하면 e-커머스에 폭넓게 적용할 수 있는 강력한 힘을 갖게 된다. 페이스북 사용자인 데니스 홍이 한번도 '커피'란 단어를 쓴 적이 없더라도 그가 고가의 커피 브랜드를 여러 차례 언급했다는 기록이 나타나면 월마트는 사회적 인자를 이용해서 그가 커피 중에서도 특히 고급 커피에 흥미를 가지고 있음 알 수 있다. 그가 언급하는 브랜드도 인지할 수 있다. 또 김미나라는 사용자가 "솔트 정말 좋아!"라는 트윗을 했다고 하자. 이 사용자가 평소 트위터에서 영화 이야기를 자주 하던 사람이라면 사회적 인자를 이용하는 컴퓨터는 트윗에서 언급된 '솔트'가 조미료 소금이 아니라 영화 〈솔트Salt〉를 말하는 것임을 트윗이 업로드 된 즉시 알아차린다. 조미료 솔트 역시 사회적 인자로 등록되어 있지만, 컴퓨터는 이를 구분하여 판단할 수 있다. 김미나가 트윗을 한 순간 이 내용은 월마트에 전달되고 월마트 시스템은 광속으로 분석에 들어간다. 수분 후 김미나의 친한 친구 정수아에게 메일이 전달된다.

"안녕하세요 정수아 님. 귀하께서 알림을 요청하신 김미나 님의 생일이 가까워지고 있습니다. 김미나 님의 최근 관심사는 안젤리나 졸리의 영화 〈솔트〉입니다. 관련상품을 선물해보시면 어떨까요? 추천상품 리스트를 보내드립니다."

같은 시간 페이스북 사용자 데니스 홍에게는 다른 메시지가 보내진다.

"데니스 홍 님. 오늘의 공구상품은 드롱기DeLonghi의 최신형 커피메이커입니다. 50명만 모여도 최대 45%가 할인됩니다. 품격 있는 커피애호가에게 어울리는 최고의 선택, 드롱기를 특별한 기회로 만나세요."

사회적 유전자 분석 시스템을 갖추게 되면 흥미로운 거래 기회를 수없이 만나게 된다. 이를 위해서는 밑바닥 레벨에선 매초마다 트위터, 페이스북, 블로그 등 소셜미디어에서 쏟아지는 수천 개의 데이터 조각들을 처리해야 한다. 이 '패스트 데이터'는 너무 빠르게 흘러 다니기 때문에 빅데이터와 구분해야 한다. 월마트는 빅데이터 이슈를 풀기 위해 흔히 사용하는 하둡Hadoop 프레임이 패스트 데이터 문제를 푸는 데는 적합하지 않다는 것을 인지하고 그 대응책으로 머핏Muppet을 새롭게 개발했다. 월마트 측에 따르면* 머핏은 순간적으로 수많은 기계에서 발생하는 패스트 데이터 흐름을 처리하는데 적합한 솔루션이라고 한다.

* http://www.informationweek.in/informationweek/case-study/180456/walmart-plans

월마트가 사용하는 사회적 유전자 기법은 소비자의 일상을 분석하여 더 효율적이고 더 많은 거래를 발생시킬 뿐만 아니라 사회적 인자들 간의 관계를 다각적으로 보여주는 보석 같은 지식기반산업이다. 폭넓은 첨단 데이터관리기법과 의미분석기법 그리고 사람의 두뇌역량이 고도로 결합한 결과물이다. 소셜미디어의 깊은 의미를 분석하는 데 높은 성능을 발휘하고, 그 결과를 소셜커머스에 폭넓게 적용하고 있다. 월마트는 다음과 같이 스스로를 소개한다.

"세상에서 가장 큰 소매업자가 되기 위한 아이디어 인큐베이터로서, 우리는 단순히 상품만 제공하는 것이 아니라 경험을 제공해드립니다."

월마트의 사례는 비단 유통산업에만 해당하는 것이 아니다. 정부기관, 지방자치단체, 기업 할 것 없이 요즘 유행하는 말로 창조경제 사회에서 살아남기 위해서는 사회적 유전자를 활용하는 지혜를 반드시 갖추어야 한다.

04 데이터가 스포츠를 바꾼다

독일축구협회는 브라질 월드컵에 대비하여 'SAP 매치인사이트 Match Insight'라는 분석 프로그램을 도입했다. 이 소프트웨어는 선수들의 정강이 보호대 밑, 선수복, 그리고 축구공 속에 삽입된 마이크로 센서로부터 시시각각 공간좌표데이터를 수신하고, 이를 실시간으로 빠르게 분석한다. 각 선수의 순간 가속도, 이동 속도, 볼 접촉 기록을 모아 전체 팀의 활동을 그림으로 표시해 준다.

이로써 선수 개개인의 약점을 보완하는 훈련을 하도록 하고 팀의 훈련효율을 높이는 전략을 찾아낼 수 있다. 개인별 공간분석과 팀원의 배치, 패스 경로 등을 전체적으로 조망하고 각자의 이동궤적, 평균 속도, 볼 점유시간, 선수의 개별 성향을 정확히 분석한다. 독일 팀은 이 분석 자료를 통해 선수들의 부상을 사전에 예방하고 궁극적으로 팀 전력을 높일 수 있었다.

이와 같은 기술은 스포츠 기업인 아디다스도 이미 개발해서 공표한 바 있다. 운동선수의 신발 깔창 밑에 마이크로센서를 삽입하여 선수의 모든 움직임을 추적하고 이를 분석하는 기술이다. 축구화에 마이크로칩을 삽입하면 선수의 이동속도, 이동거리, 발걸음 수, 매 초당 속도, 매 5초당 최고 속도, 전력을 다해 뛴 회수, 걸어간 회수, 고강도로 뛴 거리 등 선수의 활동에 관한 모든 정보를 얻을 수 있다. 이들 데이터를 기초로 각자의 스피드, 이동거리, 활동도, 이동궤적 등을 스마트폰이나 태블릿에서 그림이나 그래프로 표시하여 팀플레이를 정확하게 분석할 수 있다. 이 데이터는 팀플레이를 위한 작전 수립 그리고 선수교체 결정의 자료로도 활용할 수 있다. 축구만이 아니라 다른 스포츠에서도 깔창 밑 센서가 제공하는 데이터를 기초로 선수들의 역량과 활동을 분석 가능하다.

독일 분데스리가 심판들은 앞으로 경기 중에 구글 안경을 착용하는 방안을 긍정적으로 검토하고 있다. 구글 안경은 멀티채널을 통해 관객, 선수, 코치, 방송 중계자의 시각을 모두 제공하는 앱을 수용할 수 있다. 이를 이용하면 심판은 다양한 채널로 경기를 조망할 수 있을 뿐 아니라 모호한 경우 경기 영상을 되돌려 본 다음 보다 더 객관적이고 정확한 판정을 내릴 수 있다. 상세한 데이터도 조회할 수 있다.

팀의 코치에게도 구글 안경은 경기 중 선수들의 활약을 분석하고 중요한 영상을 기록할 수 있는 매우 유용한 장비다. 구글 안경을 쓰고 있으면 선수들의 신발이나 선수복에 부착된 센서의 데이터와 그 분석 결과를 실시간으로 전달받을 수 있다. 경기가 어떻게 흐르고 있는지 그리고 경기를 승리로 이끌기 위해 무엇이 필요한지 바로 판단하고 선수기용이나 작전수립에 활용할 수 있다.

선수들이 직접 구글 안경을 이용하는 방안도 많은 스포츠 팀들이 적극적으로 모색 중이다. 선수가 구글 안경을 쓰고 경기에 참가하면 선수가 본 장면을 바로 방송에 중계할 수 있어 관객들도 선수와 같은 시야로 경기를 보게 된다. 관객들은 마치 자신이 직접 경기에 참가하는 듯한 경험을 하게 된다. 카메라가 경기장 속으로 들어가므로 중계 화면은 훨씬 더 역동적으로 변한다. 선수들에게 중계자가 즉석에서 질문을 던질 수도 있다. 선수들 역시 관객이나 코치의 시점에서 경기 상황을 관찰할 수 있다. 감독이 내린 지시도 작전도면이나 동영상을 통해 신속하고 효율적으로 전달받을 수 있다. 예기치 않은 풍향이나 풍속 변화가 경기에 영향을 미친다면 그것을 선수에게 곧바로 알려줄 수 있다. 마라톤 선수나 카레이서라면 전체적인 경기 흐름을 쉽게 파악하고 페이스를 조절하거나 작전을 바꿀 수 있다.

관객은 경기상황을 멀티채널로 동시에 볼 수 있기 때문에 디지털로 중계하는 여러 장면 중에서 자신이 선호하는 채널을 골라서 시청할 수 있다. 지금까지는 중계자의 시각으로만 경기를 시청했지만 자신이 응원하는 선수의 시각이나 경기장을 함께 뛰는 심판의 시각으로 경기를 즐길 수 있다. 또 자세히 보고 싶은 장면을 되돌려 볼 수 있으며 맘에 드는 장면은 따로 저장할 수도 있다. 경기 진행상황을 분석한 자료를 즉시 받아보는 즐거움도 있지만 선수의 시각으로 경기를 체감하는 경험이 더 짜릿하다. 스포츠 매니아라면 흥분하기 좋은 소재다.

미래 스포츠는 사물인터넷 기술이 지배하게 된다. 선수복은 물론이고 야구장갑, 골프장갑, 야구방망이, 골프채, 테니스라켓, 헬멧, 신발 속에 마이크로 센서를 삽입하는 것이 당연시될 것이다. 이런 용도의 고기능 센서들이 수없이 등장할 수 있다. 앞에서 언급했듯이 스포츠용 센서로는 아디다스 신발에 삽입하는 '마이코치miCoach'가 대표적이다. 젭 랩스Zepp Labs라는 벤처기업은 테니스 라켓Zepp tennis, 야구 방망이Zepp Baseball, 골프장갑Zepp golf 등에 부착하는 센서를 개발하여 선수의 동작을 분석해 주는 기술을 제공하고 있다. 라스베가스의 한 전자업체는 센서가 들어있는 농구공을 개발했는데, 농구공을 바스켓에 쏘는 각도, 공의 속도, 드리블 속도, 드리블 하는 힘, 백스핀 등을 측정해서 알려준다. 이밖에도 아이스하키 스틱에 부착하는 센서, 미식축구 선수의 헬멧 속에 부착하는 센서가 이미 시장에 나와 있다. 이런 센서들은 기본적으로 가속도 센서나 자이로스코프* 그리고 수치 프로세서로 이뤄져 있다. 중요한 것은 이런 센서 데이터들이 제공하는 정보가 스포츠에 어떤 변화를 가져오느냐이다.

* 자이로스코프 물체의 각속도를 측정하는 센서. 가속도 센서는 물체의 움직임을 세심하게 측정할 수 없지만 자이로스코프는 지표면을 기준으로 기울기와 가속도를 측정한다. 모든 방면의 각도의 변화를 알 수 있다.

앞으로는 팀 간의 득점경쟁보다 스타 선수들의 몸놀림이 쏟아내는 개인 기록들이 더 주목받을 수도 있다. 예를 들면 야구 투수의 강속구 기록을 재듯이 축구선수의 순간가속도 기록이나 헤딩 높이 등도 기록으로 저장될 수 있다. 스포츠 선수의 모든 움직임은 데이터로 변하고 기록으로 남는다. 축구도 야구나 육상같이 기록경기처럼 운영될 수 있다. 즉, 게임당 선수의 득점도 중요하지만 게임당 이동거리, 슈팅 속도 등의 기록도 인정되면서 누가 더 장거리를 뛰었는지,

누가 가장 강력한 슛을 날렸는지 비교하는 재미가 덧붙여지게 된다.

빅데이터 스포츠는 선수들의 기량을 정량적으로 평가하고 신기록으로 등록하는 데이터 경합시대를 열게 한다. 이쯤 되면 관객은 모두 스포츠 전문가가 될 것 같다. 선수들의 세세한 몸동작조차도 모두 데이터로 바뀌는 빅데이터 스포츠 시대가 지금 열리고 있다.

05 해커톤이 만드는 시민중심사회

해킹이라고 하면 보통은 사이버 범죄를 먼저 떠올린다. 국어사전을 찾아보면 해킹은 '다른 사람의 컴퓨터 시스템에 무단으로 침입하여 데이터와 프로그램을 없애거나 망치는 일'이라고 설명하고 있다. 반면 영어사전에는 '컴퓨터 조작을 즐기기' 또는 '무엇이나 숙고하지 않고 실행하기'라고 쓰여 있다. 우리말의 해킹은 부정적 의미지만 영어에서는 컴퓨터 활용에 푹 빠져 즐긴다는 의미나 실행력이 생각보다 앞선다는 의미로 사용된다.

컴퓨팅 기술 초창기 해커들의 문화는 정보에 자유롭게 접근하는 데 가치를 두었다. 그러다 보니 일부 해커가 범죄를 저지르기도 했다. 하지만 사실 해킹이란 말은 '비범한 방법으로 기술을 개선하거나 재정립하는 과정'이란 의미로 사용한다. 이런 관점에서 보면 자칭 해커라는 사람들이 고급정보를 이용하여 비효율적인 정부의 업무나 공공서비스를 개선한다 해도 결코 놀랄 일이 아니다.

실제로 시민들의 해킹이 열린 정부를 만드는 수단으로 전 세계에서 주목받고 있다. 정부는 공공서비스와 정부활동에 관한 데이터를 완전히 개방하고 시민 해커들은 이를 이용해서 사회를 더 낫게 할 수 있는 새로운 앱과 디지털 수단을 개발하는 것이다. 시민 해킹을 맨 먼저 시도한 것은 지난 2010년 미국의 한 정치인이었다. 그는 공공교통문제, 정부 사업의 효율성, 빈곤지역의 학교설치 가능성 등을 개선하기 위하여 시민 해커들을 모았다. 정부의 비효율적인 활동 방식을 바꾸거나 재정립할 수 있는 새로운 개념의 소프트 앱 프로그램을 개발하기 위해서였다. 민주주의의 백기사들에게 새로운 역할을 부탁한 것이다.

공공서비스를 개선하는 데는 비용도 많이 들고, 시간이 많이 필요하므로 보통 정부는 개선에 매우 소극적이다. 하지만 자발적으로 참여한 해커들은 보수를 받지 않고도 효율적으로 일을 처리해냈다. 컴퓨터 프로그램 도사들을 한자리에 모아 집중적인 협력 작업을 유도함으로써 해커들이 서로 협동하여 건강보건, 학교 시스템, 정치 등을 개선시킬 수 있는 새로운 앱을 개발하게 한 것이다. 이를 해커들의 마라톤이라 하여 해커톤Hackerthon으로 부른다.

해커톤의 아이디어 발굴 방식은 원래 페이스북의 프로그래머들이 고안해낸 것이다. 이들은 팀 창의성을 살리기 위해 자발적으로 모여 협동 프로그래밍을 하면서 해커톤을 확립시켰다. 한 직원이 아이디어가 떠올라 "오늘밤 해커톤하자"라고 주제를 제안하면 직원들은 너도 나도 정해진 장소에 모여 마치 파티를 하듯 토론하면서 아이디어를 구체화한 후 새로운 프로그램을 만들어 낸다. 누구든지 해커톤을 제안할 수 있고 여러 팀이 모여 경쟁하듯이 진행한다. 이렇게 자유롭게 새로운 아이디어를 실용화시키는 조직운영 방식에 매료된 많은 기술자들이 페이스북에 입사했다고 한다.

기업의 아이디어 발굴 방식이었던 해커톤은 2010년 이후 공공서비스 시스템 개선을 위한 행사로서 미국뿐 아니라 유럽 각 도시에까지 널리 퍼지고 있다. 2011년에 독일 베를린, 미국 뉴올리언스, 영국 브라이튼, 인도 뭄바이에서 치러졌고, 2012년에는 인도 푼, 미국 샌프란시스코 등지에서, 2014년에는 네덜란드 암스테르담을 비롯한 여러 도시에서 해커톤이 열렸다. 해커톤에 참가하는 젊은 프로그램 도사들은 지적재산권 등을 크게 고려하지 않고 다른 참가자들과 역량을 합쳐서 불과 하루 이틀 사이에 앱을 개발해낸다. 이렇게 만들어진 앱은 기존 공공서비스에서는 미처 생각지도 못했던 전혀 새로운 아이디어로 시민행정을 개혁해 준다.

좋은 사례로 2013년 6월 초에 백악관의 후원으로 개최된 '시민 해킹의 날National Day of Civic Hacking'이 있다. 연방정부가 해커들을 격려하기 위해 마련한 행사였다. 미 전역에 걸쳐 11,000명이 참가했고 83개 도시에서 95가지 행사를 벌였다. 정부와 개인 간의 이 대규모 협력 작업은 예전에 없던 도전 과제를 기술로 해결하는 것을 목표로 했고 과학자, 웹디자이너, 학생 그리고 프로그램 실력자 모두의 참가가 독려되었다. 행사를 통해 해커들은 수많은 앱과 웹사이트, 시민을 연결시키는 시스템을 개발했다.

해커들은 시민의 삶과 가정과 일터를 개선하고 발전시키는 사람들이다. 시민해커의 날을 기화로 더 투명한 사회를 만들 수 있다는 사실을 미국 정부 관료와 시 관리자들은 확인했다. 시민 해킹의 성과가 인정받으면서 이런 아이디어가 공공서비스에 확산되어 긴급서비스나 건강관리와 같은 일도 해커들에게 맡겨지고 있다. 심지어 NASA도 '핵 스페이스Hack Space'라는 해커톤을 열었다.

해커톤은 행정영역만 지원하는 것이 아니다. 의사나 경찰 그리고 다른 공무원들도 해당 부서의 업무효율 개선에 해커톤을 이용하기 시작했다. 원래 이런 일은 내부의 프로그래머나 외부 용역을 통해서 해결하던 일이었다. 2013년 4월, 영국 런던경시청은 현장에서 일하는 경찰을 지원하는 해커톤을 열었다. 영국에서는 처음으로 경찰이 개최한 해커톤이다. 이 행사를 개최하자는 아이디어를 낸 것은 한 구글 직원과 자원 경찰관이었다. 이 행사에서 개발한 스마트폰 앱은 현장에 출동한 경찰에게 가장 가까운 구치소와 응급처치 장비가 있는 장소 등의 주변 정보를 알려준다. 보통 긴급출동을 하면 낯선 장소에서 범인을 체포해야 하는 경우가 많기 때문에 이 앱은 옥외 근무 경찰관에게 상당한 편의를 제공했다.

시민 해킹은 세계 도처에서 풀뿌리 활동 이상으로 진화하고 있다. 요즈음 해커톤은 비영리기관들에 의해서 잘 조직되어 전국적인 규모로 치러진다. 모금되는 자금의 액수도 상당하다. 대표적인 사례가 코드 포 아메리카code for America이다. 이 비영리단체는 미래정부에 투자하라는 슬로건을 내세워 수백만 명으로부터 개발 자금을 모았다.

줄어들어가는 지방정부 예산과 낙후된 도시행정시스템으로 고민하던 지방도시들은 앞다투어 이곳과 협력을 맺고 시민해커들이 개발한 각종 서비스 아이디어를 행정업무 개선에 활용하고 있다.

시민들의 기술에 대한 신뢰도도 차츰 높아지고 있다. 사회 시스템이 점점 더 기술에 의존하고 있는 상황에서, 우리 정부도 디지털 행정시스템을 통해 서비스를 혁신하려고 노력 중이다. 박근혜 정부는 정부 3.0 시대를 선포하면서 '정부 운영방식이 국가 중심에서 시민 중심으로 바뀌는 전면적인 패러다임의 전환을 의미'한다고 설명했다. 그 일환으로 정부의 모든 공공정보를 민간이 활용할 수 있도록 완전 개방하겠다고 밝혔다.

2013년과 2014년에는 우리나라에서도 대학생들을 대상으로 K-해커톤 대회가 열렸다. 외국의 사례에 비하면 아직 조촐한 행사이지만 발전이 기대된다. 앞으로는 우리 지방정부와 공공기관도 해커톤과 같은 행사를 활발하게 시도해야 한다. 그럼으로써 시민해커들의 다양한 민의가 행정서비스 시스템에 반영되는 진정한 정부 3.0의 기반을 만들어야 한다.

06 무선 네트워크의 풀뿌리 민주화

2013년 미국 57대 대통령 취임식 중계방송에 흥미로운 모습이 포착됐다. 연단에서 취임식 안내가 한참 진행되는데 오바마 대통령은 물론이고 대통령 가족, 주변의 많은 귀빈들까지 고개를 숙이고 열심히 스마트폰 화면을 들여다보고 있는 장면이었다. 스마트폰이 지위고하를 막론하고 세상 사람들의 시선을 송두리째 빼앗아 버린 것이다. 셀카selfie 역시 스마트폰이 퍼뜨린 문화다. 교황도 미 대통령도 권위를 내려놓고 대중과 셀카를 찍는다. 명사名士와 일반 대중의 관심사가 비슷해졌다. 권력이 분산되고 대중의 아이디어가 세상을 움직이는 시대가 되고 있다.

얼마 전 메신저 '카카오톡' 대화내용을 검찰이 압수수색했다는 뉴스에 누리꾼들이 안전한 해외 메신저로 망명을 계속하고 있다. 뒤늦게 카카오톡 측이 사과문 발표와 함께 개선안을 제시하며 진화에 나섰지만 한번 터진 둑은 막을 길이 없다. 그 때문에 모든 대화가 암호화로 보호된다는 해외 메신저 '텔레그램telegram'이 인기다. 곧바로 국내 앱스토어에서 다운로드 순위 1위를 기록했다. 일정 시간이 지난 뒤 대화 내용이 자동으로 삭제되어버리는 비밀 대화 서비스도 장점으로 꼽히고 있다.

최근 주목받고 있는 또 다른 메신저 '파이어챗Firechat'은 인터넷 접속이 안 된 상태에서도 휴대폰끼리 메시지나 이미지를 보낼 수 있는 앱이다. 사용자가 폭주하여 무선 인터넷이나 이동통신망이 불통되는 경우에 대비해 만들어졌다. 재난현장, 야외 음악공연장, 스포츠 경기장, 놀이공원, 관광지, 축제, 대형 컨퍼런스, 전시회장, 해상 선박 내, 대규모 군중행사 중에도 공개토론 형식으로 자유롭게 의견을 나눌 수 있다.

파이어챗이 이동전화통신망이나 와이파이 인터넷망을 이용하지 않고도 메시지를 전달할 수 있는 이유는 블루투스 기술을 이용하기 때문이다. 블루투스 기능이 있는 휴대폰끼리 모여서 메시mesh 네트워크를 만든다. 휴대폰이 받은 메시지를 다시 주변 다른 휴대폰에 전달해줌으로써 여러 대의 휴대폰이 하나의 망을 형성한다. 네트워크에서 휴대폰들은 노드node 역할을 한다. 각 메시 노드들은 징검다리를 건너온 메시지를 블루투스가 허용하는 거리 안에 있는 다른 무선 노드까지 전달한다. 일단 이런 식으로 망이 형성되면 통신기능이 계속 살아있게 된다. 어떤 통제기관도 이를 기술적으로 차단하지 못한다. 이 메시 네트워크 기능은 현재의 모바일 인터넷 공간이 갖는 단점을 해소하고 새로운 활용가능성을 보여준다.

2014년 3월, 대만 의회 건물이 학생 시위대에 의해 3주 동안 점거된 적이 있었다. 중국과의 무역협정 논쟁 때문이었다. 수백 명이 집무실에서 농성을 했고 30만 명의 시위대가 거리를 점령했다. 친(親)북경 대만정권은 인터넷을 차단해서 시위대와 농성군을 갈라놓으려 했다. 하지만 때마침 등장한 새 메신저 파이어챗 때문에 이 시도는 무산되었다. 파이어챗의 앱 개발사 오픈 가든Open Garden 측에 의하면 앱 공개 3일 만에 대만에서 최다 다운로드 앱이 되었다고 한다. 광역 인터넷망을 필요로 하지 않는 메시 네트워크 기술이 최초로 적용된 사례다.

홍콩에서는 2014년 9월 이후 완전 자유민주주의 선거를 주장하는 시위가 한창이다. 시민들은 반중성향 후보 출마를 제한하는 2017년도 선거법 개정안 철회와 렁춘잉梁振英 홍콩 행정장관 퇴진을 요구하며 도심 번화가를 점거했다. 보통 대규모 시위현장에는 구호가 쓰인 깃발과 피켓, 거리에 뿌려지는 팸플릿과 시위 분위기를 고조시키기 위한 악기 등이 등장한다. 그런데 이 시위에서 홍콩 시위자들의 손에 들려 있는 것은 우산과 스마트폰이다. 우산은 경찰이 뿌리는 최루액을 막기 위한 것이고 스마트폰은 시위정보를 공유하기 위한 것이다. 중국정부는 시위대의 결집을 막기 위해서 인터넷 채팅기능을 가진 앱들을 차단했다. 하지만 시위 참가자들은 모두 파이어챗을 다운받고 메시 네트워크를 만들어 정부에 대항하고 있다. 파이어챗은 시위 참가자들끼리 의견과 정보를 교환하는 도구가 되었다. 채팅방 대화를 통해 행동방향을 공유하므로 앞에 나서서 마이크를 들고 고함치는 사람이 없어도 된다. 사용량이 몰려 서버가 다운되거나 불통되는 일도 없다. 개발사 측에 따르면 홍콩에서 하루 10만 명이 이 앱을 다운로드한 날도 있다고 한다. 파이어챗은 메시지를 전달할 때 암호화를 하지 않기 때문에 대화 내용이 완전히 공개된다. 그럼에도 불구하고 홍콩 반정부 시위현장에서 파이어챗은 막강한 힘을 발휘했다. P2Pperson-to-person 네트워크는 매우 빠르고 강력한 소통기술이다.

아직은 기술 태동기지만, 메시 네트워킹은 오래전부터 인터넷 기술자들이 추구해온 소통모델이다. 화산폭발, 태풍, 지진 등의 자연재해가 일어나거나 전쟁이 발발하면 모든 인터넷 시스템이 차단되거나 사용량 폭주로 불통이 될 공산이 거의 100%다. 그만큼 지금의 인터넷은 취약하다. 최근 이집트나 이란에서와 같이 정부가 인터넷을 차단해버리는 경우에도 사용자들은 대응할 방법이 없다. 미 국가 안보국이나 국내 검찰의 인터넷 감찰 사례도 인터넷 보안의 취약성을 여실히 드러낸 사례다. 반면 메시 네트워크는 이런 문제들로부터 자유롭다. 이 기술이 폭넓게 보급되면 인터넷의 활용영역은 기하급수적으로 확장된다. 누구나 자유롭게 네트워크를 구축할 수만 있다면 통신회사와 같은 중앙 거점을 통하지 않고도 서로 컴퓨터나 휴대폰을 연결해서 무선으로 많은 일을 함께 할 수 있다. 파이어챗은 그런 면에서 중요한 시발점이 된 셈이다.

인터넷망이 아직 구축되지 않은 낙후된 지역에 네트워크를 가동시키는 것도 가능하다. 실제 인터넷망이 드문드문한 인도에서 파이어챗은 엄청난 인기를 얻고 있다. 현재 50만여 개의 채팅방이 상시로 열려있다고 한다. 인터넷망이 없어도 '파이어챗'을 이용하면 훌륭한 메시 네트워크가 형성된다. 사람들에게 값싸고 효율적인 소통수단이 될 뿐만 아니라 우리가 원하는 인터넷의 형태로 다양한 기능이 발전할 수도 있다.

온라인 사생활 보호나 익명성 보장이라는 측면에서 메시 네트워크의 장점은 크다. 특정 참여자들만을 위한 폐쇄 커뮤니티 운영이 가능하기 때문이다. 중앙의 통제를 받지 않는 폐쇄된 P2P 소통을 통해 강력한 보안을 유지할 수 있다. 인터넷과 연결되어 있지 않기 때문에 메시 네트워크에서 벌어지는 일들을 알 수 있는 것은 해당 네트워크에 직접 접속할 권한을 가진 사람뿐이다. 접속한 사람이 누구인지도 알아낼 방법이 없다.

마지막으로 메시 네트워크의 가장 중요한 특성은 사람들이 스스로 커뮤니티를 구성해서 참여자들과 자원을 공유할 수 있다는 것이다. 지금은 통신업자와 같은 제3자가 제공한 인터넷 기반에 의존하지만 메시 네트워크는 참여자들이 스스로 구축한 풀뿌리 기반에 의존한다. 어느 한 사람이 자원을 독점하는 것이 아니라 참여자들 모두가 자원을 내놓고 공유하는 형식이다. 네트워크 참여자들은 더 이상 어느 한쪽에 치우치지 않고 중앙통제도 필요가 없다. 대중이 커뮤니티를 구성해서 메시 네트워크로 성장시키고 지역에 분산된 메시 네트워크들을 서로 연결시킨다. 인터넷도 대중의 참여로 발달하는 새로운 인터넷 민주화가 시작된 셈이다.

07 초연결사회가 온다

오스트레일리아에는 한국의 '미래창조과학부'와 비슷한 '광대역 통신 및 디지털경제부'란 부처가 있다. 오스트레일리아 정부가 이렇게 통신디지털 전문부처를 설치한 것은, 21세기 국가경쟁력은 바로 디지털 연결망에서 나오며 전 국민을 이 초고속연결망에 접속시켜 디지털경제를 일으켜야한다고 믿기 때문이다. 사업은 광섬유, 무선통신, 차세대 위성통신망 기술을 결합하여 2016년 중반까지 전국에 산재한 집집마다 초당 1기가비트의 속도로 정보를 소통하게 하는 것이 이 부처의 핵심 목표다. 오스트레일리아는 상당량의 통신망이 아직도 구리선으로 되어 있기 때문에 이를 초고속 광통신망으로 대체하여 광활한 오스트레일리아 대륙을 완전히 연결하는 것은 보통 일이 아니다. 그래서 그들이 가장 부러워하는 사례가 바로 대한민국의 초고속통신망이다.

우리나라 통신망이 세계 최고수준이란 점엔 그 누구도 이견이 없다. 그런데 정작 우리가 오스트레일리아를 부러워해야 할 점이 있다면 그들이 초고속통신망을 통해 구현하고자 하는 목표가 뚜렷하다는 것이다. 오스트레일리아는 초고속통신망 구축을 통해 초연결

hyper-connected사회로 국가적 시스템을 바꾸겠다는 뚜렷한 비전을 가지고 있다. 교육을 개혁하고 비즈니스를 혁신하며 오락 활성화와 국민 건강증진을 달성하고 고령사회에 대비하겠다는 것이다. 목표만 있는 것이 아니고 구체적인 실천계획과 시스템을 만들고 있다. 현재 미국, 영국 등 대부분의 선진국 역시 오스트레일리아와 마찬가지로 초고속통신망이 상시 연결된 미래 초연결사회를 향해 돌진하고 있다.

20세기까지의 경제성장은 물건의 유통을 통해 이루어졌다. 상품의 대량생산을 통해 생산단가를 낮추고 이를 세계 시장에서 보다 많은 소비자에게 공급하는 능력이 바로 경제성장의 힘이었다. 경제성장 속도를 높이려면 처리하는 생산물량의 단위를 크게 하고, 원자재에서 제조를 거쳐 상품의 공급에 이르기까지 단계별 유통속도를 늘려야만 했다. 그래서 경제성장률과 에너지 수요증가율이 비례하는 경제구조였다.

그러나 21세기 초연결사회에서는 다르다. 경제성장과 물동량은 상관성이 떨어진다. 생산물량을 늘리는 만큼 희소성이 줄어들어 오히려 상품의 부가가치가 감소한다. 상품 생산에 사용된 원자재의 가치보다는 상품에 투입된 소프트웨어의 성능에 의해서 상품 가치가 달라지기 시작했다. 소프트한 아이디어로부터 경제성장의 힘이 나오고 이 아이디어가 연결망을 통해 얼마나 빨리 확산되는가에 따라서 효과가 달라진다. 통신망의 정보유통 속도가 바로 생산성이 되었다. 얼마나 많은 데이터를 얼마나 빠르게 옮길 수 있는가에 따라서 경제성장 속도가 달라진다. 원료도 데이터화 되었고 상품도 데이터화되었다. 상품을 컨테이너선에 실어 나르는 것이 아니라 그냥 통신망에서 내려받는다.

초연결사회에서는 지역과 국가를 따로 구분하는 개념이 없다. 같은 연결망 허브에 접속되어 있다면 미국이나 영국이나 오스트레일리아나 이곳 대한민국이나 다 같이 시차 없는 공동체에 소속된다. 그 광대한 지구 공동체 안에서 얼마나 많은 사람들이 가치를 공유할 수 있는가에 따라 상품의 가치가 달라진다. 아이디어와 초고속연결망이 경쟁력이다. 이것이 초연결사회 경제의 본질이다.

국내 스마트폰 이용률은 2012년 말 기준으로 만 12~59세 인구의 78.5%이며, 20~30대 기준으로는 94%를 넘어섰다. 전 국민이 어떤 형태로든 소셜미디어의 영향권에 놓여 있다. 가상데이터 저장 공간이 무료로 제공되면서 사람들은 각자의 생활상과 생각을 블로그, 트위터, 페이스북, 핀터레스트 등의 소셜클라우드에 저장하기 시작했다. 그 정보들이 개인의 온라인 정체성을 형성한다. 이렇게 형성된 소셜클라우드는 국민의 생각과 관심을 담은 풍성한 데이터저장고이다. 기업과 정부 입장에서는 다양한 통찰을 발굴해 낼 수 있는 데이터의 보물창고를 확보한 셈이다. 개인의 정체성을 넘어 새롭게 평가될 수 있는 국가적 정체성이 되었다고도 할 수 있다.

선진국들은 초연결사회를 통해 확보된 국가적 정체성을 기반으로 국가의 혁신역량을 강화하기 위한 전략을 수립하여 시행하고 있다.

초연결사회에서 국가가 주목해야 할 이슈는 다음과 같다.

우선 범죄예방 및 정의실현의 문제다. 온라인 정보가 넘쳐나면서 사이버 범죄가 창궐할 여지가 커졌지만, 역설적으로 공개정보를 이용해 범죄를 감시하기도 용이해졌다. 범죄를 일으킬만한 범죄적 행적유형을 적발하고 이를 위치정보나 관련 데이터의 분석을 통해서 범죄를 사전에 예방하는 기술이 가능해진 것이다. 따라서 개인의 온라인과 오프라인 활동이 범죄로부터 보호받을 수 있는 국가적 시스템 구축이 필요하다.

두 번째 이슈는 대중의 디지털 역량 함양이다. 모든 분야의 기술력, 일자리 창출력, 학교교육 및 평생교육 수준이 전부 국민의 디지털 역량에 달려있다. 보다 많은 사람들이 세상에 넘쳐나는 정보를 지식으로 흡수하고 창조적 지혜로 활용하게 하기 위해서는 현재와 같이 자생적인 기술함양에만 의존해선 한계가 있다. 학교와 사회 어디에서나 체계적이고 지속적인 디지털 역량 교육이 이루어지도록 해야 한다

세 번째는 평등의 문제다. 초연결사회가 되면 계층과 그룹 간 사회적 이동성이 높아지고 더욱 더 복잡하게 확산될 것이다. 실제적 불평등보다 오히려 기회가 불평등하다는 인식이 더 큰 사회적 이슈를 만들고 집단행동을 유발하기 쉽다. 그러나 평등한 시스템이 마련된다면 초연결사회의 구성원은 정보나 지식을 자유롭게 공유하고 활용하면서 더 폭넓은 삶의 기회를 얻게 될 것이다. 정보는 확대 재생산

될수록 가치가 높아진다.

사회적 결속력의 문제도 고민의 대상이다. 시간이 갈수록 전통적 가치관의 중요성이 줄어들면서 사회공동체 의식도 흐려질 공산이 크다. 따라서 초연결사회에 필요한 새로운 형태의 가치관이나 정체성을 만들 필요가 있다. 정책 입안자는 개개인이 소속감을 느낄 수 있는 공동체 형태를 고민하되, 이것이 개인의 정체성과 복잡하게 얽힐 수 있다는 점도 인식해야 한다. 이에 대한 고민은 정책 실행과정을 모니터링하고 그 결과를 바로 실행에 반영할 수 있는 구체적 실행계획으로 나타나야 한다. 또 사회적 통합을 지원하고 구성원 스스로가 만들고자하는 새로운 형태의 공동체를 인정하는 정책을 펴야 한다.

초연결사회는 끊임없이 변화하는 유동성과 많은 것이 빠르게 생겨났다가 사라지는 휘발성을 갖고 있다. 전통적 개념으로 영역을 분류하고 정책을 수립하면 큰 오류를 범하게 된다. 이미 현실세계 속엔 가상세계가 포함되어 있으며, 점점 더 많은 시민이 세계와 직접 소통하고 있으며 개인 간에도 초연결 상태가 유지되고 있다. 이는 공동체니 사회적 통합이니 하는 것이 실질적으로 이전과 다른 차원에 있음을 암시한다. 정부는 더 깊은 연구를 통해 초연결사회가 갖춰야할 시스템이 무엇인지 확인해야하며, 개인의 다양성을 고려하여 효과를 발휘할 수 있는 전략을 수립하고 실천해야 한다.

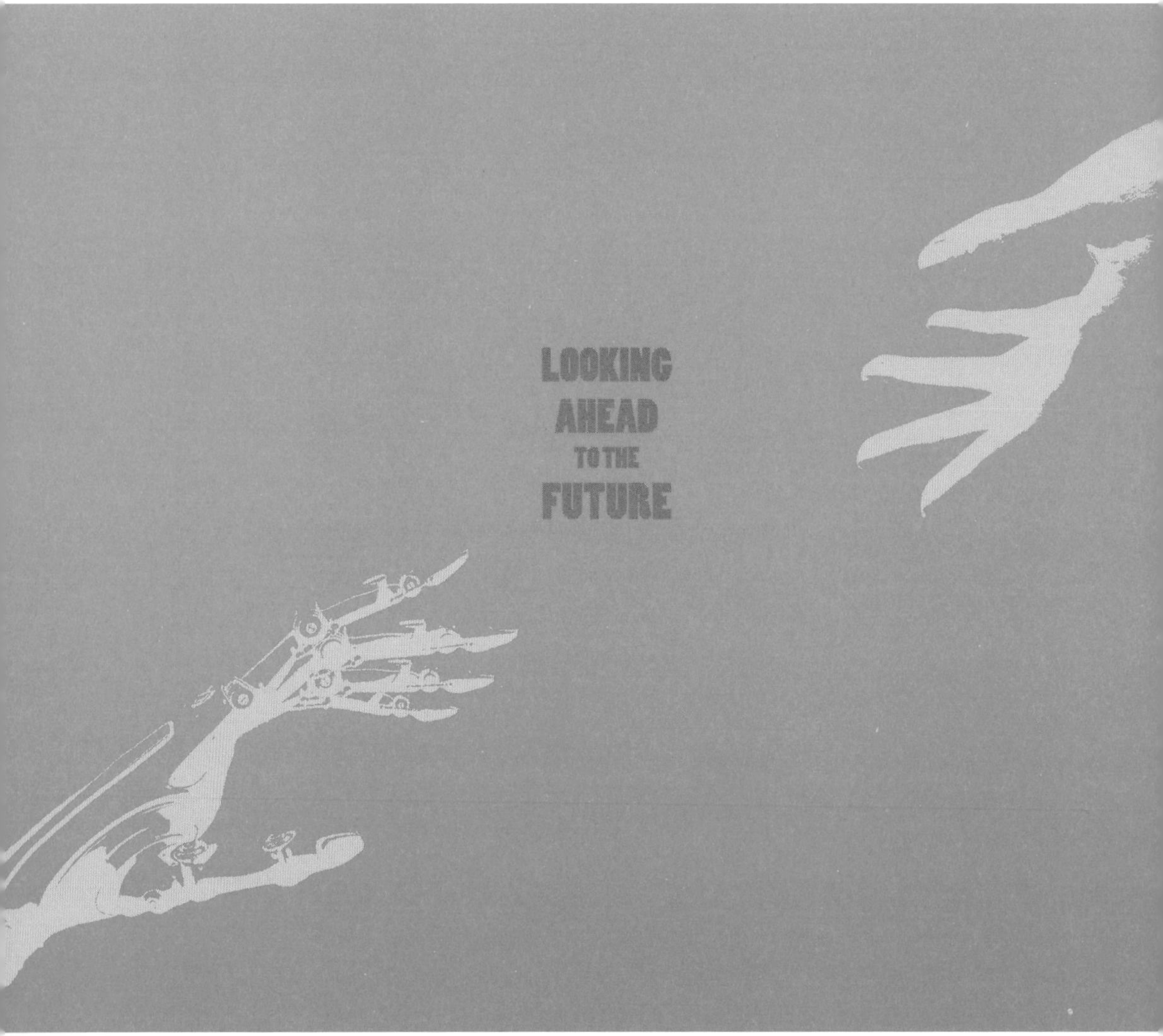
LOOKING
AHEAD
TO THE
FUTURE

PART 4

만물이 소통하는 기술

사물이 사람의 선호도를 헤아린다

01 사물인터넷, 모바일 문명을 열다

인터넷은 원래 연구자들이 서로 연구정보를 교환하는 수단으로 개발된 기술이었다. 웹브라우저의 등장으로 전문가가 아니더라도 쉽게 인터넷을 통해 정보를 교환할 수 있게 되면서부터 급속히 대중화되었다. 하지만 초창기에는 기업이나 기관의 웹페이지 홍보를 중심으로 활용되었을 뿐 개인에게는 이메일 수단일 뿐이었다.

이후 포털이 발달하면서 카페 등을 통해 개인 간의 정보교환이 원활해졌다. 나아가 개인용 휴대폰까지 인터넷망에 접속할 수 있게 되고 SNS 이용이 활발해지자 인터넷은 컴퓨터와 컴퓨터뿐만 아니라 사람과 사람 사이를 연결하는 수단이 되었다. 그리고 이제는 기계들까지 인터넷에 연결되면서 물건들이 인터넷을 통해 정보를 교환하는 사물인터넷 세상으로 변해 가는 중이다.

여기서 '사물'의 기준은 여러 가지가 있을 수 있다. 예를 들면 컴퓨터가 아닌 것을 '사물'로 구분한다. 개인용 컴퓨터는 아니지만 공장에서 사용하는 산업용 컴퓨터나 작동상태를 감지하는 기기에 내장한 마이크로컨트롤러가 대상이다. 또 다른 기준으로 보면 사람과 사람의 관계가 아닌 기계와 기계 간의 소통을 사물인터넷이라고 한다.

이동통신 사업자가 보면 사람과 기계와의 소통을 말하지만 이 세상에는 많은 경우 기계들끼리 일정한 형식의 정보를 교환하고 있다. 따라서 '사물'이란 외형상 컴퓨터와 모바일 기기를 제외한 모든 산업용, 의료용, 군사용, 상업용 기기를 포함한다고 할 수 있다.

이런 기준으로 보면 현재 대략 20~30억 개의 기기가 인터넷에 연결되어 있다고 한다. 그리고 지금은 인터넷에 연결되어 있지 않은 사물들도 앞으로는 99% 인터넷에 연결되는 시대가 올 것이다. 이런 추세로 보면 2015년에는 약 150억 개의 기기들이, 그리고 2020년 즈음에는 400억 개의 기기들이 인터넷에 연결되는 사물인터넷 시대를 맞게 된다. 사람들과 사물들뿐만 아니라 형체가 없는 프로세스나 데이터들도 모두 고유 식별코드를 갖게 되는 것이다.

세계전기통신연합ITU에 따르면 2013년 모바일 전화 등록대수는 중국이 약 12억 2,900만 대로 가장 많고 인도가 8억 8,630만 대, 미국이 3억 574만 대, 인도네시아가 3억 369만 대, 브라질이 2억 7,109만 대, 러시아가 2억 806만 대, 일본이 1억 3,836만 대, 파키스탄, 나이지리아, 베트남 등이 1억 2천만 대 정도이다. 한국은 2014년 1월 기준으로 5,482만 대로 인구 수보다 많다. 전 세계 총 전화 등록대수는 66억 6,730만 대나 된다.

스마트폰이 확산되면서 매년 스마트폰 판매대수가 증가하고, 이전에 사용되던 피처폰은 빠르게 스마트폰으로 대체되고 있다. 우리나라의 LTE 가입자 수는 약 2,942만 명이다. 전 인구의 54% 정도가 초고속인터넷 가입자인 셈이다. 초고속 모바일 문명 시대라는 말이 과장이 아니다. 이미 모바일 인터넷 속도는 유선광통신 속도를 능가하고 있으며 앞으로 무선 인터넷 속도가 세상의 변화를 선도해 간다고 할 수 있다.

국내의 경우 2018년 평창 동계올림픽 개최시점에 맞춰 5세대 무선인터넷 시대가 열릴 것으로 보고 있다. 5세대 무선인터넷의 속도는 초당 100기가바이트로 4세대에 비해 100배 이상 빨라질 전망이다. 이 정도 속도라면 무선인터넷이 처리할 수 있는 일의 종류도 양도 1백만 배 많아진다. 앞으로 우리는 상상할 수 있는 모든 일들을 무선으로 처리하는 시대를 맞이하게 될 것이다. 사물인터넷 환경 보강과 함께 이런 초고속 모바일 인터넷 기반은 엄청난 기술변화를 몰고 올 것이며 지금까지 겪어보지 못한 새로운 모바일 문명이 펼쳐질 것이다.

구글 회장인 에릭 슈미트Eric Schmidt는 구글 고문인 제러드 코헨Jered Cohen과 공동으로 《새로운 디지털 시대: 사람, 국가, 비즈니스의 미래를 다시 쓰다》를 저술했다. 그는 이 책에서 2020년이 되면 전 세계가 모바일 웹 시대를 맞고, 개인은 물론 국가와 비즈니스 환경까지 격변을 겪으며 완전히 새로운 문명사회로 변할 것이라고 전망했다. 국가의 권력은 개인에게 분산되고 효율과 창의성을 앞세운 실용사회가 될 것이다. 공상과학영화에서 나오던 기술들이 현실화되고, 사람들은 현실세계와 가상세계에서 동시에 살게 된다. 그러므로 국가는 현실세계를 위한 정책과 함께 가상세계를 위한 정책도 제공할 필요가 있다고 한다.

조직이나 기업에는 새로운 형태의 책임의식이 요구된다. 그러므로 기존의 생각이나 운영방식을 재검토하여 미래계획을 수정해야 한다고 책은 충고하고 있다. 일하는 방식이나 내용을 대중에게 제시하는 방식도 바뀌어야 한다. 사회제도나 법률조차도 새로운 문명시스템에 맞추어 수정하지 않으면 구시대 문명과 신시대 문명이 충돌하면서 끝없는 사회갈등이 불거질 우려가 있다. 반면 정보통신 기술을 활용하면서 개인의 잠재력은 이제껏 상상했던 것보다 훨씬 더 빠르게 신장하기 때문에, 이를 잘 규합할 수만 있다면 컴퓨터의 능력이 모든 분야에 고르게 스며들어 역사상 유래 없이 역동적으로 발전하는 신세계가 펼쳐질 것이라고 장담한다.

그런데 대한민국 국민은 저자들이 2020년에나 가능하다고 생각하는 모바일 인터넷 환경을 상당부분 현실로 체험하고 있으며, 다른 국가들이 꿈꾸는 4세대 초고속 모바일 시대를 2013년에 이미 앞당겨 실현했다. 외형적인 관점에서는 그렇다.

초고속 정보통신 시대에 가장 강력한 힘은 데이터 수집과 분석 능력이다. 즉, 정확한 통계정보를 실시간으로 집계하고, 분석하며 그 결과를 모든 이해당사자들에게 공급하는 능력이다. 앞으로는 SNS뿐만 아니라 사물인터넷망에서도 다양한 디지털 정보가 생산될 것이다. 그리고 해마다 그 데이터량의 증가 속도는 상상을 초월할 것이다. 따라서 어떤 데이터를 수집하고 어떻게 분석하여 누구에게 공급할 것인지 철저하게 구분하는 것이 급선무다. 데이터의 생산자, 분석자, 그 결과를 공급하는 공급자와 이를 활용하는 소비자가 명확해야 정보의 가치가 제대로 매겨지고 정보시스템이 선순환하면서 발달할 수 있다. 정부기관은 물론이고 공공기관, 기업, 교육기관, 작은 조직과 단체에 이르기까지, 모든 사회 구성원이 주체가 되어 자신의 업무를 모바일 문명 시대에 맞게 전환시키겠다는 강력한 의지를 가지고 빅데이터 활용 전략을 수립해야 한다.

다행히 정부는 데이터 기반 국가미래전략 수립을 위한 주요 정책과제를 연구 중이다. 발 빠른 기업도 이미 이런 변화에 앞장서고 있다. 직원들에게 스마트폰을 배포하고 비즈니스 환경을 모바일 업무와 결합한 전사적 자원관리 시스템을 새롭게 만들고 있다. 모바일 기기에서 업무를 점검하고 문서 처리를 가능하게 했다. 이동 중에도 원격지 업무에 개입하여 협업으로 문제를 해결할 수 있다. 중요한 문서와 데이터들은 공유하므로 별도의 협의가 없더라도 각자 편리한 시점에 의견을 확인하고 자신이 맡은 일을 종결시키거나 협업 상대에게 넘겨줄 수 있게 되었다. 작업의 효율성이 한층 높아지고 생산성이 증가한 것이다. 이런 변화를 미처 실감하지 못하는 기관이나 조직은 필히 냄비 속 개구리 꼴이 되고 말 것이다.

그리고 가장 중요한 점은 디지털 문명의 핵심요소인 개인을 훈련시켜야 한다는 것이다. 차세대는 물론이고 청년, 장년, 고령자까지도 모두 스마트한 디지털 문명인으로 거듭나도록 다양한 사회교육을 제공해야 한다. 아무리 훌륭한 모바일 사회시스템이 갖춰진다 해도 사람들이 제대로 활용하지 못하면 무용지물이기 때문이다.

02 연결망이 미래를 예측한다

인터넷의 발명은 인터넷 프로토콜이 정립된 1982년이라 말하지만 실제로 일반인들이 인터넷을 접한 시점은 1995년 이후다. 이때부터 개인 간 전자메일을 통해 쌍방향 인터넷 소통이 원활해졌다. 처음에는 컴퓨터들 간에 연결이 이루어졌다는 의미로 인터넷이라 불렸으며 시간이 흐르면서 세상을 모두 연결한 네트워크를 이루게 됐다.

인터넷의 등장은 방송 채널을 통해 한 방향으로만 전달되던 정보 전달 방식을 양방향으로 바꾸었다. 사이언스 2011년 4월호에 게재된 마틴 힐버트Martin Hilbert의 논문에 의하면 1986년부터 2007년까지 인터넷 통신량은 매년 28%씩 증가했다고 한다. 통신방식도 아날로그에서 디지털로 바뀌었다. 모든 정보를 인터넷 검색으로 확인할 수 있는 정보화 시대가 보통 사람들에게도 활짝 열린 것이다.

그러다 2007년 아이폰으로 대변되는 스마트폰의 탄생은 정보화 시대의 틀을 완전히 다른 형태로 바꾸어 놓았다. 컴퓨터는 물론이고 사람과 사람을 연결하는 소셜 네트워크가 구축되었다. 스마트폰을 통해 전 세계 어느 누구와도 직접 생각을 교환할 수 있게 되었고 인터넷상에서 사람과 사람을 연결하는 미디어가 발달을 거듭했다.

2007년 1,200만 명에 불과했던 페이스북 사용자는 폭발적으로 증가하여 2014년 상반기에 13억 1,700만 명이 실제로 활동하고 있다. 그중 모바일 사용자는 2013년 말 기준으로 9억 4,500만 명에 달한다. 트위터는 2014년 7월 기준 활동인구가 6억 4,557만 명이다. 2011년 등장한 구글+는 2013년 말 기준으로 등록자만 11억 5,000만 명이 넘고 실제 활동인구는 그 35% 정도인 3억 5,900만 명 정도로 조사됐다.

한편 아는 사람들 사이에서만 소통이 가능한 폐쇄형 모바일 메신저는 2010년 3월에 등장한 한국의 '카카오톡'이 효시다. 2014년 3월을 기해 전 세계 가입자 수가 1억 4,000만 명을 돌파하면서 모바일 소통의 새로운 역사를 쓰는 중이다. 네이버는 일본을 근거지로 2011년에 메신저 '라인'을 출시하여 2014년 6월 기준으로 전 세계 가입자 수가 4억 5,000만 명이 넘어섰다. 라인은 국내에서는 카카오톡에 밀려 큰 힘을 발휘하지 못하고 있지만 일본 가입자가 5,000만 명을 넘어서면서 일본의 '국민 메신저'로 자리잡았다. 태국 가입자 수가 2,400만 명, 대만과 인도네시아가 각각 2,000만 명이다. 또 스페인이 1,500만 명, 멕시코가 천만 명 등으로 유럽과 남미에서도 인기를 끌고 있다. 모바일 인구가 가장 많은 중국에 도입된 위챗Wechat은 2014년 8월 기준으로 가입자가 4억 3,800만 명이고 실제 활동인구가 2억 명을 넘는 것으로 추정한다. 미국을 중심으로 인기가 급등하고 있는 왓츠앱WhatsApp이나 스냅챗Snapchat 등도 3억 명 정도의 사용자가 있다. 폐쇄형 소셜미디어라는 또 다른 트렌드가 세상을 움직이고 있다.

인터넷이 연결된 기기는 급속히 모바일 기기 쪽으로 치우치고 있다. SK 스마트 인사이트에 의하면 2010년 이후 PC 보급 대수보다 스마트폰 보급 대수가 많아졌으며 2014년 기준으로 보면 TV나 PC를 합친 숫자보다 스마트폰과 태블릿을 합친 숫자가 4~5배나 많다고 한다. TV 프로그램도 모바일 기기로 보는 경우가 2배나 많다고 한다. 기술의 진화도 모바일기기에 집중되고 있다.

모바일 시대의 개인들은 정보의 수신처이기도 하지만 동시에 정보를 발생시키는 센서 역할을 한다. 개인이 웹을 통해 수신하는 맞춤 정보의 질을 높이기 위해선 개인의 상세한 취향이나 선택사항을 미리 알려주어야 한다. 예를 들어 구글 나우에 나의 위치와 선호하는 정보를 등록하면 구글 웹서비스가 메일 송수신처, 검색이력, 위치 등의 정보를 이용하여 필요한 정보를 제공한다. 즉, 마을버스가 몇 분 후에 집 앞 정류장에 도착하는지, 오늘 바깥 기온은 몇 도인지, 우산은 필요한지, 출장지의 날씨는 어떤지, 오늘 주변에서 가장 값싼 주유소는 어디이고 가격은 얼마인지를 자동으로 알려준다.

물체들이 인터넷을 통해 연결되어 있을 뿐만 아니라 물체가 형상화되어 웹에 존재하는 것이 사물 웹web of things, WoT이다. 말하자면 냉장고 내에 보관되어 있는 식품들이 바뀔 때마다 냉장고가 알아서 인터넷 웹에 바뀐 정보를 게시하는 것이다. 냉장고 내의 우유가 떨어져 간다면 자동으로 단골 슈퍼마켓에 우유를 주문한다. 또 전기차 배터리가 부족하다면 전기차를 형상화한 웹이 충전시스템과 협력해서 필요한 만큼 전기를 충전하도록 전기차에 명령을 전달한다. 사람이 직접 정보를 입력하지 않아도 사물이 스스로 알아서 정보를 처리하도록 진화하고 있다. 이런 일이 먼 미래의 일같이 느껴진다면 오산이다. 간단한 사례지만 이미 가정 내 거실의 실내조명은 사람의 동작을 인지하여 자동으로 밝기를 바꾸어준다.

더 이상 모든 데이터는 숫자로만 존재하지 않는다. 사물 웹은 관련된 기계를 작동시키는 입력값을 스스로 계산할 수 있고, 그 결과는 다시 웹페이지에 정리된다. 그 웹페이지가 표현하는 아이디어는 또 다른 특정 웹페이지의 다른 아이디어와 연결되고 웹페이지들도 서로 정보를 공유한다. 기본적으로 모든 아이디어, 모든 물체 또는 개념이 웹 정보로 형상화되는 것이다. 데이터가 단지 가상의 공간에 머물지 않고 끊임없이 연결되며 실물의 동작 여부를 결정한다는 의미다.

사람이 자신의 기본 정보만을 조작하면 인터넷은 자동으로 사용자의 선호도를 인식한다. 내가 가입한 사이트에 일일이 내 정보를 등록하지 않아도 스스로 알아내서 처리해 준다. 즉, 웹페이지들이 데이터를 공유하는 것이다. 앞으로는 웹과 정보를 공유하려면 개인의 신상 데이터를 개방해야만 하는데 이는 사물이나 컴퓨터를 공유하는 것 이상의 의미를 가진다. 모든 물건이나 장소는 나의 구체적인 표현 대상으로 존재하고 나의 특성을 규정한다. 사람을 중심으로 전개되던 모바일 정보 소통이 곧 사물 중심으로 전환되는 것이다. 사물들이 자동으로 정보를 처리하고 나에게 최적의 환경을 제공하는 스마트한 세상이다.

이를 기계 간 통신M2M 또는 사물 간 통신IoT 개념으로도 설명할 수 있다. 모바일 장비만이 아니라 고정되어 있는 기계장치들도 이동장치들과 정보를 소통해야 할 필요성이 대두되면 수천 종의 기계장치들이 서로 같은 언어를 사용해야 하므로 표준 프로토콜이 만들어져야 한다.

모든 사물이 웹 정보로 바뀌는 사물 웹 시대가 되면 인터넷은 또 다른 차원으로 바뀐다. 하나의 거대한 사물 웹 세계에서 모든 정보가 공유된다. 웹페이지들은 자연스레 다음 단계에 진행될 일들과 연결되면서 마치 인공지능을 가진 것처럼 앞일을 예측하게 될 것이다. 그리고 모든 디바이스는 이런 예측 정보를 가공해서 나에게 알려준다. 앞으로 벌어질 사건들을 미리 자동으로 통보받고 미래를 좀 더 편하게 대비하는 혜택을 누리게 된다.

03 클라우드 컴퓨터에서 포그fog 컴퓨터로

"로봇의 머릿속엔 머리가 없다."는 우스갯말이 있다. 사람의 모습을 복사한 휴머노이드 로봇들이 그럴 듯한 사람 모습을 갖추었지만 정작 머릿속엔 카메라만 들어 있고 두뇌가 텅 비어 있다는 말이다. 로봇의 두뇌에 해당하는 컴퓨터는 좁은 로봇의 머릿속에 도저히 들어 갈 수 없어 가슴이나 배속에 숨겨 놓았기 때문이다.

로봇을 움직이는 컴퓨터 크기가 로봇 몸체만 하던 시절도 있었다. 컴퓨터의 무게 때문에 로봇을 움직이는 전기도 많이 필요했다. 결국 로봇의 지능에 해당하는 컴퓨터와의 연결을 인터넷 통신으로 해결하자는 구상이 나왔다. 로봇의 머리를 클라우드 컴퓨팅 즉 슈퍼컴퓨터에 의존한다는 구상이다. 하나의 슈퍼컴퓨터가 수많은 로봇들을 모두 동시에 관장할 수 있기 때문에 로봇의 몸체를 가볍게 할 수 있다는 장점이 있다. 영화 〈i-Robot〉에 나오는 로봇 군단이 그런 사례다. 중앙컴퓨터가 모든 로봇의 작동과 의지를 제어한다.

IBM이 개발한 인공지능 왓슨은 슈퍼컴퓨터에 인공지능을 심은 경우다. 왓슨 소프트웨어는 방대한 데이터를 고속으로 읽고 학습해서 빅데이터의 통찰력을 발굴해낸다. 이 소프트웨어의 장점은 세상에 존재하는 수많은 인쇄자료들을 고속으로 검토해서 고객의 질문에 가장 효율적이고 적합한 답을 빠르게 찾아준다는 점이다.

왓슨은 이미 암 환자들을 진료하는 패키지를 만들었고, 월가 금융회사의 투자 자문역을 담당하고 있으며, 스마트 콜센터의 자동응답 서비스를 지원하고 있다고 한다. 2014년부터는 모든 서비스에 왓슨의 강력한 정보검색 및 추천 서비스를 결합시켜 지원할 수 있다고 IBM은 말한다. 스마트폰에도 왓슨의 인공지능을 서비스하기로 하고 중소업체들과 협력해서 앱을 개발 중이다. 인터넷 클라우드 서비스의 대표적 사례가 될 수 있다.

영화 〈그녀Her〉에선 중년의 이혼남이 혼자 사는 고독을 탈피하기 위해서 인공지능 서비스에 가입한다. '사만다'라는 이름도 직접 붙여준다. 이 인공지능 비서는 곧바로 개인컴퓨터를 뒤져 주인공의 거의 모든 신상을 단번에 파악해 버린다. 그녀는 매 5분마다 전자 우편을 점검해주고, 일정을 관리하며 주인공의 기분 상태를 관찰하다가 말벗도 해준다. 사만다의 서비스 능력은 주인이 원하는 모든 것을 처리해내는 수준이다. 이어폰만 끼면 언제든지 존재를 확인할 수 있다. 주인공은 구태여 다른 여성을 찾아내서 힘들게 밀당을 할 필요도 없다. 결국 주인공과 인공지능 사만다는 서로 사랑하는 감정에까지 이르게 되어, 여행을 함께 가고 잠자리에서 밀담을 나눈다.

그러던 어느 날 갑자기 사만다가 접속이 되지 않는다. 허겁지겁 개인컴퓨터를 두드려 봐도 스마트폰을 재부팅해봐도 사만다는 어느 곳에도 존재하지 않는다. 주인공은 거의 실성한 사람처럼 사만다를 찾아 거리를 방황하는데, 그의 귓전에 갑자기 사만다의 목소리가 다시 들려온다. 인공지능 소프트웨어가 새 버전으로 업그레이드를 하는 동안 접속이 차단되었던 것이다. 그제야 주인공은 '사만다'가 사람이 아니고 단순한 소프트웨어라는 사실을 새삼 깨닫게 된다. 이 인공지능은 자신 이외에도 다른 수천 명을 동시에 관리하고 있다는 사실도 알게 된다. 자신과 대화하는 그 순간에도 사만다가 수백 명과 동시에 각기 다른 대화를 하고 있다는 사실에 주인공은 크게 실망한다. 그런데도 그는 인공지능의 손아귀를 벗어나지 못한다. 현실에 존재하지도 않는 그녀의 소유가 되어버렸다.

컴퓨터 중앙처리장치인 CPU칩을 만드는 인텔은 디지털 카메라의 메모리로 사용되는 SD카드만한 초소형컴퓨터를 시판한다. '에디슨'이라 명명된 이 컴퓨터엔 울프럼사가 개발한 울프럼 언어와 매스메티카가 내장될 수 있다. 울프럼 언어는 심볼릭 언어를 통해 자동으로 프로그램을 만들 수 있도록 방대한 양의 임베디드 알고리즘과 지식을 제공한다. 프로그램 크기에 상관없이 쉽게 사용 가능한 언어다. 그리고 매스메티카는 모든 수학함수를 전문가 수준으로 풀어서 도표나 그림으로 알려준다. 이들을 이용하면 모든 응용 프로그램을 쉽게 짤 수가 있다. 에디슨은 2~3센티미터 크기의 초소형이지만 컴퓨터의 모든 기능을 가지고 있기 때문에 웬만한 크기의 물체에는 쉽게 삽입하여 인터넷은 물론이고 지식검색 처리도 할 수 있다.

인텔 로봇팀은 이 에디슨을 활용하여 '지미jimmy'라는 이름의 휴머노이드 로봇을 선보였다. 개발팀은 지미를 다리달린 스마트폰이라고 소개했다. 키가 68.5cm에 불과한 작은 로봇이지만 머리 크기는 두뇌 역할을 하는 에디슨이 들어가기에 충분하다. 무게는 6kg으로 자이로센서, 가속도 센서, 웹캠, 마이크와 배터리 충전기를 내장하고 있다. 지미는 걷기, 말하기, 비틀기, 춤추기 등을 포함한 여러 가지 재주를 갖고 있다. 인텔 측은 이밖에도 이 로봇이 통역이나 노래도 할 수 있도록 할 예정이다.

주목되는 점은 로봇을 사용자가 맞춤형으로 설정하거나 학습시킬 수 있다는 것이다. 개방형 우분투Ubuntu OS를 채용하고 있어 기능을 임의로 수정해 줄 수 있고 로봇의 역량도 다양한 앱을 통해 용도에 맞춰 특성화할 수 있다. 개개인이 용도나 취향에 맞게 동작이나 인공지능을 다르게 설치할 수 있다. 개인이 응용 앱을 사고 팔 수 있는 앱 시장도 열릴 예정이다. 인텔의 설명을 그대로 옮기면 "모든 로봇이 각기 다른 이름을 갖게 하는 것이 목표"라고 한다. 사람들은 획일화된 성능의 로봇이 아니라 사용자의 개별욕구에 맞춰 대응할 줄 아는 개성 있는 로봇을 소유할 수 있게 됐다.

컴퓨터가 초소형화되고 초소형 데이터 저장장치 기술도 발전하면서 모든 사물이 몸체 내부에 컴퓨터를 내장하기 쉽게 기술환경이 바뀌고 있다. 사물인터넷이 보편화되면 인터넷에 연결된 디바이스가 수십 억 개로 늘어나고 데이터 통신량도 매일 수십 테라바이트가 될 만큼 급팽창할 전망이다.

시스코의 사물인터넷 사업부장 귀도 주렛Guido Jouret에 의하면 2020년경이면 인터넷 정보소통량의 반절은 사물로부터 방출된 정보가 될 것이라 한다. 이들 정보의 송수신처는 자동화공장, 무인자동차, 교통신호제어, 건강관리, 가정보안장치 등 데이터 처리가 지연되지 않고 즉각적으로 이루어지는 것이 중요한 경우가 대단히 많다. 동작 로봇도 마찬가지다. 로봇의 카메라에 영상이 잡히면 실시간으로 해석해서 반작용하듯 대응해야만 한다. 데이터가 클라우드 컴퓨터까지 왕복할 만큼의 여유가 없다. 그래서 클라우드 컴퓨팅 대신에 대안으로 떠오르는 것이 포그fog 컴퓨팅이다.

포그 컴퓨팅은 클라우드 컴퓨팅과 마찬가지로 컴퓨팅, 데이터 저장, 네트워킹 기능을 구비한다. 다만 서비스가 네트워크 말단에서 실시간으로 작동할 수 있도록 지역별로 조밀하게 분산배치되었다는 점이 다르다. 데이터의 모호성, 데이터 양, 데이터 속도, 데이터 다양성에 추가하여 데이터의 수집위치 정보도 포함된 빅데이터 환경을 만들어 준다. 물론 포그 컴퓨팅만으로 처리하지 못하는 글로벌 문제나 다차원적인 대규모 해석이 필요한 문제는 클라우드 컴퓨팅에 연결하여 처리한다.

지금까지 사물인터넷이나 인공지능 서비스는 클라우드 컴퓨팅 방식으로 발전할 것으로 예상되어 데이터의 보안성이나 사생활 침해 가능성에 대한 우려가 깊었다. 인간성이 경시되고 기계적 효율성이 앞서는 사회를 향해 간다는 두려움이 있었다. 그러나 포그 컴퓨팅 방식에서는 사생활 보호를 위한 장치나 보안데이터는 개인이 보관한 채 얼마든지 문제를 해결할 수 있다. 중앙이 모든 정보와 기능을 독점하여 통제하는 클라우드 방식과 달리 말단 기기들에게 독립성과 차별성을 갖도록 하는 방식이다. 단말장치나 인공지능을 사용자별로 특성화하고 사용자의 가치관이나 개성을 담아낼 수 있도록 주변 기술이 발전해갈 조짐이다. 결국은 사용자의 맞춤형 자율시스템으로 발전할 가능성이 높다. 인터넷 통제에서 벗어나 개별적으로 임기응변이 가능한 네트워크 망을 이뤄가는 것이 가능하다. 포그 컴퓨팅 시스템은 개인중심적이고 인간중심적인 기술 발전을 위한 기반을 조성해줄 것으로 보인다.

04 개별맞춤 생산, 인더스트리 4.0

산업기계와 공장설비 제조 부문에서 세계 최고 수준의 기업을 보유한 나라는 독일이다. 동유럽 국가나 아시아 신흥국에서 산업 생산설비를 확충할수록 독일의 수출과 수익이 늘어난다. 거의 모든 산업 분야에서 최신예 설비 및 부품은 독일제다. 독일의 100대 히든 챔피언 기업 중 22개 사가 기계 및 설비제조사이고 그 중 3개 사는 독일 10대 기업에 속한다. 독일의 주력수출 품목 1순위는 기계 및 플랜트 설비이다. 기계나 플랜트 설비 납품은 독일 기업들끼리 경쟁한다. 독일 상공회의소가 2014년에 자체 조사한 설문에 의하면 60%의 기업이 적어도 향후 5년 이상 최고의 기술경쟁력을 유지할 것이며 40%는 지금 수준을 유지할 것이라 전망했다.

독일 산업계가 우려하는 점은 아시아 신흥국들의 기계 및 플랜트 설계기술이 발달하여 언제부터인가 독일제 설비를 주문하지 않게 되는 것이다. 아니나 다를까 설비투자를 반복할수록 신흥국도 설비 설계능력이 향상되어 독일과의 기술격차를 점차 줄이고 있다. 독일 제조업이 신흥국 기업과 차별화하는 유일한 방법은 지금과는 전혀 다른 차원의 새로운 설비개념을 개발하는 것이다.

정보통신기술이 발달하면서 독일 산업계의 관심은 지능형 스마트 공장에 모이고 있다. 기계마다 인공지능이 삽입되어 서로 정보를 주고받으면서 스스로 생산을 제어하고 정비도 하는 공장이다. 이런 스마트공장 개념을 구체화한 것이 독일정부와 산업계가 추진 중인 인더스트리 4.0* 이다.

* 독일정부가 제조업의 완전컴퓨터화를 목표로 추진하는 첨단제조업 전략이다. 목표는 지능공장이 자원을 효율적으로 다루고 고객의 요구에 맞춰 고부가가치 제품을 생산하는 사이버-물리-사물인터넷 생산 시스템이다.

신흥국의 공장들도 상당 수준 자동화되어 까다로운 일을 제외하곤 모두 컴퓨터로 자동 운전하여 제품생산을 한다. 그러나 자세히 들여다보면 생산 공정 영역과 제품 설계영역의 디지털 시스템이 각각 나뉘어 있고 정해진 대로 똑같은 작업을 반복 처리하는 방식이다. 설계를 바꾸려면 상당기간 시험작업이 필요하다. 시스템이 통합되어 있지 못해 자동화 설비나 시스템을 다루려면 설비별로 전문적인 훈련이 필요하다. 기계들 간의 정보교환은 중앙 컴퓨터를 거쳐서 유선으로 가능하지만 데이터 형태를 바꾸는 일은 쉽지 않다. 시스템이 투명하지 않아서 전문가나 담당자가 아니면 수정할 수 없고, 가끔 예기치 못한 부품 고장으로 공장이 멈추기도 한다. 예방정비보다 사후정비 개념으로 설비관리를 한다. 복잡한 정비 업무엔 고도로 숙련된 기술자가 필요하다. 이런 수준에서 관리하는 공장은 정보통신기술에 의한 자동화 공장 단계라고 할 수 있다. 컴퓨터와 센서 기술의 혜택으로 자동화는 이뤘지만 상당부분은 아직도 작업자의 수작업이나 두뇌작업이 필요한 실정이다.

2020년대가 되면 시장이 변한다. 상품의 출시 주기가 빨라지고 디자인 등이 개별화된 상품을 요구하게 된다. 사람들이 건강하게 오래 살게 되고 작업자의 학습방식이나 근로환경이 개선되어 작업의 성질이 달라진다. 많은 작업이 로봇 자동화되고 가상현실기술이 생산공정에 접목되리라 예상된다. 기계장치마다 센서와 데이터 해석이 가능한 지능이 삽입되는 사물인터넷이 일반화될 뿐만 아니라 생산단계별 작업 내용 즉 서비스들 간에도 서로 정보를 교환하는 서비스인터넷이 발달한다. 이 사물인터넷과 서비스 인터넷의 정보가 작업자가 가진 스마트기기에 전달되어 작업자와 소통한다. 여러 스마트기기들과 인터넷 네트워크를 형성하여 여러 작업자가 같은 생산 공정을 관찰할 수 있게 된다.

인더스트리 4.0 전략은 독일기업의 경쟁력을 강화할 뿐만 아니라 자원과 에너지 활용효율을 높이고 고령화하는 노동시장의 문제도 함께 해결하고자 한다. 독일은 일본에 이어 세계에서 두 번째로 고령인구가 많은 사회다. 작업자의 고령화와 작업의 첨단기술화를 어떻게 결합시켜 제조업의 기술리더십을 지속시킬지를 고민하고 있다. 기술발달이 사회적 혁신으로 이어져 독일경제의 경쟁력을 강화할 수 있는 방향을 모색한 결과가 인더스트리 4.0 전략이다.

이 전략은 생산자의 가치와 소비자의 가치를 모두 높일 수 있는 방향을 추구한다. 이를 실현시키는 기술기반은 사이버-현실 간 통합기술이다. 현실의 공장설비가 작업하는 모든 조건은 컴퓨터 가상공장에서 미리 시뮬레이션을 해본 결과에 맞춰져 있다. 또 현장에서 작업한 결과를 곧바로 측정해서 데이터를 가상공장의 해석과정에 되먹임 시킨다.

지금까지의 공장 자동제어모델은 데이터 학습을 기초로 한 수치해석모델이다. 그러나 앞으로는 소비자의 요구가 점점 더 다양해지므로 개별생산 조건을 모두 학습해볼 기회가 없다. 그래서 실제 공장과 똑같은 가상 시뮬레이션 공장에서 실물크기로 해석해보는 것이다. 현실공장과 가상공장이 동시에 생산에 참여하는 셈이다. 생산자 입장에선 더 가치 있는 제품을 가장 값싸게 생산하는 방법을 찾아낼 수 있고, 소비자 입장에선 나만을 위한 맞춤 상품을 내가 원하는 시점에 공급받을 수 있다. 지금까지는 공장에서 상품의 모든 것을 결정해서 생산했지만, 미래엔 소비자가 원하는 상품을 주문하면서 공장의 설비조건까지 소비자가 정하는 셈이다.

인더스트리 4.0 공장 설비의 종류나 배치 그리고 운용방식은 지금과는 전혀 다른 형태가 되어야 한다. 연속형 일관 라인 작업 대신에 모듈별로 다양한 생산 조건을 처리할 수 있는 가변설비형식으로 바뀌게 된다. 공장 내 물류도 설비별 작업 내용도 고정되어 있지 않다. 다양한 상품을 동시에 고속 생산할 수 있는 시스템이 갖추어져야 다품종 대량생산이 가능하다. 따라서 생산과정만이 아니라 상품 주문부터 최종 배달 및 사후 서비스까지의 서비스 체제도 가변적이고 유연해야 한다.

인더스트리 4.0이 성공에 이르는 데 필요한 핵심요소는 데이터의 해석능력이다. 서비스 과정과 생산과정에서 발생하는 데이터가 정형화된 패턴을 벗어날 수도 있다. 이럴 경우에도 즉시 맥락을 감지하고 대응하는 시스템 지능이 고도화되어야 한다. 기계설비와 시스템 운용 소프트웨어가 일체화된 생산설비를 공급하겠다는 것이 독일의 인더스트리 4.0 전략이다.

공장설비나 플랜트를 직접 제작하지 않고 구매해서 상품생산에 투입하는 기업 역시 입장이 변할 것이다. 나이키 스포츠화는 웹에서 신발의 디자인을 10개 항목으로 나누어 지정하는 서비스를 제공하고 있다. 주문하면 30일 만에 선택한 대로 차별화된 색상과 디자인의 신발이 배달된다. 인터넷 초콜릿 몰 초코마이즈Chocomize에서는 나만의 초콜릿을 주문할 수 있다. 초콜릿 모양을 선택하고 그 위에 얹을 너트, 과일, 허브, 과자, 장식 등을 다양하게 선택할 수 있는 서비스를 제공한다.

앞으로는 많은 상품들이 조립PC 주문하듯 개별 주문 형식으로 판매하게 된다. 경쟁력을 얻기 위해 기업은 디자인부터 기능에 이르기까지 소비자가 직접 세세한 선택을 할 수 있도록 상품을 설계할 필요가 있다. 또 아무리 복잡한 주문을 받아도 이를 신속하고 차질 없이 생산해낼 수 있는 시스템을 갖춰야 한다. 상품의 특성에 따라 제품의 일련번호뿐만 아니라 상품 생산과정을 수록해 후일에 발생할 수리 서비스를 원활하게 해줄 필요가 있다. 주변 환경을 스스로 판단해서 상품의 작동이나 보존 상태를 자동으로 조절하는 기능도 삽입할 수 있다.

인더스트리 4.0 시스템에서 공장의 작업자는 작업로봇이나 자동 생산모듈과 긴밀하게 데이터를 주고받는다. 기계는 작업 상황을 메시지, 그래픽 또는 언어로 작업자에게 전달하고, 작업자는 필요에 따라 판단을 더해 최고의 상품 품질을 보증할 수 있게 한다. 하지만 미래에는 작업자가 직접 개입하기보다는 정직하고 부지런한 기계에게 작업의 대부분을 맡기게 될 것 같다.

05 웨어러블 컴퓨터, 인간 지능을 증강시키다

혹자는 최초의 웨어러블 컴퓨터가 '목걸이에 매단 주판'이라고 우스갯소리를 한다. 그러나 컴퓨터를 몸에 걸칠 수 있다고 처음 생각한 사람은 스티브 만Steve Mann이다. 그가 1990년대에 보여준 웨어러블 컴퓨터의 구상은 배낭에 짊어진 컴퓨터에 헬멧 안경을 쓰고 몸에 다양한 컴퓨터 주변장치를 걸쳐 가상현실 멀티미디어 컴퓨팅을 실현한다는 형태였다. 이후 언론은 인간의 미래상이라며 컴퓨터와 소형 디지털 장비를 옷에 주렁주렁 걸친 모습을 스케치했다.

공상과학영화에서 보여준 웨어러블 컴퓨터는 훨씬 시대를 앞선 디자인으로 다가왔다. 〈마이너리티 리포트〉에선 스마트장갑에 센서를 부착하여 손가락을 사진틀 모양으로 만들면 원하는 장면이 촬영되고, 손을 휘저으면 컴퓨터가 작동한다. 머리에 쓴 장치에서는 영상을 재현한다. 〈스타 트렉〉에서는 '아이보그' 안경을 끼면 맹인도 세상을 본다. 〈터미네이터 2〉에서는 주인공이 글래스를 끼고 주변을 스캔해서 목표물을 탐지한다. 〈로보캅〉에는 다양한 기능을 갖춘 헬멧이 등장한다. 적외선을 이용해서 벽 건너편에 있는 범인을 감지하고, 고선명 카메라로 범인을 추적하고, 음성으로 컴퓨터를 제어한다.

〈아이언맨〉에선 주인공이 로봇 헬멧을 쓰고 안면에 펼쳐지는 3차원 데이터 및 영상을 통해 주변상황과 로봇 갑옷 상태를 진단하여 전투 명령을 내린다. 이뿐이 아니다. 〈미션 임파서블 4〉에선 콘택트렌즈에 정보를 표시하고, 눈을 깜박여서 컴퓨터를 제어한다. 그 렌즈에는 안테나, 라디오 수신기, LED 디스플레이 기능이 포함되어 있다. 급기야 〈토탈 리콜〉에서는 사람의 두뇌 속에 디지털 장치를 삽입해 기억을 보완하고 헤드업 디스플레이에 영상을 재현시킨다.

스티브 만이 맨 처음 구상했던 웨어러블 컴퓨터는 헬멧을 쓰면 안경에 모든 정보가 출력되는 형태의 일상생활 용품이었다. 그러나 현재 웨어러블 컴퓨터는 다양한 용도로 발달하고 있다. 반드리코Vandrico Inc*가 분류한 웨어러블 컴퓨터는 2014년 9월 기준으로 266종이나 된다. 가장 많이 채용한 센서는 가속도센서지만 용도에 따라서 다양한 센서들이 채용되고 있다.

* 캐나다의 컨설팅 기업으로 웨어러블 기기 및 시장을 분석해 웹페이지에 제공한다. 항상 최신 데이터를 확인할 수 있다. http://vandrico.com/

용도 분류를 해 보면 가장 많이 출시된 것은 라이프스타일 기록용으로 157종이나 있다. 다음이 체력측정용으로 116종이다. 이외에 의료정보 측정용이 53종, 오락용이 35종, 산업용이 22종, 게임용이 20종, 그리고 애완동물용이 5종이다. 인체에 걸치는 부위로 구분하면 가장 많은 곳이 손목으로 112종, 머리에 쓰거나 안경으로 끼는 형식이 62종, 몸통에 걸치는 방식이 19종, 목에 거는 형이 12종, 다리가 9종, 가슴이 8종, 허리가 8종, 손이 5종, 발이 9종이다. 사람 몸에 걸치는 종류는 255종이다. 아직 단독으로 컴퓨터 기능을 하지는 못하고 스마트폰에 연동되도록 개발되어 있다.

이중 인간에게 휴대형 멀티미디어 환경을 제공한다는 개념에 가장 가까운 것으로는 스마트안경 스타일을 들 수 있다. 양손을 자유롭게 쓸 수 있으므로 스티브 만이 구상했던 웨어러블 컴퓨터를 통한 증강현실 기술을 어느 정도 구사할 수 있는 환경이다. 증강현실이란 현실 세상을 보는 시야에다 여러 가지 인공 정보 층을 겹쳐 보이게 하는 기술이다. 현실에 정보를 추가해서 보여준다고 해서 증강현실이라 부른다. 인공 정보에는 문장은 물론이고 음향, 영상, 그래픽이나 위치 정보들이 해당된다. 이 기술로 허공에 스크린을 띄우고 손을 움직여 동작인식으로 컴퓨터를 제어하게 하면 스마트안경이 더 많이 발전할 수 있으리라고 사람들은 보고 있다.

컴퓨터 인공지능기술과 GPU가 채용된 마이크로칩 컴퓨터가 발달하면 웨어러블 컴퓨터는 지금까지 사람들이 상상했던 것보다 월등히 높은 수준의 기능을 탑재할 수 있다. 고속처리능력을 갖춘 컴퓨터가 사물센서로부터 받은 정보를 분석해 줄 수도 있다. 마치 〈아이언맨〉 주인공의 헬맷 화면 속에 각종 정보를 비춰 주듯이 웨어러블 컴퓨터가 주변상황을 진단하고 해석 결과까지 반영해 주변에서 발생할 가능성이 높은 일들을 미리 알려주게 될 것이다.

스티브 만이 원래 생각했던 웨어러블 컴퓨터의 궁극적인 목표는 인간과 컴퓨터가 불가분의 관계로 얽혀서 컴퓨팅 과정에 인간의 지능이 개입되도록 하는 인간중심적 기술이었다. 이것이 가능하려면 켜고 끄는 기능이 따로 없이 컴퓨터가 항상 이면에서 작동되고 있어야 한다. 그러면 전혀 뜻하지 않은 상황이 닥치더라도 그 정보를 상시로 컴퓨터가 받아들이고 인간 지능과 결합하여 원만하게 처리할 수 있다. 컴퓨터가 감지한 지식은 항상 인간의 두뇌와 실시간으로 교류하여 증강되거나 재고되어야 한다. 인간 두뇌와 컴퓨터가 별개로 분리되지 않고 일체화함으로써 웨어러블 컴퓨터는 오감에 덧붙여진 육감의 역할을 하게 된다.

인간과 웨어러블 컴퓨터 간에 인본주의적 상호관계가 이뤄진다는 것은 바로 인간의 지능이 기계장치에 의해 증강된다는 의미가 된다. 휴대형 컴퓨터의 성능이 강화되고 인공지능기술이 발달할수록 스티브 만이 꿈꿨던 인간과 기계의 지능결합이 가까워지고 있다.

06 마음을 해킹하는 뇌파측정

대인관계에서의 소통능력은 사회생활 성공의 열쇠다. 소통은 사람들과의 관계를 친근하게 하고 이해와 배려를 이끌어낸다. 그런데 가장 효과적인 소통은 테크닉을 구사하는 것이 아니라 마음을 진솔하게 표현하는 것이다. 과학자들은 뇌에서 발생하는 뇌파를 이용하여 상대에게 마음을 전달하는 방법에 관심이 많다. 보다 정확히는 상대의 마음을 읽어내고 싶어 한다. 뇌파를 측정해서 텔레파시로 전달하거나 상대의 마음을 전달받을 수는 없을까? 나의 생각을 표현한 뇌파를 디지털 값으로 바꾸어 내 아바타 로봇에게 명령을 할 수는 없을까? 이런 것들이 학자들의 관심사다.

예전에 러시아를 여행하던 중에 저녁식사를 하러 아르메니아 전통식당을 방문한 적이 있다. 그 식당은 마술쇼를 하는 곳이었는데, 무대에서 20m 가량 떨어진 우리 테이블에 마술사가 다가와 내 일행의 여권을 보여 달라고 했다. 여권을 꺼내주자 멀찍이 떨어진 무대에 남아 있던 여성 파트너가 여권에 쓰인 이름을 읽어내는 것이 아닌가. 당시는 무선카메라도 발달하지 않았던 때라 뭔가 속임수가 있다고 믿기 어려웠다. 말로만 듣던 텔레파시란 것을 눈앞에서 목격한 듯한 기분에 놀랐던 기억이 있다.

컴퓨터 세상은 현실에서 마술 같은 일을 벌어지게 하고, 때로는 공상과학영화보다 더 신기한 일을 실현한다. 1999년에 네이처 지에 발표된 한 논문에 의하면, 독일 튀빙겐 대학 뇌신경생물학자인 닐스 비르바우머Niels Birbaumer 박사는 장애로 손발을 전혀 사용하지 못하는 환자가 뇌파를 이용해서 컴퓨터 메시지를 입력하게 하는 데 성공했다고 한다. 이 환자는 신경퇴행성 질병을 앓고 있어서 근육을 전혀 움직일 수 없고, 말도 할 수 없는 상태였기에 많은 사람들이 놀라움을 금치 못했다. 당시 비르바우머 박사가 사용한 뇌파측정 장치는 EEG*라 불리는 뇌파전위 기록 장치였다. 두뇌가 작동하면 뇌신경세포 사이에 미세한 전류가 흐르는데 EEG 장치는 머리 피부에 부착한 전극으로 이 전류변화를 측정하여 뇌파의 크기, 모양, 진동수를 분리해 해석한다. 지금 뇌가 어떤 생각을 하고 있는지 알아내는 기술이다.

* electroencephalogram; electroencephalograph.

사람은 태어난 순간에는 우는 것과 엄마 젖을 빠는 것밖에 제대로 할 수 있는 일이 거의 없다. 하지만 시간이 갈수록 몸을 하나씩 움직이는 방법을 터득한다. 갓 태어난 아기는 근육을 제어하는 두뇌의 신호체계가 완성된 상태가 아니다. 이 체계를 완성하기 위해 엎드리고, 기고, 일어서고, 걷기를 근육이 익히기까지 수없이 반복한다. 손가락 하나하나를 움직이는 데도 세심한 제어능력이 필요하다. 이런 인체 근육의 세세한 동작을 제어하는 것이 두뇌의 신경전기신호다. 두뇌로부터 근육에 신호가 전달되고, 동작을 계속 반복훈련하다 보면 나중에 아기는 생각만으로도 팔다리를 마음대로 움직일 수 있게 된다.

아기뿐 아니라 성인도 이런 과정을 거친다. 자전거를 타기 위한 근육동작은 우리 몸에 프로그램되어 있지 않다. 누구나 여러 차례 훈련을 통하여 자전거를 모는 동작과 중심을 잡는 힘의 배분을 결정하는 신경신호를 완성한다. 수영도 마찬가지다. 허우적거리면서 물에 가라앉지 않으려면 어떻게 근육을 움직여야 하는지 반복훈련을 통해 동작을 제어하는 뇌파를 완성한다. 골프도 그렇고, 야구도 그렇다. 처음부터 완성된 근육동작은 없다.

스포츠 선수의 고난도 동작은 모두 훈련을 통해 이뤄진 결과이다. 서커스에 출연하는 연기자의 동작은 신비롭기까지 하다. 그런 고난도 동작을 숙달하려면 엄청난 반복훈련이 필요하다. 근육이 두뇌의 명령을 수행하고 싶어도 처음에는 동작이 불가능하다. 그런데 놀랍게도 훈련을 거듭하면 근육이 원하는 동작을 언젠가 해내게 된다. 반대로 잘 사용하던 근육이라도 오랜 동안 사용하지 않으면 이와 연결된 신경제어회로가 망가진다. 병상에 오래 누워 지냈다든지, 깁스를 오래 하고 지낸 사람은 근육을 회복하기 위한 재활훈련을 해야 한다. 이론적으로 안다고 운동을 잘 하는 것은 아니다.

만약 두뇌에서 발생하는 미세한 뇌파를 세밀하게 측정할 수만 있다면 우리는 그 뇌파의 파형이나 주파수를 이용하여 기계 근육을 조종할 수도 있을 것이다. 물론 뇌신경 하나하나에서 발생하는 모든 뇌파를 분리해서 측정할 수 없기 때문에 뇌신경 신호들을 묶어서 측정해야 할 것이다.

베트남 보트피플 출신인 텐 리Tan Lee는 이모티브Emotiv 라이프사이언스 대표다. 그녀는 컴퓨터 인터페이스를 통해 사람의 뇌파를 읽을 수 있는 고성능 EEG 장치를 개발했다. 14개 채널로 구성된 이 헤드셋 장치를 착용하고 생각을 집중하면 무선으로 전기장치를 조종할 수 있다.

이 장치가 나오기 전 뇌파를 측정하는 EEG 시스템은 머리 전체를 감싸는 유선 센서 가발을 사용했다. 이에 비해 이모티브가 개발한 장치는 무선으로 작동하는 14채널 헤드셋이다. 가격은 수만 달러에서 수백 달러로 낮아졌다. 그녀는 이 기술을 상품화하기 위하여 크라우드 펀딩 사이트 킥스타터Kickstarter에서 180만 달러를 모금했다. 이 헤드셋은 몸을 움직이지 못하는 장애인들도 장비를 쉽게 움직일 수 있게 해준다. 이 장치는 집중, 초점, 몰입, 흥미, 흥분, 친근감, 편안함, 스트레스 등과 같은 감정변화를 인식할 수 있고, 눈 깜박임, 왼쪽 윙크, 오른쪽 윙크, 찡그림, 놀라움, 웃음, 이 악물기 등과 같은 안면 표현도 인식한다. 그뿐만 아니라 마음으로 '앞으로 가', '뒤로 가', '위로 가', '아래로 가', '나타나', '사라져'와 같은 여덟 가지 동작을 수행할 수 있게 설계했다. 이런 인식과 표현 방식을 휴대폰에 연결하면 상상만으로도 전기기계장치를 움직일 수 있다.

인간의 두뇌 속에서는 17만km의 축색돌기가 연결되어 있는 수십

억 개의 뇌세포들이 활동한다. 이 뇌세포들이 서로 신호를 보낼 때 화학적 반응이 일어나면서 전기적 신호를 일으킨다. 이 신호가 발생하는 곳은 상당량 뇌 바깥 부분에 분포해 있다. 그래서 뇌신경전류를 측정할 수 있다. 하지만 뇌의 표면은 매우 깊게 접혀 있고 사람마다 마치 지문처럼 다른 모습을 하고 있다. 비록 신호가 기능상 뇌의 같은 부위에서 발생한다 해도 신호가 발생하는 구체적인 위치나 신호의 세기 등은 사람마다 다르다. 심지어 쌍둥이도 다르다. 그래서 EEG 헤드셋을 착용한다고 해도 바로 물체를 조종할 수는 없다. 맨 처음 사용하는 사람은 자신에게 맞도록 기계의 신호감도를 맞춰줘야 한다. 몇 가지 표준 동작을 할 때 발생하는 뇌파의 크기나 세기가 사람마다 모두 다르므로 이를 각자의 기준에 맞도록 설정해야 한다.

만약 EEG 측정 장치가 고도로 민감해져 뇌파의 미세한 변화조차 감지할 수 있다면 세밀한 신체 동작을 모두 컴퓨터에 등록시킬 수 있다. 그렇게 되면 자신의 분신 로봇을 통해 웬만한 동작은 모두 대신하게 할 수도 있다. 신체 장애인이라도 생각만으로 자유롭게 휠체어를 움직일 수 있다. 그뿐만이 아니다. 무인차량 조종 기능을 뇌파로 학습해 두면 생각만 가지고도 원격지에서 무선통신을 통해 직접 차량을 운전할 수 있다. 모든 자동기계를 상상만으로 조종하는 단계까지 기술이 발전할 수 있다.

흥미로운 점은 사람의 심리상태도 뇌파로 표현할 수 있기 때문에 EEG 헤드셋을 쓰고 있으면 나의 심리상태나 기분을 컴퓨터가 감지할 수 있다는 점이다. 이를 무선으로 스마트폰에 전달하면 스마트폰이 알아서 내 기분에 대응할 수도 있으리라는 기대가 생긴다. 또 그런 헤드셋을 쓴 두 사람이 마주한다면 서로 상대방의 신호를 감지할 수도 있을 것이다. 상대의 내밀한 속내까지 엿보는 마음의 해킹이 가능하다. 정직한 마음을 가진 사람이 아니면 진정한 소통이 불가능한 세상이 올 것 같다.

07 홀로그램 영상통화는 가능할까?

지금 인도 총리는 인도 국민당 출신인 나렌드라 모디Narendra Modi다. 그가 인도 총선에서 벌인 유세과정은 매우 흥미롭다. 인도의 인구는 12억 명으로 세계에서 두 번째로 많다. 면적이 한반도의 15배나 된다. 총 35개 주에서 국회의원 543명을 선출하기 위하여 선거를 9차례로 나눠서 실시했다. 주마다 선거일이 다르다. 인도의 유권자는 8억 1,450만 명이었다. 인구분포로 보면 절반이상이 24세 이하의 젊은이들이다. 그 중 2014년에 처음 투표에 참가한 18세~23세 유권자 수는 1억 5,000만 명이었다. 이들 젊은이들은 인도의 변화를 원했다.

당시 야당 당수였던 모디 후보는 특별한 선거유세 방법을 강구해 냈다. 인도 전국을 돌아다니며 유권자를 만나려면 8억 명과 만나야만 한다. 고전적인 방법으로 유세를 하면 유세기간 동안에 전국을 다 방문할 수 없었다. 하지만 유권자들은 후보와 대면하길 원했다. 그래서 꾀를 낸 것이 홀로그램 유세기법이었다. 무대 상단에 프로젝터를 설치하고 무대 위에 모디의 3차원 홀로그램 영상을 비추었다. 무대 위에 나타난 홀로그램 후보에게 인도의 유권자들은 열광적으로 박수를 보냈다. 첨단 유세기법이 성공한 셈이다.

모디가 선거에서 이길 수 있었던 또 다른 이유는 그가 모든 가정에 화장실을 만들어 주겠다고 공약했기 때문이다. 세계 최초로 홀로그램 기법을 활용한 첨단 유세에서 실내 화장실을 갖게 해준다는 공약으로 인기를 얻었다는 점이 흥미롭다. 우리는 참으로 기묘한 세상에 살고 있다.

홀로그램 기법은 가수들도 사용한다. 서울 동대문역사문화공원역 인근에는 상설 공연장인 '클라이브'가 있다. 이곳에서는 세계적인 한류 스타들이 공연을 한다. 흰 턱시도를 입은 가수 싸이가 무대에 나타나 말 춤을 추다가 〈강남스타일〉 노래가 어느 정도 무르익으면 무대 위의 싸이가 갑자기 여러 명으로 늘어난다. 갑자기 무대에서 사라지기도 하고 무대 뒤쪽에서 등장한 열차 속에서 뚜벅뚜벅 걸어 나오기도 한다. 이런 입체 영상을 대화면으로 감상할 수 있도록 만든 홀로그램 전용 콘서트장이다. 물론 가수가 이곳에 직접 출연한 것은 아니다. 홀로그램 기술을 이용하여 실제로 무대에서 공연하는 것처럼 연출한 것이다. 공연 영상은 진짜 가수가 출연한 것처럼 생생할 뿐만 아니라 오히려 무대에선 실제로 구현하기 힘든 특수효과까지 곁들여 준다. 세계 각국에서 한류스타의 공연을 보러 방문한 관광객은 진짜 한류스타의 콘서트를 관람한 것과 마찬가지로 짜릿함을 느낄 수 있다.

홀로그램 무대가 일반 무대와 다른 점은 무대 앞쪽과 객석 사이에 얇고 투명한 막이 있어야 한다는 것이다. 무대 천장에 설치된 프로젝터 3대에서 아래쪽으로 영상을 쏘면, 바닥의 반사판에서 무대 뒤쪽의 투명 막에 빛을 반사한다. 각 프로젝터에서 보내진 영상이 투명막 스크린에 겹쳐지면서 부위별로 위상차를 일으켜 관람객에게 입체영상으로 인식된다.

이렇듯 레이저 홀로그램을 연출하기 위해서는 말 그대로 허공에 영상을 맺게 하는 투명한 스크린 매체가 필요하다. 투명한 유리, 아크릴 또는 비닐 등이 사용될 수 있다. 이 투명막에 빛을 비추면 어두운 색 빛은 투과되고 색상이 있는 빛의 주파수들은 특수 화학약품이 처리된 스크린 위에 영상을 맺는다.

입체 영상 기술은 이미 3D TV로 일반에게 익숙해졌다. 여기서 한 걸음 더 나아가 영상과 사용자가 같은 가상공간을 공유하면서 상호작용하는 기술이 실감immersive기술이다. 가상공간 속에서 사용자가 조작을 하여 입체영상을 변화시키므로 가상현실virtual reality기술이라고도 한다. 무대 위에서 펼쳐지는 홀로그램은 무대 위에 입체영상이 맺히는 스크린을 설치하여 맨눈으로 영상을 볼 수 있었지만 가상현실을 볼 때는 입체영상을 만드는 스크린 장치를 눈앞에 놓는다. 즉 안경이나 헤드마운트 디스플레이HMD를 이용한다.

가상현실 기술은 초기에는 주로 게임과 의료영상 시스템에 활용되었다. 가상현실 기술에 일반인들이 높은 관심을 갖게 된 계기는 아마도 페이스북이 거액을 주고 가상현실 기술을 가진 벤처회사 오큘러스 VROculus VR을 인수하면서부터다. 미래를 다룬 영화나 드라마에서는 통신 화면에서 아바타가 홀로그램으로 튀어나와 대화를 나눈다.

1970년대 후반에 개봉한 〈스타워즈〉에서 이런 장면이 자주 연출되었다. 다른 여러 공상과학 영화에서도 허공에 영상을 띄워놓고 손으로 이를 조작하는 장면이 단골로 등장한다. 오큘러스 VR의 가상현실 구현기술이 과연 페이스북과 같은 SNS와 접목될 수 있는지는 잘 모르겠다. 오히려 삼성전자와 같은 스마트폰 업체와 협력해서 웨어러블 헤드셋으로 개발한 갤럭시 기어 VR이 현실적이다.

가상현실기술이 가장 적극적으로 활용되는 분야는 게임이지만 사실 더 중요한 시장은 교육 분야이다. 실물을 직접 관찰하기 어려운 대상을 입체영상으로 관찰하거나 대상의 내부나 단면을 입체영상화 시켜서 사용자가 구조나 작동원리를 쉽게 깨닫게 한다. 대표적인 예로 의대생은 직접 해부실험을 하는 대신에 가상현실에서 해부를 하며 인체의 구조를 배울 수 있다.

미국의 로스 알토스 학교에선 3학년부터 8학년까지 지구, 우주, 물리, 생명과학 등을 지스페이스zSpace* 가 개발한 가상현실 학습장비로 배운다. 학생들은 가상현실 기법으로 제작된 입체영상의 변화나 작동을 실감하면서 원리를 빠르게 깨닫는다. 교사가 수업을 진행하는 것이 아니라 학생 각자가 이 학습도구로 자율학습을 하고 교사는 곁에서 학습효과를 높여주는 조력자 역할을 할 뿐이다. 이 기술은 의학교육, 직업교육, 기술개발, 기계장치 수리나 정비교육에도 매우 요긴하다. 이 가상현실 기술로 구현된 입체 영상은 컴퓨터 그래픽 영상이고 반드시 3D용 안경을 착용해야 볼 수 있다.

* 가상현실기술을 통한 가상체험을 교육용으로 활용하는 기업이다. 교육시장 특히 STEM 교육 분야인 과학, 기술, 공학 그리고 수학에 관한 교육소프트웨어를 개발하여 초·중·고등학교 교실을 공략하고 있다.

반면에 사람들은 홀로그램 같이 실물이 투영된 입체영상을 맨눈으로 보는 것을 선호한다. 영화 〈스타워즈〉시리즈를 비롯한 많은 공상 과학영화에선 실물과 같은 입체영상을 보며 통화하는 장면이 단골로 등장했다. 이미 사람들은 휴대폰 화면에서 홀로그램 입체영상이 공간에 튀어 나오는 장면에 익숙해져 있다.

폴란드의 벤처기업인 레이아 디스플레이Leia Display 시스템즈는 공간에 수증기 막을 만들고 그 위에 홀로그램 영상을 만드는 장치를 개발했다. 이 홀로그램 장치를 이용해 휴대폰으로 찍은 입체영상을 전달받으면 영화 〈스타워즈〉에 나온 정도의 장면은 실현 가능할 듯하다. 하지만 장치가 너무 커서 휴대는 불가능하다.

휴대폰 업체들이 관심을 갖는 홀로그램 기술은 모바일 휴대폰에서 홀로그램 영상 대화를 가능하게 하는 기술이다. 한동안은 기술적 장벽에 가로막혀 현실화가 어려워보였지만, 최근 캘리포니아 벤처기업 오스텐도 테크놀로지Ostendo Technologies가 이미지를 무안경 3D로 비춰주는 미니 디스플레이 칩을 개발했다. 퀀텀 포토닉 이매저Quantum Photonic Imager라는 이름의 이 미니 프로젝터는 48인치 대각선 표면에 3D홀로그래픽 영상을 투사할 수 있다. 아직은 해상도가 낮아서 연구가 더 필요하지만 스마트폰에 들어갈 만큼 작은 크기여서 3D 홀로그래픽 스마트폰 시대를 열 수 있다는 기대를 갖게 한다. 개발자의 말로는 2015년 후반쯤 상용화 예정이라고 한다. 사람들의 상상력은 끝이 없고 기술개발의 경계는 무한하다는 것을 다시금 실감한다.

LOOKING AHEAD TO THE FUTURE

PART

5

로봇을 지배하라

로봇이 인간의 일상을
지원한다

01 서비스 현장과 가정에 침투하는 로봇 상품들

산업용 현장에서 사용되는 로봇은 사전에 프로그램을 통해 정해준대로 작업을 반복하는 자동화 로봇이 대부분이다. 보통 고정된 위치에서 동일한 작업을 고속으로 반복한다. 그러나 진정한 로봇이란 자유롭게 이동하는 지능형 기계장치를 의미한다. 그런 의미의 자율운전로봇을 든다면 신혼 가정의 필수 가전제품인 로봇청소기다. 바닥의 먼지를 인식하고 치우거나 닦아내는 일을 한다. 로봇청소기 업계에서는 대기업과 중소기업이 다양한 제품으로 소비자를 공략하고 있다. 소비자의 가장 중요한 제품 선택 기준은 성능이다. 아무리 디자인이 화려해도 방바닥에 흐트러진 머리카락이나 미세먼지를 잘 제거하지 못하면 무용지물이다. 한국 소비자들은 여기에 더해 물걸레질 기능을 갖춘 제품을 선호한다. 실내에서 맨발로 생활하는 한국에서는 청소에 물걸레질이 필수이기 때문이다.

능력이 핵심이다. 연출된 상황에서 아무리 화려한 동작을 할 수 있어도 실제 현장에서 발생한 문제를 해결할 능력이 없으면 조롱거리일 뿐이다. 대표적인 사례가 일본의 휴머노이드 로봇이다. 일본에서 개발된 휴머노이드 로봇들은 사람이 할 수 있는 웬만한 동작은 다 흉내낼 수 있었다. 사람의 심부름을 하는가 하면 심포니 오케스트라를 지휘하여 세인의 감탄을 받았다. 그러나 지난 2011년 후쿠시마 원전 폭발사고 현장에서 사람을 대신해서 방사능 오염지역을 점검할 로봇은 존재하지 않았다. 복잡한 사고현장에서 장애물을 넘어서 이동할 준비가 되어 있지 않았다. 평범한 상황에서만 작동하도록 설정되었거나 전시용으로 동작을 연출했던 것이다. 미국에도 전쟁용 로봇들이 개발되어 있었지만 주로 지뢰제거나 적진 침투 관찰용 로봇으로 설계된 특수목적용 로봇들이었다. 따라서 원자로 폭발사고 현장 같은 복잡한 상황에 대처할 수 있는 로봇은 전 세계 어느 곳에도 없었다.

• DARPA Defense Advanced Research Projects Agency 미국 국방성 산하에서 연구, 개발 부문을 담당하고 있으며 인터넷의 원형인 ARPANET을 개발한 것으로 잘 알려져 있다. 미국의 미래첨단연구의 대표적인 정부기관 중의 하나다.

미 방위고등연구계획국DARPA•은 전 세계 로봇 기술자들을 상대로 로봇경진대회를 진행 중이다. 최종대회는 2015년 6월에 열리며 상금 2백만 달러를 걸고 경합을 할 예정이다. 이미 2013년 12월에 예선전을 거쳐 최종 참가팀이 선발되었다. 예선전에서 좋은 성적을 거둔 팀들은 50만 달러씩의 연구비를 지급받고 결승에 진출한다. 다만 예선에서 1등을 한 일본의 샤프트SCHAFT팀은 구글에 인수되어 자체 상품 연구에 매진하기로 하고 결승전 참가를 포기했으며, 대학연구팀 중심으로 최종 11개 팀이 결승전을 준비하고 있다. 한국의 KAIST 팀 역시, 성적이 못 미쳐 DARPA자금을 지원받지는 못했으나 자체적으로 연구자금을 준비하여 결승에 참가한다.

이 대회는 다양한 재난현장에서 임무를 수행하는 능력을 비교하는 경기다. 즉, 재난현장에서 로봇이 사람을 대신해서 재난을 수습하는 능력을 갖추도록 하는 데 의의가 있다. 공상과학영화에선 로봇이 만능이지만 현존하는 로봇은 재난 현장에서의 역할을 감당할 만큼 튼튼하지도 않고, 위험상황을 인지하고 사람을 대피시킬 능력도 없다. 그래서 재난이 닥쳤을 때 사람과 협력하면서 위험한 일을 도맡아 처리할 수 있는 로봇의 하드웨어나 소프트웨어를 만들려는 것이 대회의 취지다. 예측할 수 없는 재난이 벌어져도 스스로 상황에 적응할 수 있는 로봇을 만들고자 한 것이다.

재난 현장의 로봇은 어지러운 환경에서 민첩하게 움직여야 한다. 사람에게 맞춰진 다양한 공구를 다룰 수 있어야 한다. 로봇을 모르는 사람이라도 쉽게 조종할 수 있어야 하고, 또한 조종자의 명령에 직접 감지한 센서 데이터를 반영하여 일을 처리할 수 있어야 한다.

지금까지의 로봇은 공장이나 연구소에서 사람이 시키는 대로 단순하고 반복적인 작업을 하는 형태였다. 하지만 재난현장의 로봇은 주변 환경을 인식해서 예측하지 못한 상황에서도 일을 처리할 수 있어야 한다. 사람이 프로그래밍하지 않아도 스스로 학습하여 판단하는 알고리즘이 필요하다. 예를 들어 "문을 열어"란 명령을 받으면 알아서 문고리 위치나 조작법을 파악하고 적당한 힘으로 문을 열 수 있어야 한다.

DARPA 로봇경진대회 예선전에 참가한 로봇들은 주어진 임무들을 제대로 수행하지 못했다. DARPA가 참가팀들에게 연구비까지 지원하면서 개발을 독려하는 이유는 아직 로봇의 수준들이 너무 낮기 때문이다. 목표는 대략 두 살짜리 아이 정도의 지능과 능력을 갖추는 것인데, 이는 "문 앞의 장애물을 치워라", "밸브를 잠가라" 같은 명령을 이해하고 수행하는 수준이다.

이 같은 난관에도 불구하고 로봇기술에 대한 사람들의 기대는 매우 높다. 특히 가정용 로봇의 시대가 곧 열릴 것이라는 희망이 크다. 대표적인 기업이 구글이다, 구글은 2013년 말부터 대표적인 로봇업체 8개사를 한꺼번에 인수합병하면서 로봇 시대가 왔다고 세상에 선포했다. 구글은 로봇시장이 크게 확장될 시점이 다가왔다고 확신한 것 같다. 구글이 꿈꾸는 로봇의 비전이 무엇인지는 아직 베일에 싸여 있지만 가정용 로봇이나 서비스 로봇일 가능성이 높다.

2014년이 되면서 다양한 로봇들이 새롭게 등장했다. 상업화된 휴머노이드 로봇의 대표격은 프랑스 기업 알데바란Aldebaran의 로봇 나오Nao다. 58cm의 작은 키에 사람처럼 모든 관절이 움직이고, 사람 얼굴을 인식하며 8개 언어를 읽고 말한다. 2006년에 처음 개발한 이래 주로 교실용 로봇으로 개발되었다. 사람과 간단한 대화가 가능하기 때문에 데모용과 연구용으로 팔리고 있다.

같은 회사가 개발한 페퍼Pepper는 일본의 소프트뱅크가 2015년부터 200만 원 정도에 시판한다고 해서 더 유명해 졌다. 제조는 알데바란이 하고 판매는 소프트뱅크가 하는 방식이다. 페퍼는 가정용 혹은 사무실용으로 개발된 최초의 로봇이다. 사람의 기분을 알아챌 수 있다고 하여 감성로봇이라 선전되고 있다. 페퍼는 3D 카메라를 가지고 있어서 입체로 공간을 파악하고 초음파 센서로 장애물을 인식한다. 사람과 자연어로 대화를 나눌 수 있어 판매원, 안내원, 서비스 종사자로 활용이 가능하다. 가슴에 달린 모니터 스크린으로 자신의 감정을 나타내면서 대화를 한다. 통신회사에서 판매될 예정인 것을 보니 클라우드 지식을 로봇이 가져다 사용하게 하면서 통신비를 부과하는 비즈니스 모델을 지향하는 듯하다. 국산 로봇 퓨로Furo도 페퍼와 비슷한 모습을 한 안내 로봇이다. 이동하면서 모니터에 고객이 필요한 정보를 표시해주는 서비스 로봇이다. 서비스 시나리오에 따라 표정을 띄워 주고 다양한 정보를 맞춤형으로 제공해준다. 건물이나 전시회 등의 안내에 유용하다.

가정용 친구로봇으로 등장한 지보Jibo는 MIT가 개발하고 교수가 벤처회사를 만들어 생산한다. 일상적인 대화가 가능하고 감정을 표현한다. 이동은 하지 못하지만 다양한 비서업무를 실행할 수 있어 언젠가 가정용 집사 역할을 기대해도 좋을 것 같다. 시판가격은 500달러이다. 비슷한 로봇으로 인텔이 개발한 지미가 있다. 인텔은 서비스 로봇이 스마트폰같이 사용자 맞춤형으로 퍼져나갈 것이라고 진단한다. 용도에 따라 앱을 내려받아 사용하게 될 것으로 가정하고 기술개발을 했다. 인텔은 지미 로봇에 에디슨 컴퓨터를 삽입하고 인터넷에 연결해 지능형 로봇 확산의 구심점이 되게 하겠다는 생각이다.

미국에서는 영화 〈스타워즈〉에 나오는 드로이드를 본뜬 로봇도 판매하는데 200달러면 구매가 가능하다. 집안을 돌아다니며 40종류의 음성 명령에 반응한다. 적외선으로 실내에 있는 사람을 인식하며 도둑이 침입하면 경보음을 울린다.

이제 로봇은 실험실에만 머물지 않고 서비스 현장과 가정 속으로 점차 침투해올 태세다. 가정용 로봇은 사람을 구별하고 감정을 표현한다. 간단한 구두 명령을 알아듣고 반응하며 사진 촬영 기능을 내장하고 있어 인터넷을 통해 원격으로 침입자를 촬영하고 구분할 수 있다. 초기에는 아동 교육용이나 애완동물 대체용 친구 역할에 머물겠지만 점차 집사 역할을 훌륭히 해낼 전망이다. 가정주부가 해오던 많은 일들을 가정용 로봇이 대신해줄 수 있다. 가족들의 일상사를 챙겨주고 집안의 가전기기도 제어하는 플랫폼으로 발전할 것이다. 인터넷을 통해 업그레이드가 가능하고 모델이 바뀌어도 일부 부속품만 갈아주면 되는 형태로 보급할 수 있다. 말로만 듣던 홈 로봇 시대가 지금 당장 가능해졌다.

02 살인로봇을 막아라

미군은 2004년 이후로 파키스탄에서만 총 383차례 무인비행체, 드론drone을 작전에 투입해 1,600여 명의 희생자를 냈다. 이 중 어린아이가 200여 명이고 시민은 900여 명에 달했다. 지금 중동이나 파키스탄에서 벌어지는 전쟁은 전선과 전쟁터가 따로 없는 전면전이자 숨어있는 적들과의 싸움이다. 적이 숨어있는 피난처를 색출하여 공격하는 수단으로 무인비행체는 아주 유효하다.

그러나 드론이 제공하는 영상데이터에 의존하는 전투방식에는 실수로 무고한 생명을 앗아갈 위험이 상존한다. 인권 침해가 심각하다는 지적이 대두되었다. 이에 미국 오바마 대통령은 무인항공기 전투방식을 투명하게 개혁하기로 약속하고 관련 법률 및 정책기준을 명확하게 하는 작업을 진행 중이다. 미국은 2014년에는 단 한 차례도 파키스탄에서 드론을 이용한 전투를 벌이지 않았다. 파키스탄은 유엔 인권위원회에 드론에 의한 사망자 및 피해자 산정을 보다 정확히 할 것을 요구하는 결의안을 제출했고, 이를 2014년 3월 26개국이 참가한 회의에서 통과시켰다.

국제 인권단체들은 즉각 드론 미사일을 없애야 한다고 주장한다.

그러나 매스컴은 드론이 미래 전쟁의 핵심무기가 될 것이라 주장한다. 현재는 사람의 원격 조종을 받고 있지만, 기술적으로 드론은 인간의 사전 판단 없이 스스로 목표를 선정하고 조준사격을 수행할 수 있다. 기존 무기에 비해 전투비용이 매우 적게 들고 공격 측 희생자가 없다는 점에서 드론의 사용빈도가 줄어들 가능성은 희박하다.

미국은 이미 자율로봇기능을 갖춘 무인전투기까지 개발해서 시험비행을 마쳤다. 미 해군이 개발한 무인 드론 LAR Lethal Autonomous Robot은 항공모함에서 발진하여 완전 무인운전으로 적진을 공격할 수 있는 성능을 가졌다. 물론 사람이 비행계획을 수립하고 판단을 관장할 수는 있지만 중무장한 무인비행기가 사람의 개입 없이도 살인을 할 수 있다는 것이 두려운 점이다. 로봇이 무기를 든 적군과 무기 비슷한 모양의 금속을 든 일반인을 과연 정확히 구별해 낼 수 있는지 의문스럽다. 상대가 항복할 경우 로봇이 포로를 어떻게 취급해야 하는지도 애매하다. 인간에 비하면 멍청할 정도로 인식수준이 낮고 이분법적 판단밖에 하지 못하는 로봇에게 사람을 죽일지 여부를 결정할 권한을 준다는 것이 큰 문제다. 전쟁에 사용할 만큼 무기의 성능을 확신할 수 없다. 드론 로봇의 능력이 실제보다 과대포장된다 해도 이를 지적하고 검증할 방법도 없다. 무슨 표준 시험법을 제정해서 등급을 부여할 수도 없는 노릇이다. 전쟁에서 지켜져야 할 국제법이 제대로 통할 리 없다.

미국은 단순 정찰이나 폭격임무 수행뿐만 아니라 전투기를 상대로 직접 무인전투까지 가능한 스텔스전투기도 개발했다. 노스롭Northrop이 개발한 X-47B 스텔스 전투기는 전장이 11.63m, 전폭이 18.92m, 화물적재능력이 20.215톤이나 되는 초음속기이다. 이동범위가 3,889km이고, 12.19km의 고도로 비행할 수 있다. 무기탑재 공간이 양측에 있고 탑재량은 2톤이다. 지능을 가진 것은 아니지만 사전에 프로그램한 비행 계획대로 완전히 컴퓨터 스스로 운항이 가능하다. 만일의 사태에 대비해서 조종사가 원격 조종간으로 상태를 감시하고 조종에 개입한다. 이 전투기는 인체와 전투기의 전자부품을 파괴할 정도의 고출력 방사선도 견딜 수 있도록 설계되어 있다. 또 고출력 마이크로파를 발생시켜 적군의 정밀 유도미사일이나 함정, 위성 통신장비 등 정밀 전자장비를 무력화시킬 수 있는 광선무기를 탑재하고 있다. 미국은 궁극적으로 정찰과 타격을 동시에 할 수 있는 무인전투기 시스템을 2020년까지 갖추기로 하고 대대적인 투자를 하기로 했다. 최종목표는 인공지능을 갖춘 완전무인전투기다.

미국만이 아니라 다른 국가도 머지않아 드론 기술을 개발하여 전쟁무기로 채용할 것이다. 프랑스의 다쏘Dussault 항공이 유럽 국가들과 공동으로 개발한 무인전투기 뉴론nEUROn은 원래 핵탄두를 실어 나를 수 있도록 개발한 프랑스의 초음속 폭격기를 무인기로 개량한 것이다. 유럽공동체 자금으로 스웨덴, 그리스, 스페인, 이탈리아 등과 공동으로 개발 중이다. 2015년까지 차세대 전투기형으로 개발하고 2020년까지 완전무인전투기 형태를 실용화할 계획이다. 영국은

BAE시스템스와 함께 무인전투기 타라니스Taranis를 개발했다. 길이가 11m, 폭 9m, 무게가 8톤이나 되는 이 무인전투기는 공중전투와 지상 포격이 가능한 반자율형 전투기다. 최종목표는 완전 자율형 무인전투기다.

전 세계의 양식 있는 사람들은 조종사가 없는 드론을 살인무기로 사용하는 것을 막아야한다고 주장하고 있다. 대인 지뢰설치 방지운동을 벌여 1997년에 노벨 평화상을 수상했던 조디 윌리엄스Jody Williams는 드론과 같은 무인 살상무기를 금지시키자는 캠페인을 벌이고 있다. 적어도 사람이 컴퓨터 모니터 화면으로 목표를 확인하면서 미사일이나 총기를 발사해야 한다고 그녀는 주장한다. 무인으로 작동하는 살인무기는 기계에게 사람을 살해할 수 있는 살인면허를 주는 것과 마찬가지다. 만일 로봇에게 스스로의 판단으로 살인을 할 수 있도록 프로그래밍해 준다면, 로봇이 오작동하거나 해커에 의해 전혀 의도하지 않았던 살인을 하게 되었을 때 누가 법적인 책임을 진단 말인가? 사고를 친 야생동물을 사살하는 것과 같은 논리로 로봇을 부숴버린다고 해결될 일이 아니다.

어느 전쟁이나 분명한 작전 책임자가 있다. 작전에 문제가 생기면 전쟁범죄를 다루는 국제법상 작전 책임자가 그 책임을 진다. 하지만 로봇이 저지른 일은 책임자를 판정하기가 쉽지 않다. 오작동을 막지 못한 무기제작자의 잘못인지, 형편없는 무기를 구매한 관료시스템의 잘못인지, 이를 작전에 투입한 사령관의 책임인지, 아니면 전쟁을 승인한 국가수반의 책임인지 단정할 수 없다. 드론이 저지른 행위가 국제법상으로 정당하고 합당한 조치인지 공증할 수도 없다. 책임 소재가 불분명하다는 것이 로봇 무기에 의한 전쟁범죄의 문제다.

2014년 5월에 개최된 유엔의 통상무기협상위원회에선 세계각국 정부 대표들이 모여서 '살인로봇'에 대한 대책을 협의했다. 그러나 이미 드론 전쟁을 치루고 있는 국가나 살인로봇을 개발한 국가들은 자국의 능력을 선뜻 포기하지 않는다. 반전운동가 마이클 레디Michael Raddie는 미국이 드론 전쟁을 벌이면 미국의 군수업자는 사업 실적이 좋아지고, 해외에서 벌이는 전쟁에 미국 전투병이 목숨 걸고 참여할 필요가 없으니까 미국 국민에게 쉽게 해외 국지전을 정당화할 수 있다고 비판했다.

미래의 전쟁에서는 지상전보다 공중전으로 기선을 확실히 잡아야 한다. 정밀타격이 가능한 무인 폭격기를 동원해서 속전속결로 적진의 지휘시설을 초토화해야 한다. 만약에 한반도에서 전쟁이 발발하면 필자의 생각으로는 미국은 지상군 투입을 줄이고 무인 살인로봇을 대량으로 파견할 것이다. 무인정찰기는 물론이고 무인 폭격기 또는 살인로봇이 전쟁을 전담할 가능성이 높다. 한반도가 로봇 전쟁터가 되지 않기를 바랄 뿐이다.

03 생명을 보호하는 미래전투복

2013년 5월에 미군 특수작전사령부SOCOM는 영화 〈아이언맨〉에 나오는 것과 같은 첨단전투복 아이디어를 모집한다고 공표했다. 다가오는 미래전투에서도 미국이 지속적으로 군사적 우위를 점하려면 획기적인 전투복 개발이 필요하다고 판단한 것이다. 이 전투복은 영화와 같이 외골격 추력장치, 전신 방탄기능, 그리고 상황인식 디스플레이를 포함해야 했다. 이 프로젝트는 수년 전 작전수행 중 폭도들의 은신처에 진입하려던 병사가 문을 연 순간 곧바로 총에 맞아 사망한 사건에서 비롯했다. 그때 지휘를 맡은 한 젊은 장교가 전투원을 위한 좀 더 효과적인 방어수단이 없겠냐는 의문을 제기하면서 고민이 시작됐다고 한다. 전술공격용경전투복TALOS* 개발은 이렇게 추진되었다.

* TALOS Tactical Assault Light Operator Suit

2013년 여름 관련기술 선정을 위한 품평회를 갖고 시제품 테스트를 거쳐 2014년 연말까지 최종 모델을 선정한다는 계획이다. 1년 내에 구현이 가능하고 3년 내에 전쟁터에 실전 배치할 수 있는 기술과 재료로 구성되어야 한다는 것이 개발조건이다.

TALOS에 요구되는 기능은 한둘이 아니다. 우선 외골격 추력장치와 헤드업 디스플레이를 작동시킬 에너지를 자체 조달해야 한다. 그리고 내부에 설치된 센서들이 장병의 체온, 피부온도, 심장 박동수, 체위 그리고 습도를 측정할 수 있어야 한다. 민첩한 동작이 가능한 가벼운 전투복이되 방탄성능을 갖춰야 한다. 또 웨어러블 컴퓨터를 장착하여 명령, 장비제어, 통신이 가능해야 된다.

그중에서도 핵심이 되는 것은 외골격 로봇 추력장치다. 전투병들이 무거운 군장을 짊어지고도 민첩하게 동작할 수 있도록 인공골격을 장착하고 이를 전기나 유압으로 움직이는 기술이다. 원래는 일본에서 고령인의 재활운동이나 병상환자를 들었다 놓는 작업을 반복해야 하는 도우미들의 근골격 질병을 예방하기 위해 개발되었지만 미국에서는 곧바로 전투력 강화기술에 차용되었다.

두 가지 후보기술이 있는데 록히드마틴Lockheed Martin 사의 HULC와 레이시온Raytheon 사의 XOS2다. HULC는 전원을 연결하지 않고 유압의 힘으로 움직이는 외골격 제품이다. 병사가 이 외골격장치를 입으면 100kg 정도의 무게를 들 수 있다. 무릎을 깊이 구부리거나, 산을 기어오르고 상체를 굽힐 때 힘을 보조해 준다. 물론 컴퓨터가 인체동작에 연동하여 장치를 제어해 준다. XOS2는 미 DARPA의 지원으로 개발된 기술인데 HULC보다 둔탁해 보인다. 자체무게가 90kg이 넘어 충분한 에너지 공급이 전제되어야 한다. 이와 별도로 DARPA는 2013년에 병사용 추력장치Warrior Web를 개발해서 공개했다. 이것도 역시 외골격 형인데 군복 안에 장착하여 병사의 근골격을 보강해 준다. 무거운 군장을 메고도 뛸 수 있게 설계되어 있다. 소비전력은 100와트 정도다.

대낮의 중동지역 날씨는 섭씨 48도를 넘는 경우가 많아 군장이 무거우면 병사들이 쉽게 지친다. 그래서 가벼운 방탄복이 필수다. 최근 얇은 케브라 층과 일종의 액체세라믹 층을 적층한 첨단복합체가 개발되었다. 총탄의 충격을 받으면 액체세라믹 층이 순간적으로 딱딱한 고체로 상변태를 일으켜 총알의 운동에너지를 흡수함으로써 방탄효과를 증대하는 재료다.

TALOS 개발에는 기업체, 대학연구기관, 개인, 정부연구기관을 가리지 않고 모두가 공동 참여할 수 있도록 했다. 그 결과 56개 기업, 16개 정부기관, 13개 대학, 그리고 10개 정부출연 연구기관이 경합했고 MIT, 미국 육군연구소, 미 육군 연구개발공학사령부RDECOM 등 기업과 연구기관을 포함한 몇 개의 연구팀이 선정되었다. 미 육군에 의하면 이들 연구팀은 다양한 센서, 카메라를 장착하고 방탄성능을 갖춘 시제품을 조립하고 있으며 6월까지 시험 준비를 마칠 예정이다.

헤드업디스플레이는 경합 제품이 많다. 안경형 웨어러블 장치는 구글 안경이 가장 널리 알려져 있다. 그러나 안경 형태에 터치 기능을 갖추고 음성 작동이 가능한 제품은 아직 시판되지 않고 있다. 구글이 유행을 선도하며 베타 제품을 시험 중이지만 비슷한 제품들이 많다.

경합회사들은 일반 안경에 비디오카메라를 집어넣고 3차원 홀로그램을 허공에 비추는 기능을 갖추고 있다. 이를 통해 전투 헬멧 속에 가상전투상황을 띄울 수 있다. 구글 안경이 취약한 부분들을 공략하고 있는 것이다. 예를 들면 에피파니 안경Epiphany Eyewear은 일반 안경에 32GB까지 메모리를 넣고 HD급 비디오카메라를 작동시킨다. 또 구글 안경과 달리 모든 시력의 처방전 안경을 다 수용한다. 구글 안경의 시제품 가격이 1,500달러인데 비해 이 상품은 299달러다. 제예즈Zeyez도 사전 판매 중인 일반 안경형 장치다. 시력처방 안경을 사용할 수 있고 녹화와 녹음이 가능하다. 8GB까지 데이터를 저장하고 페이스북과 연동된다. 뷰직스와 글래스업도 모두 스마트폰 컨텐츠를 처리하고 안경 같이 가볍게 착용할 수 있다. 이들은 와이파이나 블루투스로 스마트폰과 연결되어야 한다.

가장 큰 도전과제는 배터리다. 전투복이 제 기능을 다하려면 전기가 필요하다. 성능 좋은 배터리를 사용한다 해도 충전 없이는 오랜 시간 견디지 못한다. 성능 좋은 배터리가 개발되지 않는다면 이들 비싼 전투복은 차량 전원과 연결되어 있어야 한다. 전투장비 공급용 짐꾼로봇을 개발해서 주인을 보조하게 하는 방법도 있다. 보스턴 다이나믹스Boston Dynamics가 개발한 아틀라스Atlas나 와일드캣WildCat이 그런 류의 로봇이다.

기술의 발달로 휴대형 컴퓨터는 스마트폰이나 소형 태블릿 크기로 작아졌다. 안테나가 내장되어 있어 실시간으로 전쟁 상황을 확인할 수 있다. 각종 신체 센서들도 개발돼 있어 병사의 건강상태나 심리상태를 분석할 수 있다. 미국은 2018년까지 이런 장비를 실전 배치하겠다는 계획이다.

매 주말 저녁이면 대한민국 병사들은 연예인들의 좌충우돌 병영체험을 각색한 프로그램 〈진짜 사나이〉를 보기위해 텔레비전 앞에 모여든다. 어디 병사들뿐인가? 군대 간 아들을 그리워하는 부모님들이나 군대 간 애인이 생각나는 젊은 여성들도 애타는 마음으로 이 프로를 본다. 이 프로에는 젊은이들이 병영훈련과정에서 맞닥치는 극한상황을 자신과의 싸움을 통해 극복해 가는 과정이 잘 묘사되어 있다. 그러나 한편으론 대한민국 군대가 첨단전투력을 갖추기 위해 어떤 노력을 하는지 궁금해진다. 혹시나 미래의 전쟁도 60년 전같이 육탄으로 고지를 점령하는 방식으로 진행되리라 생각하는 건 아닌지 물어보고 싶다.

미국이 준비하는 TALOS 전투복은 공상과학영화용 장비가 아니다. 첨단전쟁터에 전투병을 맨몸으로 내보낼 수 없다는 생명윤리 사상이 배어 있다. 모든 전투병이 인공 기계근육으로 힘을 보강하고 첨단 정보처리장비로 판단력을 보강하고 방탄전투복으로 완벽히 생명을 보호받은 상태로 전쟁터에 나간다. 대한민국 전투병도 그들처럼 첨단장비로 무장해야 하지 않을까?

04 로봇과 인간의 결합, 사이보그

최근에 등장한 로봇들은 제법 사람의 흉내를 내고, 대화를 나누지만 자세히 살펴보면 자율적인 판단에 따라 행동하거나 말을 하는 것이 아니다. 여러 가지 대화의 패턴을 돌려가면서 임기응변식으로 대화를 이어가고 있음을 알 수 있다.

로봇의 지능은 인간이 성장하면서 학습을 통해 체득한 보편적이고 진정한 의미에서의 지능과는 다르다. 상대의 표정과 말을 보고, 듣고, 정해준 여러 가지 패턴 중에서 가장 적합한 반응과 동작을 골라내 흉내를 내는 것뿐이다. 애매한 상황에 부딪히면 판단이 재빠르지 못하고 동작도 굼뜨다. 한번 한 실수를 반복해서 한다. 아직은 인간과 같은 학습능력이 없다. 진정한 인조인간의 시대가 되려면 넘어야할 기술과제가 산더미다.

그러나 만약 인간의 두뇌가 기계의 강점을 잘 활용한다면 자율능력을 갖춘 초월적 인간으로 변신이 가능하다고 본다. 이름하여 사이보그 인간이다. 그런 사이보그 시대를 앞당길만한 새로운 행사가 2016년에 열릴 예정이다. 바로 첨단 인체보조장비 올림픽인 사이배슬론Cybathlon*이다. 장애인을 위한 이 새로운 올림픽은 첨단장비 경쟁

* 첫번째 대회가 2016년에 스위스 취리히에서 개최된다. 로봇기술을 이용해 만든 첨단 인체보조장비를 착용한 장애인들의 재능 겨루기 경기다. 올림픽같은 스포츠 경기종목이 아니고 장애인의 인체기능이 로봇장치의 도움으로 정상인 수준에 도달하는지 여부를 확인하는 기술경기다.

의 장이다. 장애인을 위한 장비개발은 길게 보면 사람을 초월적 인간으로 탈바꿈 시키는 초기적 과정이다. 장애인용 장비개발 과정을 거듭하다보면 인간과 기계의 물리적 결합기술이 발달할 수밖에 없다. 사이보그 슈퍼맨 〈로보캅〉 같은 영화 속 인물이 실존하는 시대가 앞당겨질 수 있다. 과학자들은 이에 주목한다.

로봇의 발달이 인간의 역량강화에 얼마나 큰 영향을 미칠 수 있을까? 먼 미래엔 인조로봇이 모든 면에서 인간의 역량을 능가하는 인조인간의 시대가 올지도 모른다는 전망을 하는 사람들이 있다. 하지만 이는 아직 현실적인 진단이 아니다. 많은 연구기관들이 오랫동안 인간을 모방한 휴머노이드를 개발해 왔지만 로봇의 자율적 판단능력은 아직 두 살배기 어린아이 수준에도 미치지 못한다. 그럼에도 불구하고 로봇의 미래를 밝게 보는 이유는 기술발전 잠재력이 무궁하다 보기 때문이다.

물론, 로봇의 기능을 전문화시켜 미리 프로그램한 형태로 활용한다면 그 잠재력은 지금도 인간의 역량보다 월등하다. 그러나 로봇의 자율학습 능력은 아직 인간의 대뇌 활동에 비할 수준이 아니다. 많은 기술적 진전이 있었다고 주장해도 로봇 인공장치는 낯선 상황에 부딪히면 엉뚱한 반응을 보이거나 무시하고 얼버무린다. 새로운 상황에 본능적으로 대처하는 인간의 두뇌에 비해 인공지능이 갖고 있는 한계다.

인공장치에 인간의 두뇌 학습모델을 집어넣지 못하는 이유는 간단하다. 아직도 인간의 두뇌작용을 이해하지 못하기 때문이다. 사실 인간의 기억력은 능률적이지 못하다. 문장으로 된 지식을 한두 차례 외운다고 해서 두뇌에 각인되지도 않는다. 개인차는 있지만 보통사람은 수십 차례 반복해서 암기해야 겨우 기억할 수 있다.

그런데 놀라운 점은 평범한 지능의 소유자라도 자신과 이해관계가 높은 특정 장면은 순간적으로 스쳐보았을지라도 결코 잊지 않는다는 것이다. 인상적인 장면은 두뇌에 오랫동안 잔상을 남긴다. 이런 면에서 인간의 기억방식은 언어보다는 이미지 중심이다. 대화를 하면서도 정보를 이미지화해서 기억하려 한다. 문장을 읽으면 이야기를 이미지로 바꿔서 기억한다. 소설을 읽으면 묘사를 활동사진으로 이어가듯 기억하고, 굳이 저자가 주인공을 묘사하지 않아도 각자 알아서 주인공의 모습을 형상화한다. 시를 읽어도 그림으로 이해한다. 전혀 새로운 이미지일지라도 우선은 연관된 예전의 이미지들과 중첩시키는 방식으로 기억을 저장한다. 반대로 이미지가 확실하지 않으면 아무리 중요한 문장도 곧 잊어버린다.

두뇌는 이런 기억들을 반복하거나 중첩시키면서 새로운 이미지를 재구성하고 심지어는 실제로 한 번도 보지 않은 이미지로 전환하여 기억하기도 한다. 하지만 현대과학은 아직 이런 두뇌의 이미지 학습 원리를 정확하게 알지 못한다. 당연히 인간이 설계한 인공지능 자율 학습 능력은 당분간 어수룩한 수준에 머물러 있을 수밖에 없다.

하지만 초현대기술은 인간의 두뇌와 신체 그리고 주변의 기계 사이의 경계를 점차 모호하게 만들고 있다. 인간의 약점을 컴퓨터 기계로 보강하는 시도가 가능해졌다. 인간의 지능을 활용하면 기계의 강점으로 인간의 잠재력을 증강시킨다. 두뇌는 사람이지만 신체의 일부를 로봇장치와 결합한다면 인간의 잠재력이 개발된다. 그 첫 번째 수혜자가 장애인들이다.

네일 하비슨Neil Harbisson은 2004년에 영국정부가 인정한 최초의 사이보그 인간이다. 네일은 태어날 때부터 색상을 구분하지 못했다. 색맹이 아니라 아예 모든 이미지를 흑백으로밖에 보지 못하는 색色인지불능증 환자였다. 그는 자라는 동안 색상을 일종의 명암차로만 이해했다. 인공두뇌학의 전문가인 아담 몬탠돈Adam Montandon을 만나기 전까지는 그랬다. 네일을 만난 아담은 '아이보그eyeborg'라는 자그마한 장치를 개발했다. 이 장치는 빛의 파장을 음향으로 바꿔줘서 소리의 변화로 색상을 인식하도록 해준다. 그 덕분에 네일은 소형카메라를 머리에 매달고 시야에 들어오는 사물의 색상에 따라서 입력되는 빛의 파장을 디지털 신호로 바꾸어 소리로 듣게 되었다.

네일은 화가였다. 아이보그를 착용한 이후, 그가 아름다움을 인식하는 방식과 그림을 표현하는 방식은 완전히 달라졌다. 그는 아이보그가 전해주는 소리의 차이를 따라 물감의 색과 사물의 색을 일치시키고 시야에 펼쳐진 명암을 색으로 표현할 수 있게 됐다. 그는 소음을 수채화로 표현했으며 거리를 오가는 사람들의 의상에 색을 입혀 아름다운 거리를 묘사했다. 심지어 비발디, 모차르트, 슈베르트의 음악을 수채화로 그려냈다.

휴 허Hugh Herr MIT 교수는 스스로 장애를 극복한 생체공학자다. 2014년 초에 실시한 테드TED 강연에서 교수는 자신이 개발한 최신 생체의족을 소개했다. 그는 1982년 산악등반 사고로 다리에 동상을 입어 결국 두 다리를 잘라내야 했다. 하지만 자신의 장애를 극복하고 궁극적으로는 다른 사람들의 장애를 제거해주는 기술을 개발해내겠다는 의지로 매우 특수한 전자기계식 인공의족을 개발했다. 잘린 다리에 인공의족을 이어붙이고 생체신호를 통해 마치 자신의 수족처럼 자유자재로 제어할 수 있다. 의족은 전기적으로 신경 시스템과 연결되어 있다. 신체와 의족 사이의 결합부에 적용한 인조피부 속에 센서와 스마트 기기를 삽입해서 상황에 따라 접합부의 굳기가 달라지게 만들었다. 신호가 0볼트 이하로 내려가면 재질이 유연해지고 전압이 가해지면 판처럼 딱딱해진다. 걸을 때는 전압이 없 어 부드럽고 유연하다가도 뛰거나 하면 인체조직과 인공피부가 서로 압력을 받는 정도에 따라 연동하여 딱딱해진다.

의족을 환자 자신의 팔다리처럼 유연하게 움직이려면, 서거나 걷고 뛰는 동작에 따라서 척추가 근육을 어떻게 제어하는지 알아야 한다. 허 교수는 발목, 무릎, 엉덩이 같은 곳에 가해지는 토크와 힘을 컴퓨터로 계산해서 생체공학적으로 가장 적합한 추진력을 가질 수 있도록 의족이 정밀 제어하는 기술을 적용했다고 한다. 이 의족이 있으면 단순한 동작을 넘어 산악을 오르내리고 무대 위에서 춤을 출 수도 있다.

척수 손상으로 몸을 움직일 수 없는 환자들을 대상으로 한 외골격 재활장치도 널리 확산되고 있다. 2014 브라질 월드컵 개막식장에 등장한 입는 로봇은 하반신 마비환자가 스스로 휠체어에서 일어나 두 발로 서서 공을 찰 수 있도록 해 주었다. 공은 2m 정도 짧게 굴러가는 데 그쳤지만 외골격이 장애인의 뇌파를 읽고 움직였다는 데에서 큰 의미를 찾을 수 있다.

하반신 마비로 전혀 거동을 할 수 없던 환자들에게 외골격 장치를 입혀 부분적으로나마 자력이동이 가능하게 만든 사례들은 많다. 일본 츠쿠바 대학의 산카이 요시유키山海嘉之 교수는 'HALHybrid Assistive Limb'이라는 외골격 로봇을 개발해 하지마비 환자 우치다 세이지 씨의 산악 등반을 도왔다. HAL을 입으면 다리의 힘이 열 배 정도 증강된다. 피부에 붙인 센서가 뇌에서 나온 전기신호를 감지해서 다리가 움직일 방향을 판단하고 다리 근육이나 관절 모터를 작동시켜 보행을 도와준다. 이미 로봇전문 벤처회사 사이버다인Cyberdyne을 통해 대량생산 중이며 전 세계 병원에서 재활훈련용으로 활용되고 있다. 미국의 엑소바이오닉스Ekso Bionics도 2012년부터 하반신 마비환자의 재활치료용 외골격 장치를 시판 중이다.

첨단장비를 착용한 장애인들의 올림픽, 사이배슬론은 이렇게 신체장애를 극복하도록 해주는 첨단장비 개발을 촉진하기 위한 장이다. 스위스의 로봇 국가연구기관인 'NCCR 로보틱스' 주최로 2016년에 스위스 취리히에서 제 1회 대회가 열릴 예정이다. 사이배슬론은 기존의 장애인 올림픽과는 달리 첨단보조장비의 성능에 초점을 맞춘다. 새로운 보조장치가 일상생활에서 활용될 수 있는 플랫폼으로 발전하고, 일반 대중과 장애인들이 서로의 경계를 없애고 거리를 좁힐 수 있는 계기를 마련하고자 함이다. 그래서 메달도 참가선수와 장비 개발기업에 각각 수여한다.

총 여섯 개 종목의 경기가 치러지는데, 로봇 인공팔 경주는 금속고리를 두 손으로 잡고 상하 좌우로 복잡하게 휘어진 금속선을 따라 고리를 금속선에 닿지 않도록 하면서 빠르게 통과시키는 시합이다. 섬세한 손동작을 필요로 한다. 로봇 인공다리 경주는 의족을 착용하고 다양한 장애물이 놓인 코스를 빠르게 통과하는 경기다. 외골격 로봇 경주는 척추손상환자들이 첨단 로봇장치에 의존해서 이동하는 100m 장애물 경주이다. 로봇 휠체어 경기도 척추손상 환자들을 위한 경기다. 로봇휠체어를 조종하여 스키 활강경기처럼 울퉁불퉁한 경사와 지면을 통과하는 경기이다. 장애등급별로 체급이 나뉜다. 전기 자전거 시뮬레이션 경기는 척추손상환자들이 200m와 1000m코스를 페달을 밟아 주파하는 시뮬레이션 경주다. 헬스클럽에 있는 것과 같은 고정형 자전거에서 실시한다. 마지막 뇌파조종 컴퓨터 경기는 컴퓨터 게임 속의 아바타를 뇌파만으로 조종해서 장애물을 통과시키는 경기다.

첨단 보조장비는 점차 신경망이나 두뇌와 결합하면서 착용자의 의도대로 작동하는 능동형으로 바뀌고 있다. 사이배슬론을 몇 차례 개최하다 보면 장애인도 정상인만큼의 역량을 발휘할 수 있게 해주는 새로운 아이디어 장비들이 등장할 것으로 보인다. 이런 기술들이 축적되면 종국에는 인공장비를 착용한 인간의 능력이 보통사람은 흉내조차 낼 수 없는 초월적 수준까지 발전할 수도 있다. 영화에 등장하는 사이보그 슈퍼맨들을 언젠가 현실에서 만날 날을 기대한다.

05 로봇은 인간을 지배할 수 없다

공상과학영화 〈A.I〉를 보면 인간을 닮은 인조인간이 등장한다. 엄마라 여기던 주인에게서 버려진 주인공 로봇은 사람이 되어 엄마의 사랑을 되찾고 싶어 한다. 영화 〈바이센테니얼 맨〉에 등장하는 인조인간은 처음에는 기계의 형태이지만 기술발달 과정을 거쳐 외모뿐만 아니라 감정까지 점점 사람에 가까워져간다. 인류의 오랜 꿈은 로봇이 인간의 미흡한 점을 보완해 주는 것이었다. 동시에 인조인간이 지나치게 발달해 인류를 지배하는 상황에 대한 두려움도 항상 품어왔다.

미 조지아공대 심리학과에서는 사람들이 하인 로봇의 외형으로 어떤 생김새를 선호하는지에 대한 흥미로운 조사를 한 적이 있다. 대학생들은 대부분 기계 같은 느낌을 주는 외모를 선호했고, 나이 든 사람은 사람처럼 생긴 로봇을 더 선호한 것으로 나타났다. 그러나 이들의 선호도는 로봇이 어떤 일을 하고 있느냐에 따라서 달라졌다. 투자결정을 도와주는 로봇이라면 사람과 로봇의 중간쯤 되는 외형을 선호했다. 신뢰를 주어야하는 분야에서는 사람과 흡사한 로봇이, 인간의 사생활 보호가 필요한 영역에서는 기계적인 외형의 로봇이 환영받았다.

인지과학을 전문으로 하는 학자들은 지능을 두뇌가 세상을 인지하는 패턴이라고 규정하고 데이터 학습을 통해서 지능을 구축해 나갈 수 있다고 주장한다. 마치 아이가 장기간 학습을 통해 성인으로 자라나듯 어린아이 수준의 인공지능이라도 지능 패턴을 구축하는 알고리즘을 잘 갖추면 성인 수준으로 지능을 향상시킬 수 있다는 것이다. 이를 학습규칙형 인공지능이라고 부른다. 대표적인 사례가 IBM이 개발한 슈퍼컴퓨터 왓슨이다.

반면에 뇌신경과학자들은 인간의 두뇌는 불필요하게 중복된 부분들이 많기 때문에 기본 작동원리를 알아내어야 두뇌 설계기준으로 삼을 수 있다고 주장한다. 인간의 의식과 인지활동을 뇌세포활동으로 모델링하고 뇌세포 모델을 시뮬레이션해 최적모델로 구축하는 과정이 두뇌지능을 높이는 방법이라 생각한다. 따라서 최적화된 컴퓨터의 뇌세포모델로 두뇌를 완전히 재현하면 인조인간 지능이 된다고 생각한다. 이런 관점을 두뇌역설계형 인공지능이라 부른다. 대표 사례는 EU가 추진하는 '인간두뇌 프로젝트'* 이다.

• EU가 21세기 거대과학기술 과제로 추진하는 프로젝트다. 24개국 112개 연구기관이 12개 연구분야를 나눠서 연구하고 있다.

인간두뇌와 컴퓨터를 비교할 때 사람들은 주로 컴퓨터의 처리속도를 들먹인다. 미래학자 레이 커즈와일은 그의 저서《특이점이 온다The singularity Is Near》에서 인간 두뇌의 처리속도를 10페타플롭스(초당 10^{15}회)정도라고 가정했다. 그의 가정이 맞다면 최신 슈퍼컴퓨터들은 이미 인간 두뇌의 처리속도를 능가했다. 현재 10페타플롭스 이상의 처리속도를 갖는 슈퍼컴퓨터로는 일본의 케이 컴퓨터를 비롯하여 미국의 세쿼이아, 타이탄 그리고 중국의 티엔허-2호가 있다.

이중에서 가장 속도가 빠른 컴퓨터는 중국국방과학기술대학이 개발한 티엔허-2 슈퍼컴퓨터다. CPU코어가 312만 개이고, 33.8페타플롭스 속도로 계산할 수 있다. 기억용량은 1.4페타바이트이고 저장능력은 12.4페타바이트다. 전력은 17.8메가와트를 소비하며 총 162개의 계산기 캐비닛을 보유한, 어마어마한 규모의 빌딩이다. 여기에 비하면 인간의 두뇌구조는 초라하다. 1,400g의 무게에 시간당 0.04와트의 전력을 소비한다. 그럼에도 불구하고 슈퍼컴퓨터가 인간두뇌보다 우월하다고 말하는 사람은 아무도 없다.

인간의 지능을 두뇌구조나 처리속도로 판단하는 것은 너무도 단편적이다. 컴퓨터가 흉내 낼 수 없는 두뇌의 장점은 직관력과 창의력이다. 두뇌는 가치를 판단하여 미래를 대비하고, 필요하면 새로운 가치를 만들어 내기도 한다. 그런데 가치기준이란 사람마다 다 다르다. 같은 사람이라도 기분에 따라서 달라지기도 한다. 인간의 판단기준은 이성적일 때보다 감성적일 때가 더 많다. 좋아하는 색깔이 다르고, 하고 싶은 일도 다르다. 표준모델이 없고 말 그대로 제멋대로다.

이렇게 변덕스런 인간의 가치기준을 컴퓨터가 흉내 내기는 어렵다. 또 컴퓨터가 그처럼 제멋대로 동작하게 해서도 안 된다. 기계가 스스로 판단한대로 행동하도록 자율성을 부여하면 영화에서 보는 악당 로봇이 되기 쉽다. 기계가 스스로 옳다고 판단하여 시키지도 않은 일을 하는데, 그 판단기준이 사람의 이익과 배치되는 일이 생긴다면 그런 기계는 없느니만 못하다.

IBM이 개발한 인공지능컴퓨터 왓슨은 퀴즈프로그램에서 인간 퀴즈왕들을 누르고 퀴즈왕이 되었다. 왓슨 컴퓨터는 자연어를 읽어서 스스로 학습할 수 있는 능력을 갖추었다고 IBM은 자랑했다. 이 결과를 보고 인간의 지능이 컴퓨터에 눌릴 때가 다가온다고 생각한 사람들이 많았다. 그러나 그 후 왓슨 컴퓨터의 용도를 보면 이는 기우였다. 왓슨의 기술은 사람과 경쟁해서 사람을 대체하는 것이 아니라 사람의 지능을 증강시키는 용도로 활용된다. 사람에 기계의 지능을 덧붙여서 이전에 해결하지 못했던 문제들을 함께 해결하고 있다.

IBM은 왓슨 슈퍼컴퓨터가 건강의료부문, 금융, 소매업, 교육 분야, 기타 비즈니스나 생활 속에서 발생할 수 있는 난해한 문제들을 해결할 수 있을 것이라 믿었다. 그러나 세상의 문제들은 퀴즈 게임과 같이 명확한 질문도 없고, 또 명확한 답을 해야 하는 것도 아니라는 사실을 알게 되었다. 주어진 상황이 애매모호한 경우들이 많았다. 질문이 무엇인지도 이해하기 어려운 경우가 많았다.

실제 생활에서 유용한 수단을 찾으려면 복잡하고 애매모호한 질문을 이해할 수 있어야 한다. 이런 문제점을 극복하기 위해 IBM 연구진은 복잡한 이야기를 조각으로 나누어 이해할 수 있는 조각들만을 분리해 내는 기술을 만들었다. 그리고 주어진 데이터에서 두드러진 사실을 발견하고 이에 맞는 가정을 만들어서 이들을 검증하고 가능하다고 추론되는 결론을 도출하는 과정을 개발했다. 이 과정이 왓슨추론연결시스템Watson inference chaining system이고, 그렇게 해서 등장한 것이 왓슨패스WatsonPaths 인공지능지원시스템이다.

클리블랜드 의과대학은 인턴과정 학생들이 경험 많은 의사처럼 환자를 진찰할 수 있도록 지원하는 소프트웨어를 만들었다. 의학적 상황을 주고 의사가 환자에게 가장 좋은 치료법을 평가하는 과정을 한 단계씩 밟아가도록 유도했다. 이 훈련과정에서 왓슨패스는 수집한 증거들을 점검하고 추론하여 효용성이 높다고 여기는 치료법들을 인턴에게 제안한다. 인턴은 제안된 방법들 중에서 가장 합당하다고 여겨지는 치료법을 선택한다.

인공지능이나 인조인간이 아무리 인간의 능력을 추월한다 해도 결국은 인간에 의해 만들어진 존재다. 직관력이나 창조력이 없는 인조인간이 사람을 통제한다는 것은 상상할 수가 없다.

LOOKING AHEAD TO THE FUTURE

PART
6

첨단기술, 산업을 재편하다

디지털 쓰나미가
산업을 덮친다

01 세상은 더욱 작아지고 섬세해진다
02 금융의 무게중심, 모바일로 옮겨가다
03 주식투자, 개인은 컴퓨터를 이길 수 없다
04 에스프레소 시대
05 마술이 현실로, 3D프린팅
06 첨단기술과 신소재의 만남
07 전기차 비즈니스의 생태계
08 달리는 정보 공간, 소프트웨어 자동차
09 실용화를 향해 가는 자율주행차량

01 세상은 더욱 작아지고 섬세해진다

우리나라에 맨 처음 도입된 슈퍼컴퓨터는 크레이Cray사의 Cray-2S 시스템이다. 1988년 한국과학기술연구원KIST 산하 시스템공학연구소SERI에 설치되었는데, 당시만 해도 세계 최고급인 1.95기가플롭스*의 최대처리속도를 갖고 있었다. 이후 1993년에 슈퍼컴퓨터 2호기로 크레이사의 멀티 프로세서 슈퍼컴퓨터인 Cray Y-MP C90 시스템이 도입되면서 퇴역했다. 슈퍼컴퓨터 2호기의 계산속도는 2.6기가플롭스 정도였다. 2013년도에 시중에 팔린 스마트폰의 처리속도는 2.5GHz*로 20년 전의 슈퍼컴퓨터와 비슷하다. 하지만 스마트폰의 기능은 20년 전의 슈퍼컴퓨터보다 월등히 다양하고, 당시로선 상상도 못한 일들을 처리해 낸다. 10년이면 강산이 변한다는 속담이 있지만 컴퓨터 속도는 10년마다 1천 배씩 빨라지고 있다. 반면에 크기는 1천분의 1로 줄어든다고 할 수 있다. 지금 세계에서 가장 빠른 슈퍼컴퓨터는 중국의 티엔허-2호기다. 최고 속도가 33.8페타플롭스다. 메모리가 1.4페타바이트이고 데이터 저장능력은 12.4페타바이트다. 캐비넷은 총 162개로 컴퓨터용이 125개, 통신용이 13개, 저장장치용이 24개다. 사용전력은 17.8메가와트나 된다. 그렇다면 이렇

* 기가플롭스 Giga FLoating-point Operations Per Second. 컴퓨터 계산 속도성능을 초당 부동소수점을 계산하는 회수를 표현한 방식이다. 초당 기가(10억) 번 할 수 있다는 의미다.

* GHz Giga Herz. 헤르츠는 초당 진동수를 표현하는 표준 SI단위다. 초당 10억 회 계산을 한다는 의미다.

게 엄청난 크기와 성능의 컴퓨터가 20년 후에는 어느 정도로 작아질 수 있을까? 지금까지와 같이 10년마다 1천 배씩 빨라지고 작아져서 20년 후엔 스마트폰 정도의 작은 기기 안으로 들어갈 수 있을까?

무섭게 용량이 증가하는 컴퓨터 메모리도 상황이 비슷하다. 1980년에 20GB정도의 메모리 디스크를 설치하려면 IBM HDD 3380 2.5GB짜리 캐비닛을 8대 설치해야만 했다. 전체 무게는 2톤 정도 되고 비용은 6만 5,000달러에서 11만 달러 정도 들었다. 그런데 2014년 말 기준으로 512GB의 데이터를 저장할 수 있는 마이크로SD카드의 무게는 약 0.5g밖에 안 된다. 가격은 800달러이다.

포항에는 방사광가속기연구소가 있다. 이곳에는 3세대 방사광 가속기가 설치되어 있다. 길이 160m의 선형가속기에서 전자를 2.5GeV까지 가속시킨 후 원형 링을 따라 돌리면 고에너지 X-선 등이 튀어나와 이를 이용해서 물질들의 구조를 분석할 수 있다. 하지만 생명공학이 발달하면서 분자가 진동하고 화학반응이 일어나는 현상을 직접 관찰할 필요성이 높아졌다. 이런 요구를 수용하기 위해서 10GeV까지 가속시키는 4세대 방사광 가속기를 설치 중이다. 가속 전압이 커지려면 가속기 규모가 비례해서 커져야 한다. 신규 설비의 선형가속기 길이는 1,000m 정도 된다. 포항방사광가속기연구소에선 지난 2001년부터 4세대 가속기설비를 제작하는 프로젝트를 추진해오고 있으며 2015년에 완공할 계획이다. 그러나 2013년에 텍사스 오스틴 대학교의 마이크 다우너Mike Downer 교수 연구팀은 탁상 위에서 입자가속이 가능한 크기의 방사광가속기를 개발했다. 기존 방사광가속기의 1만 분의 1 규모 설비로 1인치 거리에서 2GeV까지 가속시키는 성능을 얻었다. 일반적으로는 전자석 사이로 전자를 통과시켜서 가속을 시키는 데 비해 이들은 진공 챔버 내의 가스에 고출력 레이저 플라스마를 때려 가스원자들이 이온화하는 과정에서 전자다발이 가속되게 했다. 이 방법을 더 발전시키면 향후 1~2년 사이에 1~2인치 거리만으로도 4세대 방사광가속기급인 10GeV 가속이 가능할 것이라고 연구팀은 장담하고 있다. 나아가서 10년 내에 20GeV를 탁상 위에서 가속시키는 장치개발이 가능하다고 한다. 그렇게 되면 연구실 탁자위에서 전자를 가속시켜 원자 크기의 정밀도와 펨토초* 시간 해상도로 단백질분자 등을 분석할 수 있게 된다.

• 펨토초 femtosecond. 펨토는 10-15을 나타내는 SI단위다. 따라서 펨토초는 1초를 1조 개로 나눈 한 토막의 시간이다. 이 정도로 아주 짧은 시간 동안의 변화를 감지한다는 의미다.

러시아는 미국에 앞서 지구궤도위성 스푸트니크 1호를 띄웠다. 직경 58cm의 작은 라디오 방송용 안테나였다. 최초의 우주개발 활동이다. 이 첫 번째 위성은 일종의 시험용으로 신호가 22일간 유지되다가 배터리가 소진되어 3개월 만에 대기권에 재진입해 불타버렸다. 이듬해인 1958년 5월에는 과학위성인 스푸트니크 3호가 발사되었다. 과학 장비가 많이 탑재되어 무게가 1,327kg이나 되었다. 인공위성이 너무 무거우면 발사장비가 커지고 비용이 많이 든다. 그래서 작은 인공위성을 선호한다. 기술이 발달하면서 위성의 크기와 무게는 계속해서 줄어들었고 요즘은 무게 1kg 이하의 나노위성들이 많이 발사된다. 2013년 11월에 미국의 오비탈 사이언스Orbital Science가 로켓에 실어 쏘아올린 위성은 나노위성이다. 29개를 한꺼번에 저궤도에 올렸다. 같은 달에 러시아 코스모트라스Kosmotras도 32개의 나노위성을 같은 저궤도에 올렸다. 2014년 1월에는 오비탈 사이언스가 다시 33개의 나노위성을 국제우주정거장까지 가져다가 뿌렸다. 이들 94개 위성은 한 변이 10cm 길이인 정육면체 구조로 무게는 1.3kg이다. 나노위성은 한 변의 길이가 5cm인 정육면체 모양의 포켓큐브 등 1kg 이하의 것들이 많다. 심지어 이젠 우표 크기만 한 기판 속에 라디오 안테나, 태양전지, 계기들을 칩으로 만들어 넣은 위성칩 스프라이트까지 개발되어 지구 궤도에 뿌려지고 있다. 무게는 8g, 0.0075g 밖에 되지 않는 것도 있다.

핵자기공명장치NMR Spectrometer는 유기화학물의 구조를 분석하는 필수장비다. 보통 실험실 방 한 개를 차지할 만큼 규모가 크다. 그런데 하버드 응용물리학과와 전기공학과 합동연구팀은 사방 2mm 크기의 작은 칩으로 NMR 분석기를 만들었다. 앞으로는 휴대폰에서 화학물 구조를 분석할 수도 있을 것이다.

신약을 개발하는 과정 중에서 가장 힘든 과정이 인체 임상실험이다. 실험대상자들을 모으기도 힘들고 비용도 많이 든다. 따라서 인체 각 기관을 재현할 수 있는 칩이 개발되고 있다. 간 칩, 콩팥 칩, 폐 칩, 혈관 칩 등과 같이 인체 각 장기가 약물에 반응하는 과정을 마이크로 유체터널칩으로 실험해보아 인체 장기에 미치는 영향을 유추해 보는 기술이다. 이 경우 임상실험 경비를 획기적으로 줄일 수 있게 된다.

완전히 새로운 기술이 개발되면서 컴퓨터뿐만 아니라 많은 과학 기술 장비의 규모나 크기가 지금까지 경험하지 못했던 수준으로 작아지고 있다. 예전엔 커다란 공장에서 생산하던 물건도 이젠 작은 칩 안에서 반응시켜 해결한다. 세상은 지금 점점 더 작아지고 섬세해지고 있다.

02 금융의 무게중심, 모바일로 옮겨가다

미국의 '모벤 뱅크Moven bank'는 모바일과 온라인 거래만을 하는 제3세대 은행이다. 점포도 없고 ATM도 없고 현금카드도 발급하지 않는다. 이 은행 고객은 NFC 금융칩을 내장한 스마트폰으로만 금융 거래를 할 수 있다. 계좌는 스마트폰에서 만들고 입출금 거래는 STAR사의 ATM망에서 가능하다. 그리고 모든 상품을 마스터카드 가맹점에서 거래한다. 수수료가 거의 없어서 인기가 높다.

이와 유사한 직접은행direct banking 서비스가 뒤따라 등장했는데 '고뱅크GoBank'와 '블루버드Bluebird'가 그것이다. 상품거래 지원을 위해 고뱅크는 비자카드와 제휴하였고 블루버드는 아메리칸 익스프레스와 제휴하여 기존의 서비스 망을 활용하고 있다.

'심플Simple'은 또 다른 형태의 금융서비스다. 자사의 계좌를 제공하지 않고 단순히 다른 은행의 업무 중개만 한다. 심플이 제공하는 앱은 고객이 웹이나 모바일로 자신의 계좌와 거래상황을 종합점검할 수 있도록 지원한다. 고객에게는 무료로 서비스를 제공하고 중개은행으로부터 수수료를 받는다. 은행계정과 연계하여 가계부 작성을 지원하는 '민트Mint'나 모바일 지불서비스를 지원하는 '오보페이

Obopay'와 비슷한 가상금융서비스의 일종이다.

'M-PESA'는 아프리카 케냐에서 성공한 모바일 현금거래 서비스다. 사파리콤Safaricom이란 통신사업자가 제공한다. 케냐 전국에는 10만여 개소의 M-PESA 가맹점이 있는데 이곳에서 현금을 'e-Float'이라는 모바일 화폐로 바꿔 휴대폰에 있는 SIM카드 전자지갑에 저장하면 현금처럼 지불할 수 있고 이체도 가능하다. 휴대폰을 가진 사람이라면 누구에게나 SMS로 가상화폐를 보낼 수 있으며, e-Float을 받은 사람은 이를 사용할 수도 있고 가맹점에 가서 현금으로 교환할 수도 있다. 거래금액이 500달러 이하로 제한되어 있고 실제로는 10~30달러 정도의 거래가 대부분이지만 현금 거래를 완전히 대체할 수도 있고 은행을 거치지 않는다는 점에서 매우 혁신적인 시스템이다. M-PESA의 성공으로 인해 아프리카 대륙의 각국에서는 100여종의 유사 서비스가 번창하고 있다.

국내에도 SNS를 이용한 소액결제 시스템이 도입되었다. 카카오톡의 '뱅크월렛카카오'를 시작으로 네이버의 라인도 비슷한 시스템을 채용할 전망이다. 하루 최대 10만 원까지 송금 가능하므로 조의금이나 축의금 용도로 많이 사용될 것으로 보인다. 15개 은행이 연계 서비스를 제공해 언제든 ATM기기에서 인출할 수 있고 가맹점에서 결제도 가능하다.

지금 전 세계 금융가에서는 소매금융의 대혁신이 진행되는 중이다. 온라인뱅킹과 모바일뱅킹의 증가로 전통적인 금융기관에서도 오프라인 은행창구의 역할이 줄어들고 있다. 고객은 점차 비대면 거래 쪽으로 옮겨가고 있다. 한번 전자계좌를 트면 50% 이상의 고객이 은행창구를 방문하지 않는다는 조사 보고도 있다.

컨설팅회사 베인앤컴퍼니Bain&Company는 소매금융 거래를 하는 대한민국, 미국, 영국, 중국 등 14개국의 15만여 개 계좌 사용자를 직접 설문조사하여 보고서•를 발표했다. 이 조사에선 두 가지 현상이 발견되었다. 한 가지는 모바일뱅킹이 급증하고 있다는 것이고, 다른 하나는 거래은행에 대한 고객의 충성도가 미지근해졌다는 점이다. 따라서 VIP 고객이 깜짝 놀랄만한 맞춤형 고객서비스나 지점 내방과 같은 오프라인 채널에 디지털 채널을 결합시킨 서비스를 제공할 것을 은행들에게 권하고 있다. 은행지점이 사라질 수는 없겠지만 현재와 같은 영업방식에서 탈피하여 완전히 새로운 역할과 형식으로 고객에게 다가가야 한다고 이 보고서는 주장한다.

• Customer Loyalty in Retail Banking Global Edition 2013, Bain & Company, Nov. 2013.

하지만 일각에서는 은행 지점들이 종국엔 사라질 것이란 전망을 내놓기도 한다. 대표적인 것이 《은행 3.0》•의 저자 브렛 킹Brett King이다. "지점의 거래는 곤두박질 중이다. 이젠 은행에서 하던 일은 지점이 없어도 할 수 있다."고 그는 말한다. 《오늘의 지점, 내일은 없다 Branch Today, Gone Tomorrow》란 후속 도서에서도 그는 자신의 주장을 거두지 않고 있다.

• Bank 3.0 Why Banking Is No Longer Somewhere You Go But Something You Do, December 26, 2012.

예전엔 지점이 많은 은행이 영업실적도 높았지만 이젠 환경이 바뀌었다. 은행이 상업 요충지에 지점을 내어 부동산 투자까지 겸하던 시절은 지나갔다. 이제 부동산 경기는 침체되었고 지점의 운영비는 수입에 비해 과다한 지출 항목으로 꼽히고 있다. 그래서 해외 은행들은 경영을 개선하기 위해 지속적으로 지점을 폐쇄하고 고객을 비대면 거래로 흡수하고 있다. 그러나 국내 은행은 사정이 다른 모양이다. 내방고객이 급격하게 줄어들고 있는데도 국내 은행들은 지점 수를 줄이지 않는다. 금융위기 이후 소매금융이 핵심 비즈니스로 재조명되면서 고객과의 접점인 지점을 줄일 수 없다는 논리다.

고객에게 밀착한 서비스를 제공한다는 지역 거점의 중요성을 인정한다 해도, 지점이 현재의 영업방식을 벗어나 새로운 역할과 형식으로 고객들에게 다가가야 한다는 지적은 새겨볼만 하다. 실제 시중은행들도 그 같은 지적을 받아들여 2012년부터 다양한 방식으로 소위 스마트지점 사업을 시험하고 있다.

스마트 은행이 되려면 고객의 라이프스타일에 맞추어 대고객 채널을 바꾸고, 은행 내부시스템을 개혁해야 한다. 스마트기기가 모든 금융상품 및 서비스를 취급할 수 있는 주요 소통창구가 되도록 하고, 기존의 모바일뱅킹은 물론이고 그 이외에도 다양한 가치를 제공해줄 수 있어야 한다.

우선 모든 은행거래를 고객 혼자서 처리할 수 있는 무인 단말기가 필요하다. ATM기기가 더욱 다양한 기능을 할 수 있도록 업그레이드해야 한다. 제이피모건JPMorgan Chase&Co, PNC은행PNC Bank, 뱅크오브아메리카Bank of America, 키뱅크KeyBank 등 미국의 은행들은 무인 단말기를 통해 비디오 상담직원이 24시간 응대하는 드라이브인 창구도 운영하고 있다. 주유소 같이 여러 줄로 무인 단말기를 설치하여 승차고객을 접대하게 하는 것이다.

지점의 중요한 역할은 VIP 고객에게 전문가의 맞춤 상담을 제공하는 것이다. 그러나 지점마다 상담 전문가의 실력이 고르지 않다면 모든 고객이 고루 질 좋은 서비스를 받지 못한다. 만약 고객이 무인 단말기 상에서 중앙 콜 센터에 모여 있는 상담 전문가를 선택할 수 있도록 해주면, 전국 어느 지점에서나 최고의 전문가와 원격상담을 할 수 있게 될 것이다.

은행은 전문 분야별로 상담 전문가를 육성하고, 이들에 관한 정보를 고객에게 제공하여 고객이 직접 상담자를 선택하도록 배려해야 한다. 지점에서 모바일이나 인터넷뱅킹과 차별화된 맞춤고객 서비스를 제공할 수 있다면 고객의 충성도는 높아질 것이다. 최고 수준의 전문가와 연계된다는 신뢰감을 주면 지점을 방문하는 VIP 고객도 늘어날 것이다. 그러나 지금 은행들이 앞다투어 추진하는 것처럼 지점을 카페식으로 바꾼다든지, 모바일뱅킹과 기능이 비슷한 자동화기기를 잔뜩 줄세워 놓고 고객이 오길 기다리면 실패할 수밖에 없다. 스마트지점 사업은 하드웨어 경쟁력이 아니라 소프트웨어 경쟁력으로 승부해야 한다.

03 주식투자, 개인은 컴퓨터를 이길 수 없다

스포츠 경기는 양측의 실력이 비슷해야 관람하는 재미가 있다. 그래야 어느 편이 이길지 궁금한 마음에 긴장해서 응원을 한다. 그러므로 프로 스포츠에서는 수준에 따라 1부와 2부 리그로 팀을 구분하여 경기를 치르게 한다. 또 체격 차이가 승패를 좌우하는 개인경기 종목에서는 체급을 정해서 비슷한 체격의 선수끼리 경쟁할 수 있도록 한다. 하지만 전쟁을 치를 때는 그런 배려가 없다. 힘센 국가가 약한 국가를 무조건 점령하고 지배한다. 그래서 국가는 서로 강한 군사력을 갖추려 한다. 상대를 단숨에 제압할 수 있는 무기를 갖추어 상대를 위협하고 필요하면 점령도 한다.

주식시장은 전쟁터와 같다. 자본을 갖고 서로 경합을 벌이지만 서로의 실력차이를 전혀 배려해주지 않는다. 걸음마를 갓 배운 아마추어와 산전수전 다 겪은 자산 운용사, 헤지펀드, 연기금 등의 전문 펀드매니저들이 서로 한 치의 양보 없이 맞대결하는 곳이다. 이들 사이에는 경험과 실력의 차이만 있는 것이 아니다. 전쟁으로 치면 가장 중요한 무기와 자금 규모 그리고 작전정보 체계가 완전히 비대칭이다.

개인이 사용하는 HTS Home Trading System와 기관이 사용하는 전용단말기는 기본적으로 제공하는 정보의 양과 질이 다르고, 컴퓨터 처리 속도와 분석 소프트웨어 역시 비교가 안 될 정도로 차이가 있다. 개인이 부엌칼을 들고 싸운다면 기관들은 레이저 총으로 무장했다고 해도 과언이 아니다. 그런데도 무모한 싸움을 하는 개인투자자가 한국에 100만 명이 넘는 것으로 추산된다. 2012년 코스닥 시장 전체 거래대금의 91.6%를 개인이 차지했다. 유가증권 또한 개인이 투자한 금액이 50.2%에 달했다. 반면 일본 도쿄 증권거래소의 경우, 2012년 개인 거래대금 비중은 20.2%에 불과했다. 미국, 영국, 홍콩 등 다른 선진국은 개인투자자 비중이 미미하다보니 아예 따로 공표하지 않는다. 이렇듯 선진국 증시에서 개인의 거래 비중이 미미한 것은 간접투자 문화가 발달했기 때문이다. 미국 나스닥시장의 기관투자 비중은 70% 수준이다. 미국과 영국 시장의 헤지펀드나 사모펀드는 신뢰할만한 수익을 내주기 때문에 큰손들도 간접투자를 선호한다.

한국 증시에서 개인의 직접투자 비중이 높은 이유는 기관투자자들이 신뢰를 상실했기 때문일 것이다. 그렇다 해도 사람들이 이토록 개인투자를 선호하는 것은 일확천금의 기대심리나 이를 부추기는 잘못된 정보 때문이다. 개인투자가 얼마나 비합리적이고 위험한 비대칭 경쟁인지 제대로 알려주는 사람이나 기관이 없다. 더구나 개인용 컴퓨터 보급과 주문용 HTS의 발달은 개인이 엄청난 정보를 가지고 있다는 착각을 불러일으키고, 기관들과 대등하게 경쟁할 수 있다고 믿게 한다.

컴퓨터를 통한 거래가 발달하기 이전인 80년대까지만 해도 신문의 종목별 시가, 고가, 저가, 종가, 거래량을 보고 전화로 주문을 내던 시절이 있었다. 혹은 증권사 지점 객장에 앉아 시세판을 보면서 거래전표에 주문을 적어 제출하고 증권사 직원들이 입력하여 거래를 했다. 하루에 같은 종목을 주문할 수 있는 횟수도 제한이 있어서 실수로 주문을 내면 취소도 못하고 애태우던 시절이었다. 이 시절엔 대부분 단기투자보다 장기투자를 고려할 수밖에 없었다.

그런데 지금은 상황이 완전히 다르다. 하루에도 수백수천 번씩 주식을 팔거나 주문을 할 수 있다. 특히 주식거래 수수료율이 낮은 선물이나 옵션은 아예 컴퓨터로 자동 주문을 걸어놓고 초고속 단타매매를 한다. 이름하여 고주파초단타매매HFT, High Frequency Trading다. 유명한 연금펀드, 뮤추얼펀드나 헤지펀드의 매니저가 거의 다 고주파초단타매매 기술자라는 사실은 이젠 비밀도 아니다.

HFT은 고속 컴퓨터의 자동주문거래 소프트웨어로 고속통신망을 통해 거래소 컴퓨터에 주식, 옵션, 선물, ETF, 통화 및 기타 모든 금융상품의 단기적인 위치를 선점하고, 초단기 차익을 실현하는 대량거래 투자체결 방식이다. 모든 거래에서 거래비용을 제외하고 이익이 발생하면 곧바로 이익을 실현하도록 프로그램되어 수백 내지는 수천분의 1초 단위로 초단기투자를 하기 때문에 HTS 상에선 그 변화를 전혀 감지할 수 없을 정도다. 컴퓨터에서 주문을 입력하는 순간 곧바로 조건에 맞는 상대와 거래가 체결되기 때문에 미처 HTS 화면에 이들의 주문내용이 표시되기도 전에 결과가 나타난다. 그런데 개인은 개인용 컴퓨터 화면을 지켜보며 HTS 화면의 변화를 눈으로 확인하고 키보드로 입력한다. 화면에 표시되는 거래상황은 이미 흘러간 과거의 데이터란 사실을 개인투자자는 인지하지도 못한다.

컴퓨터 속도가 빨라지고 소프트웨어의 인공지능이 발달할수록 그 정확도는 빼어나게 향상될 수밖에 없다. 컴퓨터는 수많은 조건식을 순간적으로 읽고 해석하여 주문 조건을 결정한다. 전문 투자자들끼리의 경쟁은 바로 이 소프트웨어의 성능과 컴퓨터 처리속도, 주문내용을 전달하는 통신망의 속도 경쟁이다. 그리고 컴퓨터는 조금의 감정 개입도 허용하지 않으며, 주어진 조건을 정확하게 충족하면 바로 거래를 체결하기 때문에 항상 수익을 낸다. 그런가 하면 가장 최신 정보를 곧바로 분석하여 참조한다. 아무리 상황이 급변해도 손절조건이 있기 때문에 손실을 입지 않는다. 정작 기관투자자들이 고민하는 문제는 초단타매매로 100%의 거래를 할 수 없기 때문에 고주파 거래의 비중을 전체 거래량의 얼마로 유지하는 것이 좋을지 결정하는 일이다.

아무리 훌륭한 시장분석 소프트웨어라도 분석 대상 기간이 길어지면 감도가 떨어진다. 예를 들어 1분 후의 미래 상황을 100% 정확하게 예측할 수 있다면 5분 후엔 95%, 25분 후엔 90%, 125분 후에 85%… 전제 조건이 길어지면 길어질수록 적중률은 떨어질 수밖에 없다. 그래서 만약 10일 후의 예측정확도가 70%, 9개월 후의 예측정확도가 60%라면 컴퓨터에 맡기는 것보다 전문 펀드매니저에게 맡기는 것이 유리하다. 시장은 외적 상황에 의해 거시적으로 출렁일 수 있기 때문이다. 따라서 중장기투자는 전문가의 판단에 의존하여 집행한다. 컴퓨터 거래 비중을 얼마로 유지하는가는 그 기관이 얼마나 단기투자 중심으로 자금을 운용하는가에 달려 있다.

만약 개인투자자가 자신의 판단으로 투자를 하겠다면 컴퓨터의 예측력이 인간보다 월등히 우수한 단기투자 영역은 피해야 한다. 중장기투자를 하여 전문 트레이더들과 인간 대 인간으로 경쟁해야 조금이나마 승률을 기대할 수 있다. 개인도 전문 지식을 쌓고 시황판단 능력을 높이면 전문 트레이더 수준까지 이를 수 있으므로 경합이 불가능하다고 단정하지는 못한다. 그러나 컴퓨터와 속도나 정보 경쟁을 해봤자 백전백패할 따름이다.

지금도 마찬가지지만, 앞으로 컴퓨터 성능이 더 좋아지고 인공지능이 더욱 정교해지면 중장기투자도 컴퓨터에 의존하는 것이 옳은 방법이다. 미래의 주식투자는 주봉내지 월봉을 기준으로 한 적금식 장기투자만이 가능할 뿐, HTS에서 분 단위 또는 시간 단위의 그래프를 분석하면서 직접 투자를 하는 것은 정말 어리석은 짓이다.

04 에스프레소 시대

커피는 '블랙와인'이라고 불릴 만큼 사교 모임에서 빠질 수 없는 기호식품으로 자리 잡았다. 에스프레소, 카푸치노, 카페라떼, 아메리카노, 아포가토 등 다양한 종류의 커피가 모두에게 익숙하다. 커피 문화가 이탈리아 레스토랑 노천카페에서 발달한 때문인지 이름은 모두 이탈리아어다. 가장 흔하게 즐기는 것은 담백한 아메리카노지만, 우유의 풍미에 깜찍한 라떼아트까지 더해진 카페라떼, 부드러운 거품이 특징인 카푸치노나 아이스크림과 커피가 어우러진 아포카토도 인기다. 그러나 진짜 커피 마니아들은 커피 본연의 진한 향을 즐기기 위해 우유나 아이스크림 같은 부재료를 철저히 배격한다. 추출할 때 필요한 최소한의 양을 제외하고는 물조차 넣지 않는다. 이들이 애호하는 커피가 바로 에스프레소다. 에스프레소는 영어 익스프레스와 같은 '빠름'을 의미한다.

요새 대부분의 커피점에서는 에스프레소 머신으로 커피를 추출한다. 커피 가루를 곱게 갈아서 높은 온도와 압력을 가하면 대략 20초 이내의 짧은 순간에 에스프레소 원액이 추출된다. 카페인 양이 적고 커피가 가진 본래의 순수한 맛을 즐길 수 있다. 자그마한 데미타스

잔에 담아서 마셔야 제 맛을 느낄 수 있는데 처음 마시는 사람이 선뜻 마시기엔 너무 쓰다. 그래서 커피 가게에서 파는 대부분의 커피는 이 에스프레소를 기본으로 하여 물과 우유 등을 섞어서 농도를 묽게 한 것이다.

원래 훌륭한 에스프레소를 뽑으려면 오랜 훈련이 필요하다. 그런데 이제는 커피 전문점이 아닌 직장이나 가정에서도 쉽게 에스프레소를 마실 수 있게 되었다. 자동으로 커피를 갈고 마지막 추출까지 원터치로 깔끔하게 해결해 주는 에스프레소 커피머신이 상품화되었기 때문이다. 커피제조 과정의 완전 자동화가 이루어져 숙련된 바리스타 아니라도 누구나 에스프레소 커피를 만들어 마실 수 있다.

미국에서는 에스프레소 커피머신을 흉내낸 에스프레소 북 머신 Espresso Book Machine, EBM이 출판시장을 기웃거린다. 주문형 출판 시스템인 EBM은 마치 자판기에서 커피를 뽑아내는 것처럼 빠른 속도로 단행본을 제작한다. 파일을 업로드하고 나면 인쇄부터 제본까지 대략 5분 만에 서점에서 판매하는 것과 다름없는 페이퍼백 책 한 권이 뚝딱 완성된다. 저자는 물론이고 출판자, 서점, 도서관 모두가 직접 인쇄로 책자를 만들어낼 수 있는 혁신적 인쇄 시스템이다. 이 출판 시스템을 관장하는 소프트웨어를 에스프레소 네트워크 소프트웨어라 부른다. 인터넷만 연결하면 수백만 종류의 책을 한 장소에서 바로 고객에게 제공할 수 있다.

EBM은 3x4.5미터의 좁은 공간에 설치할 수 있으며 고속프린트

기능과 제본 기능을 갖춘 완벽한 자동화시스템이다. 현존하는 거의 모든 책을 디지털 파일로 확보할 수 있고 앞으로도 계속 확보할 수 있을 것이다. 소프트웨어 지원시스템이 책의 출판권까지 관리해 주는 진정한 셀프 퍼블리싱 장치다. 책을 집필한 후 파일을 등록하기만 하면 이를 곧바로 다운로드 해서 인쇄하고 제본해서 납품하는 전 과정을 하나의 기계로 처리할 수 있다. 미국에는 도서관이나 서점에 많이 설치되어 있다.

EBM만 있으면 서점을 운영하기 위해 책을 잔뜩 쌓아 놓고 전시하거나 재고로 보관할 이유가 없다. 주문을 받으면 현장에서 바로 책을 인쇄하고 제본해서 기존 서적과 동일한 품질의 도서를 독자에게 공급할 수 있기 때문이다. 고객이 오래 기다릴 필요도 없다. 불필요한 중간 유통마진을 없애고 서점이 출판업을 겸하는 새로운 시장을 만들 수도 있다.

SF작가 아서 클라크는 "기술이 충분히 발달하면 마술과 구분하기 힘들다."는 유명한 말을 남겼다. 실제로 과학기술 발달로 인해 몇 년 전만 해도 마술같이 느껴지던 일들이 눈앞에 펼쳐지고 있다. 2012년 8월, 많은 신문에는 "3D프린팅이 두 살 소녀에게 마술같이 두 팔을 안겨줬다."라는 헤드기사가 일제히 올라왔다. 선천성근형성부전증으로 두 팔을 마음대로 움직일 수 없었던 소녀 엠마는 항상 엄마가 감싸 안고 두 팔을 움직여 줘야만 했다. 그런데 그녀가 스스로 혼자서 레고 블록을 쌓고, 팔을 움직여 음식을 먹을 수 있게 된 것은 3D

프린터로 아이의 신체 사이즈에 딱 맞는 외골격 장치를 만들어낸 덕분이다.

지금은 3D프린팅이 널리 알려졌지만 당시만 해도 신체에 맞는 보조장비를 인쇄로 제작하여 조립한다는 것은 매우 놀라운 뉴스였다. 어린아이의 신체는 계속 성장하므로 몸에 꼭 맞는 보조장구를 구입하기 어렵다. 대량생산하는 제품은 모두 무용지물이다. 특별히 맞추는 것 역시 제작비가 어마어마할 뿐만 아니라 아이가 성장하면 못쓰게 되기 때문에 상상도 못할 일이다. 그러나 3D프린터는 적은 비용으로 부품을 하나씩 맞춤 제작할 수 있어서 엠마의 체격에 맞는 장비를 제공할 수 있었다. 엠마에게 마술이 일어난 것이다.

3D프린팅 기술이 최근 각광받는 산업은 항공우주산업이다. 새로운 기체를 제작하려면 부품의 형태를 가공하기 위한 금형을 만들어야 하는데, 시제품용 금형 제작비가 매우 부담스럽다. 숙련공이 일일이 손으로 모형을 제작하여 시제품을 만들려면 소요시간이 길고 비용도 많이 든다. 그런데 3D프린터로 디지털 데이터를 받아 직접 인쇄를 하면 제작비를 절감할 수 있다. 우주선이나 제트기와 같이 부품 수는 많고 제작 대수가 몇 개 안되는 산업에 안성맞춤이다. 형태에 관계없이 제작이 가능해 내부가 비어있는 구조의 부품을 제작하기도 예전보다 훨씬 쉬워졌다. 고온 내식재료가 필요한 엔진 노즐 같은 경우엔 합금 성분을 조절함으로써 저가의 원료들을 섞어 고내열 고강도 제품을 만드는 기술도 발전하고 있다.

장식품 분야에서도 3D프린팅 기술은 환영받을 수 있다. 자신이나 가족의 모습을 입체로 인쇄한 마스코트 인형을 맞춤제작 할 수 있고, 나만의 독특한 디자인으로 세상에 하나밖에 없는 장신구를 만들 수도 있다. 3D프린팅은 적은 비용으로 자기만의 물건을 소유하고 싶은 욕망을 충족시켜준다. 앞으로는 간단한 물건은 집에서 스스로 만들어서 사용할 수도 있다. 쓰던 물건이 망가졌는데 교체할 부품을 구하기 힘든 경우 그 부품만 인쇄해서 쉽게 수리할 수도 있다. 3D프린팅은 즉석에서 나만의 맞춤 상품을 만드는 에스프레소 제조법인 셈이다.

05 마술이 현실로, 3D프린팅

애플은 비정질 합금의 일종인 리퀴드메탈liquid metal을 이용한 3D프린팅 기술 공정의 특허를 등록한 적이 있다. 3D프린팅을 하면서 전자빔이나 레이저로 리퀴드메탈을 녹여 붙인다는 것이 특허의 핵심이었다.

사람들은 리퀴드메탈로 만든 아이폰 케이스가 나올 것이라 잔뜩 기대했다. 리퀴드메탈은 마모가 잘 되지 않고 표면에 흠이 잘 발생하지 않는다는 장점이 있었다. 그러나 잘 깨지고 무거웠다. 더욱이 대량생산되는 휴대폰 케이스를 리퀴드메탈로 인쇄한다는 것은 사업타당성이 없었다. 애플이 휴대폰 케이스로 고려하는 리퀴드메탈 케이스는 기존의 다이캐스팅 기법으로도 제작이 가능하다. 굳이 3D프린팅 기술을 채용하기에는 특별히 주조하기 복잡한 구조가 아니고서는 설득력이 없다. 현재까지의 기술로는 3D프린팅은 생산성 측면에서 대량생산품목에 적용하기에 부적합한 공법이다.

그럼에도 불구하고 3D프린팅이 주목받는 이유는 아무리 복잡한 구조물이라도 손쉽게 한 번에 제조할 수 있기 때문이다. 기존 공법에서는 구조가 복잡할수록 가공 과정에서 재료의 손실이 많아지지만

3D프린팅은 그런 고민이 없다. 또 주조법으로 실현하기 어려운 구조도 실현이 가능하다. 디자이너가 3차원 공간에서 상상해낼 수 있는 모든 것을 다 만들어낼 수 있다는 점에서 다른 모든 단점을 다 덮고도 남는다. 따라서 3D프린팅은 제품을 만드는 방식을 바꾸는 것이 아니고 제품을 디자인하는 방법을 바꾸어 놓는다. 디자이너들은 자신의 이상향을 실현시킬 수 있고, 세상에 존재하는 모든 물체에 이제까지 주어지지 않았던 디자인 자유도가 주어지는 것이다. 그러니 세상이 바뀌게 된다.

3D프린팅 제품의 제작은 CAD 프로그램으로 제품을 설계하는 데서부터 시작한다. 컴퓨터로 대상의 정확한 입체 모형을 만든 다음 치수를 결정한다. 가장 중요한 점은 인쇄 방향과 인쇄 두께다. 부품의 인쇄 두께나 사용 가능한 재료는 프린터마다 다르다. 인쇄 두께가 얇을수록 치수가 정밀해지지만 시간은 많이 소요된다. 이때 인쇄 노즐로부터 분사되는 재료는 분말 형태다. 보통은 열경화성 폴리머, 알루미늄, 스테인리스강, 티타늄 등이 사용된다. 인쇄 챔버는 재료의 용융점보다 10도 정도 낮은 온도까지 가열해 준다. 이렇게 하면 레이저가 분말을 쉽게 녹일 수 있다. 금속의 경우 이 예열로 보통 용접공정에서 나타나는 잔류응력을 제거해주는 효과가 있다.

프린터를 작동시키는 소프트웨어는 작업물의 CAD모델을 얇은 층으로 잘라 판독하는데, 층의 두께는 재료에 따라 다르다. 보통 폴리머는 0.1mm, 금속은 30마이크론 두께다. 인쇄 챔버 내 상자 속에는 재료인 분말이 담겨 있어 이 분말이 작업대 위에 쌓이게 된다. 인쇄가 시작되면 움직이는 날이 작업대 위로 움직여 그 위에 쌓인 분말을 한 층 분량만 남기고 균일한 두께로 깎아낸다. 그 후 약 200와트급 레이저가 표면을 앞뒤로 움직이면서 한 층의 분말을 원하는 형상으로 녹여 붙인다. 한 층의 작업이 끝나면 다시 한 층 두께만큼 바닥이 하강하고, 다음 층의 분말이 위에 쌓이고 다시 레이저가 설계도대로 움직이면서 아래 층 위에 다음 층의 분말을 녹여 붙인다. 레이저 대신 전자빔을 사용하면 분말을 고속으로 녹일 수 있다. 인쇄 두께가 두꺼울 때는 완성품의 표면이 거칠어지므로 연삭연마로 마무리 작업을 해주어야 한다.

산업계에서는 오래전부터 첨삭가공additive manufacturing이란 이름으로 3D프린팅 기술이 발달해 왔다. 기계부품은 응력하중을 받는 부위만 강하면 되기 때문에 필요 없는 부위는 제작 시에 모두 제거해버린다. 기존의 기계가공 방식으로 자재를 깎아내어 부품을 만들 경우에는 깎아내는 양이 많을수록 가공 시간이 늘어난다. 이뿐만이 아니다. 금속부품의 경우엔 중간 재료로 강철 등의 금속을 가공하는 단계에서부터 매우 값비싼 장비들이 필요하다. 철괴를 만들어 열처리하고, 압연하고, 재가열하고, 잘라낸 다음 다시 여러 단계의 공정을 거쳐 부품을 만든다. 이들 작은 부품들을 다시 커다란 부품으로 조립한다. 이런 기계가공 단계에서 값비싼 원자재들이 거의 모두 깎여나가 고철로 값싸게 팔려 나간다.

그러나 첨삭가공법은 최종단면 구조를 한 층씩 쌓아올리는 방법이라 재료를 깎아내지 않아도 된다. 기계가공법에 소요하는 재료의 수분의 1 정도로 같은 부품을 만들 수 있다. 부품을 따로따로 만들어 조립하는 과정도 생략하고 단번에 조립된 형태로 완성품을 인쇄해 낼 수 있다. 물론 부품마다 소재가 다른 경우엔 각 부품을 따로 인쇄해 조립한다. 그렇다 해도 여러 단계의 공정을 생략하고 한 가지 공법만으로 부품들을 만들 수 있어 공정이 단순해지고 치수정밀도가 높아지는 장점이 있다.

금속을 첨삭가공 즉, 3D프린팅할 때는 금속분말을 먼저 만든다. 분말 입자 크기가 미세할수록 정밀한 인쇄품질을 확보할 수 있다. 따라서 3D프린팅 공법이 경쟁력을 가지려면 분말제조비용이 기존의 소재 가공 공정에 비해 값싸야 하고 프린팅 방식이 기존의 기계가공법이나 주조법에 비해 유리한 점이 있어야 한다.

보통 비행기나 우주선 부품제조에 사용되는 기계나 금형은 비행기가 완성되면 쓸모가 없어진다. 하지만 3D프린팅을 이용하면 매번 설비나 금형을 만들 필요가 없고, 부품을 인쇄한 후 CAD 데이터만 보관하면 언제든지 교환용 부품을 만들 수 있다. 보잉사는 비행기 날개를 통째로 새로 설계해서 인쇄공법으로 제작하는 계획을 추진 중이다.

3D프린팅을 가장 활발히 활용하고 있는 영역은 의료용 임플란트 산업이다. 3D프린팅을 이용하면 환자의 대퇴부 인공구조물, 치과용 크라운, 두개골 임플란트 등을 다공질로 만들 수 있다. 다공질 구조

를 만들면 임플란트의 착근성이 높아진다. 특히 환자의 체구에 잘 맞도록 맞춤설계가 가능하다.

인체장기 제조에도 3D프린팅은 유용하다. 콜라겐을 이용해서 장기 골격 모양의 거푸집을 인쇄한 후 이 거푸집 위에 줄기세포를 성장시켜 인공장기를 만드는 기술이 개발되고 있다. 미래엔 세포 인쇄를 통해 인공장기를 구현할 수 있을 것이란 예측이 많은 이유다.

3D프린팅은 전자부품산업의 기술발전에도 새로운 가능성을 제시한다. 플렉시블 전자부품이 주목 받으면서 간단한 전자회로는 유기물 기판 위에 은나노 입자를 인쇄하는 방식으로 제작되고 있다. 플렉시블 폴리머 위에 OLED를 인쇄해서 플렉시블 OLED 디스플레이를 만드는 기술도 등장했다. 문제는 복잡한 부품들, 예를 들면 저항, 콘덴서, 배터리 그리고 트랜지스터 등을 인쇄방식으로 제조할 수 있는가이다. 이것이 나노물질 세계에서는 가능할 수도 있다. 이 경우 나노물질들을 적층한 전자부품 디바이스 제조기술이 미래기술의 핵심으로 부상할 것이다. 그렇게 되면 스마트폰도 플렉시블 필름 형태로 제작이 가능해진다.

전자부품 제조영역에 3D프린팅 기술을 적용하는 것은 아직은 마술의 영역이다. 그러나 나노디바이스를 3D프린팅으로 제조하여 조립하는 기술을 상상이 아닌 현실에서 볼 날이 멀지 않아 보인다.

06 첨단기술과 신소재의 만남

영화 〈아이언맨 2〉에서는 전문가가 보면 말도 안 되는 게 아닌가 싶은 장면들이 종종 나온다. 그중 하나가 주인공 토니 스타크가 가슴에 충전할 원자력 물질을 만드는 장면이다. 그는 주기율표를 보면서 컴퓨터 시뮬레이션을 해 인체에 무해한 원자력 물질을 합성해낸다. 그리고 인체에 대한 적합성까지 컴퓨터가 판정하게 한다. 주인공은 이 세상에 존재하지 않던 새로운 물질을 시뮬레이션만으로 창조한 것이다.

2010년 9월, 일본이 댜오위다오釣魚島 부근에서 중국어선을 나포한 사건이 일어났다. 중·일 양국은 자존심을 내걸고 전쟁이라도 불사할 듯 벼랑 끝 외교전을 펼쳤다. 그러나 사건 발생 17일 만에 일본 검찰이 나포했던 중국인 선장을 '처분보류' 형태로 석방하기로 하면서 사건은 싱겁게 끝났다. 당초 벌금형이라도 내릴 것이라고 전망했던 외교 전문가들의 관측과 달리 일본은 중국 측 요구를 수용하여 아무 조건 없이 어선을 돌려보냈다. 이유는 단 한 가지였다. 중국이 자국산 희토류금속을 일본에 수출하지 못하게 했기 때문이다.

희토류금속은 하이브리드카, 고성능 모터, 첨단 디스플레이, 시스템 반도체, 첨단의료기기, 태양전지, 특수강 등 차세대 핵심 첨단제품에 반드시 들어가는 희소금속* 이다. 전 세계 희토류금속 생산량의 95% 이상을 중국이 생산하여 각국에 공급한다. 만일 중국이 희토류금속의 공급을 줄이면 품귀현상이 일어난다. 차세대 주력산업를 키우려는 기술 국가들에게는 치명적이다. 그러나 중국은 일본과의 마찰 이후, 희토류금속의 수출 쿼터를 줄이고 모든 첨단부품을 중국 내에서 제조할 것을 장려하고 있다. 각국은 희토류금속의 비축에 들어갔으며 폐쇄했던 희토류 광산을 재가동하는 동시에 대체소재 개발에 전력을 다하고 있다.

* 지표면에 가장 풍부한 실리콘(Si)에 비해 매장량이 1억 분의 1 이하로 귀한 원소들을 말한다. 17종을 보통 지적하는데 원소부호로 표시하면 Sc, Y, La, Ce, Pr, Nd, Pm, Sm, Eu, Gd, Tb, Dy, Ho, Er, Tm, Yb, Lu 등이다.

급기야 2012년 미국 오바마 대통령은 인류의 복지, 에너지, 안보 문제 등에 기여할 수 있는 첨단 신소재를 고속으로 개발하자는 기술개발계획을 제안했다. '물질게놈 특별계획Materials Genome Initiative'이라 명명된 이 개발계획에 미국 정부는 년 1억 달러를 투자하고, 종래 18~20년이 걸리던 신소재 개발 기간을 5년 안으로 앞당길 수 있는 새로운 고속 물질해석 기술을 개발하겠다고 선언했다.

이전까지는 신소재를 개발하려면 도가니나 가열로에 원료를 넣어 녹이거나 단결정 성장로에서 결정을 키워서 시험편을 시험해봐야만 물성을 확인할 수 있었다. 그러나 고속 물질해석 기술은 순전히 컴퓨터 계산으로만 물질의 성질을 해석하는 기술이다. 계산만으로 물질의 성질을 예측하려면 물질의 기본 성질을 규명하고 있어야 한다. 물질게놈 특별계획은 자연계에 마치 생물체의 유전자와 같이 물질의 성질을 규정하는 근본 원리들이 존재할 것이라는 전제를 깔고 있는 것이다.

물질의 기본성질을 정리해 놓은 것이 주기율표다. 이 표에는 지구상에 존재하는 모든 원소들이 모두 정리되어 있다. 원자번호가 증가하는 순서대로 왼쪽에서 오른쪽으로 그리고 위쪽에서 아래쪽으로 나열한 것이다. 이때 세로로 배열된 줄마다 그 원자를 에워싸고, 돌고 있는 최외각 전자들의 배치가 같아 화학반응 경향도 매우 비슷하다. 그래서 이 주기율표는 자연계 물질원소의 성경과 같은 것이다. 그런데 흥미로운 연구결과들이 2000년대 이후 발표되었다. 같은 원소라 해도 여러 개의 원자들이 서로 뭉쳐서 마치 한 개의 커다란 슈퍼 원자같이 되면, 클러스터를 이룬 원자들이 최외각전자를 서로 공유하면서 밖으로 드러난 최외각전자의 배치가 바뀌게 된다는 사실이다. 예를 들면 알루미늄Al 원자가 6개 모이면 루테늄Ru, 7개가 모이면 게르마늄Ge, 13개가 모이면 브롬Br이나 요오드I, 14개가 모이면 스트론튬Sr과 최외각 전자 배열모습이 같아져서 화학적 성질이 동일해진다.

즉, 한 가지 원소라도 어떤 구조를 갖는가에 따라서 완전히 다른 물질과 같이 거동한다. 같은 원리로 텅스텐탄화물WC은 백금Pt과 같고 티타늄TiO은 니켈Ni과 같아진다. 화학적 성질만 달라지는 것이 아니다. 바나듐V과 나트륨Na의 화합물에서 바나듐 1개당 나트륨 8개가 결합한 VNa_8은 망간Mn과 같은 자기적 특성을 갖고, 나트륨 9개가 결합한 VNa_9은 크롬Cr과 같은 자기적 성질을 갖는다. 더 이상 주기율표만으로는 물질의 성질을 단정할 수 없게 되었다는 의미다.

또 원자들이 섞이면 화학적 결합을 하여 화합물을 만들거나 설탕이 물에 녹은 설탕물과 같이 서로 원소들이 뒤섞인 고용체 합금을 이룬다고 믿어왔다. 그래서 원소들 간의 평형 상태도를 만들어서 합금을 만드는 기준으로 삼아 왔다. 그런데 나노물질세계에서는, 여러 원소의 격자들이 중첩되거나 다면체 결정격자를 만드는 형태로도 새로운 물질이 생겨난다는 사실이 최근 발견되고 있다. 예를 들면 알루미늄, 망간, 실리콘Si이 섞이면 정20면체 Al-Mn-Si 준결정이 만들어져 매우 경도가 높고 내마모성이 큰 소재가 된다든지, 셀레늄화납PbSe 나노입자와 산화철Fe_2O_3 나노입자를 섞으면 전혀 새로운 초격자의 광자기 재료가 된다든지, 금 나노입자와 바이러스 단백질이 결합하여 초격자를 만든다든지 하는 식으로 이전에는 상상도 못했던 다양한 물질구조들이 나노물질 세계에서 발견되고 있다.

일각에서는 3차원 주기율표를 새로 개발해야 한다고 주장한다. 합금이나 화합물 이외에도 새로운 격자 물질로의 변화 가능성까지 포함한 물질해석 기술이 개발되고 있다. 즉, 양자역학이나 자력장을 고려하고 통계역학을 이용해서 물질의 기계적, 열적, 전자적, 광학적, 자기적, 화학적 성질들을 모두 계산할 수 있는 계산역학모델이다. 만약 이런 기술이 구체화되면 영화 속 토니 스타크가 했던 컴퓨터 시뮬레이션과 마찬가지로 계산만으로 신물질을 창조하는 일이 현실에서도 가능해질지도 모른다.

하버드 대학교 연구진은 IBM이 운영하는 가상 슈퍼컴퓨터(클러스터 컴퓨터)를 활용해서 230만 종의 유기물을 점검했다. 그리고 그 결과 태양광발전 전환효율이 11% 이상인 유기물을 대략 1,000종 가량 찾아냈다. 10% 이상 효율을 가진 유기물은 35,000종이나 되었다. 지금까지 대부분의 유기물 태양전지의 태양광 전환효율이 4~5%였던 점에 비추어 볼 때, 이 연구는 이론계산에 의한 신소재개발의 힘이 얼마나 강력한지를 잘 보여준다.

첨단기술은 물론이고 기존 주력산업의 기술도 한 차원 높은 수준으로 발전하기 위해서는 기존 한계를 뛰어넘는 신물질의 등장이 선행해야 한다. 필연적으로 시행착오를 거쳐야 하는 실험과학보다는 물질의 기본물성을 반영한 계산과학을 통해 신물질을 개발하는 것이 오히려 손쉬울 수 있다. 물질의 정보를 처리하는 물질정보처리학이 재료개발의 핵심기술로 평가받는 것도 이 때문이다.

07 전기차 비즈니스의 생태계

2014년 6월 기준으로 미국에서 사용되는 전기차는 50만 대를 넘어섰다. 노르웨이에서는 2014년 3월 기준 국민의 1%가 전기차를 보유하고 있다. 전기차가 선망의 대상이라고 한다. 에스토니아는 전 국토에 충전 인프라를 구축하여 국민들이 전기차를 쉽게 사용하게 하고 있다. 고속도로에는 급속충전소가 40~60km 간격으로 조밀하다. 2014년 상반기 전기차 판매 비중이 높은 국가는 노르웨이(14.49%), 네덜란드(4.58%), 아이슬란드(2.2%), 스웨덴(1.52%), 에스토니아(1.05%) 등이다.

처음 전기차 시판 당시에는 보조금을 지급하는데도 연간 판매량이 지지부진했다. 미국 시장에서 팔린 전기차는 2011년에는 17,500대, 2012년 53,000대 정도에 불과했다. 전기차의 성능이 내연기관차량에 비해 매우 뒤쳐졌기 때문이다. 그런데 고급차 시장을 공략한 테슬라 전기차가 일반인의 예상을 뛰어넘는 성능을 보이자 전기차에 대한 관심이 급속히 높아졌다. 2015년까지 최대 100만 대로 늘어날 듯하다. IEA International Energy Agency의 전기차 전망보고서에 의하면 2020년까지 전체 승용차의 2%에 달하는 2천만 대 정도가 도로를 주행할 것으로 보인다.

성능이 좋은데도 전기차의 확산속도가 느린 것은 대중이 사용하기에 비싸기 때문이다. 가격 대비 성능이나 디자인이 소비자의 마음을 충족시키지 못했다. 세계적인 불황도 전기차 확산에 걸림돌이 되었다. 모든 기술이 다 그렇듯, 신제품은 기술 개발비용 때문에 성능에 비해 상품가격이 무척 비싸다. 하지만 가격은 시간이 흐를수록 하락한다. 휴대폰, 컴퓨터, 칼라TV 등에서 목격했듯이 규모의 경제가 실현되면 경쟁이 치열해지면서 가격은 점진적으로 하락하고 시장이 급속하게 성장한다. 전기차는 아직 그런 변곡점에 도달하지 못한 것뿐이다. 여기에 출퇴근용 소형차로만 여겨졌던 전기차가 지능형 첨단 미래자동차로 새롭게 인식되고 있다. 세계 유명 모터쇼마다 전기차가 트렌드에서 중요한 위치를 차지하고 있다.

현재 자동차 제어기술은 거의 무인운전이 가능한 로봇자동차 경지에 이르고 있다. 정보통신기기가 발달하면서 각종 첨단 센서를 이용한 차량 간 안전거리 유지장치나 자동주행의 구현이 시스템적으로 가능해졌다. 전자제어장치와 통신장비가 결합하여 미래형 자동차 대부분이 지능형 주행모드를 서비스할 수 있게 될 것이다. 여기에 인터넷 지능정보 기술이 더해지면 가히 인공지능 슈퍼카가 된다. 여기서 자동차의 엔진을 들어내고 배터리 전기와 모터로 움직이는 전기차로 바꾼다면 어떻게 될까?

미국 정부와 자동차회사들은 버지니아 맥린의 터너 페어뱅크 고속도로 연구센터를 중심으로 차량 간 통신V2V 기술과 차량-도시시설물 간 통신V2I기술을 공동 연구하고 있다. 이들은 2017년을 목표로 '말하는 인공지능 자동차'를 개발하는 중이다. 차량이 인터넷을 통해 세상과 소통하고 차량끼리 정보를 교환한다면 운전자와의 대화도 가능하다. 주행 중에 곧 빨간불이 켜진다고 경고하고 사각지대에서 벌어지는 일들을 보여주며 시간과 연료를 아낄 수 있는 우회도로도 알려줄 수 있을 것이다. 이 기술이 가져올 경제적 이득은 어마어마하다. 미국만 해도 매년 교통정체로 55억 시간을 허비한다. 그 연료 낭비나 생산성 저하를 기회비용으로 치면 1,200억 달러로 추산된다. 국내의 경우도 국토교통부 자료를 바탕으로 산출한 추정치가 2009년 28조 원에 달하는 것으로 알려졌으며 그 규모는 해마다 증가하고 있다.

사람들은 이미 전기차를 움직이는 컴퓨터로 인식하고 있다. 자동차의 모든 기능을 디지털로 제어할 수 있다. 테슬라 전기차는 대형 태블릿 컴퓨터로 자동차의 모든 제어가 가능하도록 설계했다. 자동차가 움직이는 교통수단인 동시에 지능형 정보처리 장비가 된 것이다. 더욱이 자동차의 공간을 이용하여 기존 태블릿이 제공하지 못하는 기능까지 내장시키면 아예 움직이는 슈퍼컴퓨터로 만들 수도 있다. 그렇게 된다면 자동차를 선택할 때 자동차 본연의 성능인 구동성능보다 차에 탑재된 지능형 차량제어 시스템의 정보처리 성능이 더 중요한 기준이 될 것이다.

전기차에서는 모터 구동을 정밀 제어하는 전력장치가 중요하다. 반면 동력을 전달할 변속기와 구동 샤프트는 필요가 없다. 에너지원이 석유에서 전력으로 바뀌면서 기계장치의 중요성도 반감된다. 연비관리 기술보다 스마트 충전기술이 더 핵심적이 된다.

따라서 미래형 전기차기술은 현대자동차그룹보다 LG그룹의 전문성과 더 잘 어울릴 수 있다. 전기차가 빠르게 확산되지 못하는 이유는 사실 충전관리 시스템에 대한 비즈니스 모델이 정립되어 있지 않기 때문이다. 전기차 회사는 자동차를 공급할 뿐만 아니라 배터리를 중심으로 한 에너지 관리기술을 동시에 제공해야만 한다.

전기차에는 엔진자동차와는 전혀 다른 생태계가 필요하다. 전기차의 생명줄은 충전기술에 있기 때문에 전기차는 항상 전력 공급망과 연결되어 있어야 한다. 또한 충전 환경과 충전시스템 운영방식에 의해 배터리의 성능이 좌우된다. 따라서 내장된 정보처리시스템이 배터리 충전을 자동관리하도록 하면 일이 쉽게 될 것이다. 테슬라는 고속도로 주변에 태양광 발전에 의한 충전 인프라를 설치해 놓고 누구나 공짜로 전기차 충전이 가능하도록 하는 구상을 진행 중이다.

급속충전기술과 충전시설 공유 시스템도 중요하다. 많은 전기차가 한꺼번에 충전을 하려든다면 큰 혼란이 야기될 것이다. 현재처럼 운전자가 생각날 때 연료를 채우는 것이 아니라 매달 충전량을 예약구매해 두고 차량의 배터리가 고갈되지 않도록 자동으로 충전하는 시스템이 갖추어질 것이다. 운전자의 차량이용 패턴을 미리 파악해서 일일 주행거리와 주간 주행거리를 미리 설정하고 만약의 사태를 대비하기 위한 최저 배터리 확보량을 설정해 두면 나머지는 자동으로 관리된다. 특별한 운행계획이 있다면 정보처리시스템에 일정을 추가 혹은 수정하면 된다. 전기차 시스템이 상시 인터넷에 연결되어 있으므로 필요하면 언제든 스마트폰 원격 조종도 가능하다.

전기차 한 대를 운행하는데 필요한 에너지는 일반가옥 한 채에서 사용하는 전력량과 비슷하다고 한다. 따라서 대형 아파트 단지나 주택밀집지역에 주차된 차량들이 야간에 동시에 충전을 하기 시작하면 전력부하가 심각해진다. 스마트 충전시스템 하에서는 전력 피크타임을 피해 심야시간에 해당 지역의 차량들이 순차적으로 자동충전을 하도록 일괄 관리가 진행될 것이다. 이는 모든 전기차가 전력계통과 무선 연결되어 있기에 가능하다. 이렇게 되면 전기차 확산에 따른 전력공급 부하도 줄고 발전설비의 기저전력관리도 쉬워져서 전기차 증가에 따른 추가 전력수요를 상당량 감당할 수 있을 것이다.

전기차 기술은 이미 성숙해 있다. 수요가 증가하면 배터리 가격도 급속하게 떨어질 것이다. 비즈니스 모델만 정착된다면 전기차는 무서운 속도로 확산될 수 있다.

08 달리는 정보 공간, 소프트웨어 자동차

스마트폰과 태블릿이 확산되면서 모바일 인터넷 시대가 현실화됐다. 다음은 승용차 차례다. 2014년도부터는 인터넷 연결이 되는 신차가 시장에 속속 등장했다. 운전 중 스마트폰을 손에 들고 통화하는 것은 불법이지만 자동차에 탑재된 인터넷 정보단말기 사용은 불법이 아니다. 스마트폰용 앱이 자동차용으로도 사용되는 세상이 온다.

실제로 도요타와 벤츠는 2011년에 스마트폰과 차량 디스플레이를 연동시켜 조작하는 기술을 선보인 적이 있다. 인도의 타타 자동차는 유럽형 경차 픽셀Pixel에서 스마트폰을 계기판 측면 대시패널에 끼우고 스마트폰에 설치된 앱을 이용해서 자동차 정보를 활용하는 기술을 선보였다.

최고급 차량과 일반 경차를 가리지 않고, 스마트폰은 자동차에 달린 각종 센서와 결합하여 자동주차는 물론이고 주행 중 위험요소를 감지하여 자동 회피하는 알고리즘까지 제공해 준다. 2015~6년이 지나면 스마트폰을 이용한 반자동운전 시스템을 채용하지 않은 자동차는 시장에서 경쟁력을 잃게 될 것이다.

자동차 실내 설비 중에서 가장 먼저 사라질 것은 CD플레이어다.

이미 USB만 꽂는 차량이 등장했다. 라디오도 스마트폰을 이용한 인터넷 라디오를 사용할 것이다. 스마트폰 내비게이션 앱은 교통량을 실시간으로 분석하여 최적코스로 안내하며, 주행 중 블랙박스 기능을 제공하고 있을 뿐만 아니라 주변 주유소, 맛집, 편의점, 병원, 주차장, 숙박시설과 함께 날씨 예보까지 연동해서 알려준다. 별도로 장착하는 고가의 내비게이션 장치도 사라질 수밖에 없다. 대신 스마트폰 앱 문화가 승용차 대시패널 안으로 옮겨올 것이다.

자동차의 스마트 기능은 지금과 같은 터치 방식이 아니라 음성으로 대부분을 제어하는 형태가 될 것이다. 주행 중 운전자가 구두로 질문하면 차량은 음성으로 검색결과를 알려주면서 관련 내용을 대시패널이나 앞 유리창에 표시해줄 것이다. 지능형 도로관리 시스템이 제공하는 도로교통 정보도 실시간으로 전달된다. 모든 차량이 인터넷에 연결되고, 차량 간 정보소통이 이루어지므로 자동 충돌회피 시스템 운영이 가능하다. 운전 중 모든 위험요소를 사전에 추정할 수 있다.

사실 자동차 회사들은 독자적인 차량제어시스템과 연동하는 인포테인먼트infortainment기술과 텔레매틱스telematics기술을 오래전부터 개발해 왔다. 차량 내에 장착된 모든 마이크로프로세서들을 관장하는 TCU(컴퓨터의 CPU와 같은 것)가 차량상태를 점검하거나 각종 센서를 통해 운행 상태와 안전 여부를 감시한다. 이 TCU와 연결된 모바일미디어 시스템 전체가 인포테인먼트라고 할 수 있다. 라디오나 휴대폰 연결, 실시간 교통정보, 내비게이션, 디지털 지도관리, 그리고 기타 음성인식 등을 포괄한다. 현재도 다수의 고급차가 텔레매틱스와 GPS를 이용해 차량사고지원 등의 전문서비스를 제공한다. 하지만 이런 서비스도 일반 통신시스템의 발달에 비하면 원시적인 형태라 할 수 있다.

자동차 회사들은 반도체 회사들과 공동으로 자체적인 플랫폼으로 차량용 인포테인먼트를 개발해왔지만 엔지니어를 확보하거나 다양한 어플리케이션을 개발하는 데는 비용이 많이 든다. 따라서 인포테인먼트 개발사들은 이미 고도로 발전한 스마트폰 기술과의 접목으로 문제를 해결할 수밖에 없다. 스마트폰 환경 중심의 오픈 플랫폼으로 인포테인먼트를 발전시키면 스마트폰 앱처럼 많은 개발자들이 자발적으로 차량용 앱 시장을 활성화시킬 것이다. 인포테인먼트 서비스를 손쉽게 확신시킬 수 있고, 다양한 기술변화도 즉시 적용할 수 있다. 더욱이 스마트폰에 이미 익숙해진 사용자들은 스마트폰과의 연동을 원하고 있다. 스마트폰과 차량용 헤드유닛을 연결하면 IP기반으로 네트워크가 형성되므로 인증이나 어플리케이션의 공유가 가능해진다.

이제 자동차는 기계장치가 아니라 컴퓨터 장치다. 실제로 승용차의 원가 구성에서 반도체를 비롯한 전자부품 가격이 40%에 육박하고 있다. 하이브리드 차량이나 전기차라면 더 높다. 전기차의 경우 곧 70%까지 차지하게 될 것이다. 따라서 가까운 미래에는 현재의 자동차 회사들이 기계회사 중심에서 전기전자회사 중심으로 재편될 가능성이 높다. 즉, 전기전자 또는 인터넷 회사가 기계회사에 모듈을 하청 주는 시스템으로 자동차 산업의 구조가 변할 수 있다. 앞으로는 탑승자의 오감을 만족시켜주는 전자장치나 디스플레이 성능이 우수한 자동차가 소비자의 선택을 받을 것이다. 그리고 차주는 취향에 맞는 각종 앱과 소프트웨어를 무상 또는 유상으로 구입하여 자동차 관리시스템을 차별화할 것이다. 자동차 외관에만 신경 쓰던 고객의 눈길이 자동차 내부의 안락함과 편리함에 더 쏠리게 되는 것이다.

우리는 구글이 왜 인터넷 검색기술과는 거리가 먼 무인자동운전 차량을 열심히 개발해 왔는지 생각해 봐야한다. 구글은 멀지 않은 미래에 자동차도 컴퓨터 장치와 마찬가지로 인터넷 기기로 변하게 될 것이라고 판단했다. 이들의 행보는, 차체는 토요타나 혼다에게 만들게 하더라도, 구글의 강점이자 비즈니스 영역인 차량 인포테인먼트 서비스와 인공지능 자동운전 시스템에서 구글차의 브랜드를 확고히 하겠다는 것을 시장에 미리 알려주고 있다

구글은 2014년 초에 이미 자동차 제조사와 전자기기 제조사를 모아 안드로이드 연맹을 결성했다. 직접 개발한 코알라 같은 모양의 무인주행차 시제품도 발표했다. 구글차 내부에는 핸들도 액셀레이터도 브레이크도 없다. 단지 켜고 끄는 단추만 있다. 구글은 이 시제품의 이름을 정하지 않았다. 구글이 직접 자동차를 제작하지는 않겠다는 암시다. 그리고 무인주행차에 관련된 모든 기술은 원하는 기업에

제공하겠다고 밝혔다. 즉 구글 자동차 플랫폼인 안드로이드를 이용해서 앱이나 소프트웨어 장사를 하겠다는 것이 구글의 의도다.

전기자동차 시대가 되면 기존의 자동차 전문 대기업뿐 아니라 신생기업이나 전자기업, 전기기업 등 타 분야 중소기업도 전기차 생산에 뛰어들 수 있다. 자동차 운용소프트웨어는 라이센스로 공급받고 차체만을 생산할 수 있기 때문이다. 그 소프트웨어 시장을 구글이 독점하다시피 휩쓸 수도 있다. 그렇게 되면 자동차전문회사인 현대그룹뿐만이 아니라 전자전기와 배터리 전문 기업인 LG그룹이나 삼성그룹도 구글차 제작업체의 하나가 될지도 모른다.

09 실용화를 향해 가는 자율주행차량

구글만이 아니라 자동차 회사나 자동차부품 회사도 절치부심 첨단 자율자동차 개발에 몰두하고 있다. 2014년 봄, 독일에서 열린 한국제 심포지엄에서 자동차 부품회사 보쉬Bosch*의 사장은 미래 도시교통은 인터넷으로 연결된 자율자동차 중심이 될 것이라고 단언했다. 자율자동차는 사고율을 현격히 줄이고 도로 효율을 크게 증가시킬 것이라고 모두가 믿고 있다. 에너지 절감효과도 매우 크다. 자율운전차량이 위험하다는 선입견도 조만간 조용히 사라질 것이다.

* 자동차 부품회사인 보쉬는 이미 자율운전차량을 개발해 독자적으로 자동차 시장에 참여할 준비를 마쳤다.

탑승객을 목적지까지 자동으로 이동시켜주는 장치는 여러 종류가 있다. 이런 장치를 처음 도입할 때는 항상 사람의 안전을 염려해서 전문 운전자가 조종을 했다. 그러나 자동제어 기술이 발달하면서 차츰 무인 작동이 가능해졌다.

최초의 무인이송시스템은 승강기다. 수직으로 이동하는 건물 내 층간 이송장치다. 이를 수평으로 이동시키면 무인경전철이 된다. 차량이 3~4량 달려있을 뿐 원리는 동일하다. 레일을 따라서 정해진 지점까지 자동으로 이동하여 문을 열고 닫는다.

상업적 무인경전철을 맨 처음 도입한 곳은 2005년 5월에 개통한

덴마크 코펜하겐 M1라인이었다. 객차 수가 경전철의 3~4배 되는 중전철을 무인화한 최초의 사례는 2012년 파리 지하철 1호선으로 알려져 있다. 차량제어기술이 발달하면서 이제는 무인운전시스템을 채용하는 지하철도 점차 늘어나고 있다. 2013년 서울에서 개통한 신분당선도 그 중의 하나다.

오스트레일리아에 위치한 세계적인 광산회사 리오 틴토는 전 세계 철광석의 59%를 공급한다. 중국을 포함한 신흥국의 철광석 수요가 급증하면서 철광석의 채굴과 운송 속도가 문제가 되었다. 지표면이 온통 철광석으로 덮여있는 노천광이므로 매장량은 충분하다. 그러나 사람이 운전하는 채굴장비로는 생산비가 많이 들어 부가가치가 낮았다. 무엇보다도 종업원의 건강과 안전상의 부담이 컸다. 탄광은 숙련된 기술자가 기피하는 장소였다. 도시로부터 1,500km 이상 떨어진 외딴 광산지역에 기술자들을 상주시키는 것도 매우 어려웠다.

리오 틴토는 이런 문제를 해결하기 위해 2008년에 미래형 광업으로 사업계획을 다시 수립했다. 모든 작업을 중앙에서 원격으로 관리 통제하고, 무인화물트럭과 무인철도, 무인굴착 시스템을 도입한다는 네 가지 원칙을 중심으로 계획을 구체화한 것이다. 무인굴착 중장비로 365일 24시간 채굴을 하고 무인철도와 무인트럭으로 광석을 항구까지 옮기는 것이 목표다. 이를 위해 오스트레일리아 서부 해안에 위치한 퍼스 항구에서 필바라 광산까지 중하중 레일 시스템을 설치하고 약 2km 길이로 화물열차를 연결하여 완전 무인 운전하게 할 계획이다. 대량운송을 위해 10,000대 가량의 화물칸이 투입되고 퍼스 항구에 있는 원격조종실에서 이 열차운행 시스템을 관제한다. 이 자동화물열차AutoHaul 시스템은 2015년에 가동된다. 동시에 트럭을 이용한 화물수송 시스템도 자동화한다. 광산에서 항구까지 광석을 실어 나르는 화물트럭을 무인운전차량으로 교체하기로 했다. 2014년 현재 무인운전트럭 40여대가 시험 운행하고 있는데 2016년까지 150대를 투입할 계획이다.

"항해사 한스-크리스토프 버마이스터는 벽면의 계기판을 훑어본다. 전자 항해 차트다. 그 곁의 지도에는 바다의 수심이 표시되어 있고, 모니터엔 배 주변의 레이더 이미지가 표시되어 있다. 잠시 후 그는 커다란 조타륜操舵輪에 다가가서 길이가 220m나 되는 상선의 방향을 틀어준다. 이제 이 상선은 290도 방향으로 시속 12노트로 운항한다."

버마이스터는 지금 상선의 브리지船橋에 있는 것이 아니다. 독일 함부르크 소재 프라운호퍼 해양물류서비스 센터의 한 실험실에 있다. 그가 조금 전 조작한 것은 원격항해시뮬레이터이다. 이 연구는 EU의 자금지원을 받는 선박자율항해 기술개발 프로젝트다. 지금도 최신예 선박들은 GPS 좌표만 입력하면 자동으로 항해하는 시스템을 갖추고 있다. 레이더 장비와 선박감지시스템이 작동하여 주변에 위험요소가 발생하면 사전에 경보를 울려준다.

선박을 자동운전하려면 많은 센서가 필요하다. 무인항해기술의 핵심은 모든 센서로부터 수집된 신호들을 해석하여 조치를 취하는 중앙관제 소프트웨어다. 항해사는 지상에서 상황을 관찰하다가 위험에 처할 가능성이 생기면 인공위성을 통해 원격으로 조종에 개입한다. 이 연구는 2012년에 착수되어 2015년에 완료된다.

무인이동차량기술 중 가장 주목받는 것은 자율운전 승용차다. 차량과 차량 간 통신, 차량과 도로 시설물 간 통신 서비스가 정착하면 훨씬 더 안전한 기술이 될 수 있다. 차량 360도 방향으로 위험을 감지하는 센서를 장착해 사람이 보지 못하는 사각지대의 사고도 효과적으로 예방할 수 있다. 교통사고율을 줄이면 생명과 재산을 보호할 뿐만 아니라 교통체증도 줄일 수 있다. 그러면 보험료도 낮아진다.

매킨지의 분석에 따르면 대부분의 자동차가 하루 시간의 96% 정도를 주차장에 머문다고 한다. 나머지 시간의 0.8%는 주차공간을 찾느라 낭비하고, 0.5%는 교통 혼잡으로 멈춘 채 소비한다. 순수하게 이동하는 데 활용하는 시간은 2.6%에 불과하다. 출퇴근 러시아워에 차량에 갇혀서 한숨만 쉬었던 경험을 생각하면 한층 실감이 날 것이다. 출퇴근하는 자동차 운전자가 1년 동안 허비하는 시간을 합치면 500시간이 넘는다고 한다. 하지만 정보통신 기술과 결합시키면 자율자동차 시스템은 개인 맞춤형 콜택시 시스템이 될 수 있다. 운전자가 없더라도 자동차를 한없이 주차장에 주차시켜둘 필요 없이 자율자동차가 하루 종일 예약 고객을 찾아다니며 서비스를 제공하게 할 수 있다. 미리 예약만 하면 언제든지 준비된 차량을 이용할 수 있는 일종의 콜택시 비즈니스다. 제철소 같은 대형 공장 내에서 직원들의 이동을 위한 시스템으로 우선적으로 도입해 보면 편리할 것이다.

차량 운전에서 가장 어려운 일이 주차공간을 찾아서 주차하는 일이다. 이 점에서 자율운전차량은 초보운전자도 안심하고 탈 수 있다. 운전자는 목적지 현관에서 내리고 차량이 스스로 주차를 한다. 전용 운전기사를 고용한 것과 마찬가지다. 고령사회에선 꼭 필요한 기술이다.

사람들은 기계를 믿을 수 없다고 말하지만, 생각을 조금만 바꾸면 승강기를 타듯이 안심하고 무인자율주행운전 차량을 이용할 수 있다. 그러나 이 기술을 실용화하기까지는 많은 규제와 책임 문제를 극복해야 한다. 막대한 시설투자도 필요하다. 도로시설물에 지능센서를 삽입하는 데 수천억 내지 수조 원이 들 수도 있다. 하지만 30~40년 후의 미래를 내다본 투자라면 못할 것도 없다. 서울시가 계획한 경전철 투자비가 6조 원 정도라는 점을 상기할 필요가 있다.

LOOKING AHEAD TO THE FUTURE

PART

7

병과 노화를 극복하는 생명과학

무조건 오래 사는
미래가 펼쳐진다

01 유전자 진단의학의 새로운 기회

미국 특허법은 유전자를 진단하는 시험법을 맨 처음 발견하는 사람이나 기관에게 해당 기술에 대한 특허권을 주어 왔다. 그런데 문제가 생겼다. 분자 진단회사인 미리아드 제네틱스**Myriad Genetics**, 이하 미리아드는 1990년에 유방암과 난소암 발현 유전자인 BRCA1과 BRCA2에 대한 특허권을 획득했다. 그런데 미리아드는 특허권을 과잉 해석하여 BRCA1에 포함되어 있는 15개 염기서열 부분에 포함된 아주 작은 규모의 염기서열까지도 모두 특허 대상이라고 주장하기 시작했다.

BRCA1과 BRCA2는 여성의 유방암이나 돌연변이에 의한 난소암 위험을 진단할 수 있는 유전자들이다. 따라서 여성 유방암이나 난소암 발생 가능성을 확인하는 BRCA유전자 검사*를 받고 싶으면 매 건마다 3천 달러씩 미리아드에 특허 사용료를 지불하라는 것이 미리아드 측 주장이었다. '시험을 위해 분리한 유전자도 특허범위에 해당한다.'는 것이었다.

* 환자의 피에서 BRCA1, BRCA2 유전자만 추출해서 비정상 여부를 스캔해보는 실험이다. 유방암 환자에게서 발견되는 이상 현상과 비교해서 유방암에 걸릴 가능성을 판단한다. 미국에서 유전자 검사 비용은 검사 종류에 따라서 300달러~5000달러 정도이다.

논란은 미리아드 측 주장을 어디까지 인정해야 하는가에서부터 출발한다. 만약 미리아드 측 주장이 받아들여지면 인간 유전자와 관련된 특허권이 환자의 치료나 의약기술 혁신에 활용되기보다는 오히려 다양한 기술발전을 가로막게 되는 사태가 발생하기 때문이다.

초기에는 인체의 형질을 결정하는 유전자를 발견했다는 사실만으로 특허권을 부여했다. 그러다 보니 인간 유전자에 대한 특허는 대략 4만 종이 넘었다. 이렇게 많은 유전자 특허가 허용되었다는 사실은 이미 인간이 지닌 유전자 대부분이 상업적 소유권 하에 있다는 것을 말한다. 따라서 이 특허를 침해하지 않고는 어떤 의사나 연구자도 인간 유전자를 연구할 수 없고 이들 유전자에 기초한 진단 시약이나 약품을 개발할 수 없다. 개인이 병을 치료하기 위해 유전자 구조나 특성을 분석하려 한다면 특허 사용료를 먼저 지불해야만 한다. 인간의 유전자는 자유롭게 연구하거나 분석할 수 있는 대상이 아닌 것이다. 한편에서는 유전학의 발달로 인류가 개인맞춤형 의약품 시대를 열었다고들 하지만 실상은 한발자국도 나아갈 수 없는 규제 상태에 빠져있다고 할 수 있다.

이와 같은 문제점을 밝히기 위해서 뉴욕 코넬대학교 의과대학 바이오의약연구소의 메이슨Mason 박사는 얼마나 많은 유전자들이 특허에 영향을 받는지, 또 인간 유전자에 대한 지적재산권이 얼마나 방대한지를 조사했다. 그는 특허 출원된 유전자 서열의 길이에 따라서 인간의 유전자 조각을 긴long 서열과 짧은short 서열의 두 종류로 크게 분류했다. 짧은 서열의 경우는 청구범위가 대략 15개 정도의 염기쌍 배열로 이루어진 것이고, 긴 서열은 유전자 조각들을 모두 포함하는 것까지도 있었다.

그래서 15개 염기쌍 배열을 기본 패턴으로 하여 이 패턴이 인간 유전자 내에서 얼마나 많이 반복되는지 조사했더니 적어도 5회에서 많게는 7,688회나 같은 패턴의 염기쌍배열이 나타나는 것이 확인됐다. 이 말은 인간 유전자에서 특정 15개 염기쌍 배열 패턴이 적어도 두 차례 이상 반복될 확률이 99.999%라는 의미다. 즉, 특허로 인정받지 않은 특이한 형태의 15개 염기쌍 배열 패턴은 이미 존재하지 않는다. 그런데도 이보다 짧은 서열의 유전자 조각들까지 특허를 허용해왔던 것이다.

더욱이 이 중, 58종의 특허는 인간 유전자들의 10%가 모두 포함하고 있는 보편적인 염기서열 구조에 관한 것이었다. 그리고 특허에서 주장된 두리뭉실한 청구범위는 인간 유전자의 91.5%를 포함할 수 있었다. 지금까지 특허를 내준 15개 염기쌍 배열 패턴만으로도 인간 유전자가 가질 수 있는 모든 염기 서열을 100% 특허 범위 내에 포함시킬 수 있다. 이렇게 특허가 중첩되다 보니 누가 특허권자인지도 모호하다. 시시비비를 따져 맨 처음에 주장한 사람에게 특허권을 준다면 아무 것이나 맨 처음 유전자 특허를 낸 사람이 인간 유전자 특허권의 대부분을 갖게 될 가능성이 높다.

더욱 문제인 점은 유전자에 관한 특허가 인간뿐만 아니라 모든 생명체에 적용된다는 것이다. 예를 들어 젖소의 특이 유전자 배열에 대한 특허를 얻었을지라도 젖소의 유전자 배열이 인간의 유전자 배열과 많은 부분 겹치기 때문에 인간 유전자에 대한 특허 권리도 인정해야 한다.

메이슨 박사는 이어서 염기쌍이 12개 이상에서 수천 개에 이르는 기다란 염기쌍 배열에 관한 특허를 조사했다. 그 결과 인간 유전자의 41%(9,361건)가 서로 겹쳤다. 이 말은 임상대상인 유전자는 모두 특허로 등록되어 있다는 의미다. 짧은 서열의 유전자는 모두 긴 서열과 중첩하여 특허로 등록되어 있는 것이다. 작은 유전자 조각들의 특허권을 인정할 경우 특허권자들이 서로 인간 유전자의 모든 유전자 조각이 자기 특허라고 주장하는 상황이 발생하게 된다.

미국 대법원은 이런 문제점을 샅샅이 분석해서 파악한 뒤 이 문제가 BRCA에만 국한된 것이 아니라 모든 유전자 특허에 해당된다는 사실에 주목했다. 그래서 2013년 6월 13일, 미국 대법원은 "인간의 유전자는 자연의 산물이며 과학기술 개발의 기본 도구이므로 특허로 보호해 줄 범위의 밖에 있다."고 만장일치로 최종 판정을 내렸다.

재판관은 '자연의 법칙이나 자연적인 현상 그리고 추론 형태의 아이디어는 특허가 될 수 없다'는 특허의 기본법칙에 충실했기 때문이라고 판결 이유를 설명했다. 자연의 산물인 유전자 서열은 특허권으로 보호해 줄 수 없다고 논란에 종지부를 찍은 것이다. 이는 특허관행을 31년 만에 뒤집은 것으로 생명기술이나 제약 산업에 엄청난 영향을 미칠만한 큰 사건이었다.

이 판결의 의미는 크다. 우선 인간의 유전자는 발명의 대상이 아니므로 특허권을 인정할 수 없다고 선언함으로써 앞에서 열거한 우려

사항을 일거에 모두 해결했다. 그러면서도 유방암 진단을 위한 시험법과 같이 유전자를 이용하거나 처리하는 새로운 방법을 만들어낸 것은 특허로 인정해 주기로 했다. 반면에 환자가 투약에 반응하는지 여부를 확인하기 위한 유전자 진단은 특허권과 상관이 없다고 설명하였다. 유전자의 기능을 발견한 권리와 인간을 위한 의술 사이에서 균형 잡힌 판단을 내린 것이다.

따라서 지금까지 등록된 자연적인 유전자 특허는 그 권한을 박탈하고 다만 자연에 존재하지 않던 유전자를 새로 합성하였을 경우에만 특허권을 인정한다고 판정했다. 이 판정을 기점으로 유전자를 이용한 바이오 진단의약과 관련 연구 활동이 다시 활발해졌으며 유전자 맞춤의약 개발을 촉진하는 계기가 되었다. 특히 지지부진하던 유전자 진단의학 분야에서의 기술개발이 크게 활성화되고 있다.

02 천연물질 대량생산하는 식물공장

식물은 인간에게 에너지를 공급하는 주요 식량원이다. 동시에 의약품의 주원료가 되는 귀중한 생리활성물질을 제공한다. 특히 식물의 일부 성분은 인체에 작용해서 효소나 호르몬을 생성하는 데 중요한 역할을 한다. 또 질병을 일으키는 병원균의 단백질과 먼저 결합하여 병원균이 인체에 미치는 악영향을 줄이고 인체의 면역을 강화하는 약 역할도 할 수 있다. 이 때문에 식물의 활성성분을 추출하여 의약품이나 화장품에 활용하는 기술이 최근 주목받고 있다. 식물로부터 약용성분이 집약된 화학물질을 추출해 인간을 위해 활용하는 기술이 첨단 제약기술로 등장했다.

식물에 함유된 약용성분을 얻는 고전적인 방법은 식물을 대량으로 경작하여 유효성분을 추출하는 것이다. 이 방법은 재배환경에 따라 중금속, 농약, 환경 독소에 오염될 우려가 있다. 따라서 오염물질과의 접촉 없이 식물 활성성분을 얻는 가장 좋은 방법은 유기농 재배다. 수경재배는 식물을 공해로부터 완전히 차단시켜 살균된 보호환경에서 재배하는 방법이다. 엄격하게 통제된 환경에서 식물을 재배하므로 성분이 안정되게 유지되고, 계절 주기와 관계없이 일 년 내내

생산할 수 있다. 식물이 성장하기에 가장 적합한 환경을 인공적으로 조성할 수도 있다.

새롭게 부상하는 다른 방법으로는 식물을 대량 재배하는 대신 식물줄기세포를 이용해 유효성분만을 분화시키는 바이오제약기술이 있다. 식물줄기세포에는 동물과 다른 특성이 두 가지 있다. 첫째 모든 세포로 분화하는 전분화능全分化能이고 또 한 가지 스스로 줄기세포의 수를 유지하는 자기재생능력이다. 줄기세포들이 계속 새로운 세포조직을 만들어 내므로 식물에게는 노화과정이 거의 없다. 전분화능을 가진 줄기세포가 계속해서 새로운 조직을 만들고 성장하게 한다. 식물줄기세포는 식물 전체에 고르게 분포하면서 아무리 외부에서 생명의 위협을 가해도 또 다시 새로운 세포조직을 만들어낸다. 식물의 뿌리나 줄기를 잘라 심어도 새로운 뿌리를 내리고 줄기가 성장하는 것은 이 때문이다.

전분화능에 비해 보다 한정된 조직 영역에서만 분화가 가능한 것을 다분화능多分化能이라고 하는데, 다분화능을 가진 식물줄기세포는 위치에 따라서 뿌리 끝 분열세포, 줄기 끝 분열세포, 관다발계 분열세포로 구분한다. 이들 형성층은 식물의 조직 깊은 곳에 2~3층의 얇은 세포벽 형태로 존재한다. 이를 분리해내려면 화학적 혹은 물리적 처리를 해야 하는데 힘을 가하면 쉽게 손상되고 줄기세포 기능을 잃어버리기 때문에 분리하고 배양하기가 매우 어렵다.

그런데 지난 2006년에 한국의 한 중소기업인 ㈜운화가 오랜 연구

끝에 이 다분화능 줄기세포를 분리하는 기술개발에 성공했다. 이들은 분리된 식물줄기세포를 실험실에서 배양시킨 다음 영양성분과 함께 생물반응기에 넣어 배양생성물을 대량으로 생산하는 기술까지 개발했다. 첫 사업으로 밭에서 인삼을 재배하지 않고도 인삼의 유효성분만을 선택적으로 배양하여 '또별'이란 상품을 출시했다. 인삼 줄기세포를 이용해 생물반응기에서 인삼의 유효성분만을 대량으로 제조하고, 현탁용액에서 배양한 유효성분을 체로 거른 후 건조시키면 상품이 된다. 지금은 건강보조식품으로 판매하고 있지만 면역증강 효과나 항바이러스능력이 있다고 한다. 이밖에도 주목나무의 항암제 성분인 파클리탁셀을 대량으로 생산하는 기술, 은행나무의 혈류개선 성분, 토마토 내에 있는 항산화 약용성분인 펙틴이나 루틴성분을 대량으로 생산하는 기술을 개발하는 등 10여 종의 상품들을 개발했다. LG생활건강도 2011년 가을, 식물 형성층의 줄기세포 배양액을 담은 안티에이징 제품 '이자녹스 X2D2 오리지널' 5종을 선보였다. 이 제품은 식물줄기세포 배양액을 통해 노화 피부에 수분과 영양을 공급해 준다. 이처럼 식물세포를 배양하여 약이나 화장품을 대량 제조하는 기술은 대부분의 제약사나 화장품 회사들이 추구하는 기술이다.

2009년도에 H1N1 조류독감이 급속히 퍼졌을 때 전 세계적으로 백신 부족 사태가 벌어졌다. 독감 백신은 전통적으로 달걀에서 키웠는데 이 기술은 매우 느리고 비용이 많이 들었다. 하지만 백신제조사들은 60여 년 넘게 기술을 전혀 개선하지 않았다. 그런데 갑자기 백신 고갈 소동이 일어나자 미국 국방성은 대책을 마련하고 H1N1백신을 개발하는 그린백스GreenVax 프로젝트에 매년 1천만 달러씩 총 4천만 달러를 지원했다.

연구자들은 조류독감 바이러스로부터 단백질을 분리하여 박테리아의 유전자에 삽입하고, 이 박테리아를 담배 잎에 감염시켜 유전자에 바이러스를 포함한 식물을 만들어냈다. 그리고 이 담배를 성장시켜 담배 잎으로부터 독감바이러스 단백질을 대량으로 생산하는 기술을 개발했다. 이 기술로 12개월 안에 1천만 명 이 접종할 수 있는 양의 백신 생산이 가능하다고 한다. 아직 임상실험이 진행 중인 기술이지만, 식물세포 유전자 조작으로 병원균 단백질을 대량으로 생산할 수 있는 기술의 대표적인 사례다.

다국적 제약사인 화이자는 이스라엘 벤처기업 프로탈릭스 바이오세라퓨틱스Protalix Biotherapeutics와 함께 유전질환인 고셔병을 효소보충요법으로 치료할 수 있는 주사제 '엘레리소'를 개발*하여 2012년 6월 FDA* 승인을 받았다. 식물세포로 만든 의약품으로는 사상 처음이다. 효소 유전자를 당근 세포에 넣고 배양한 후 효소성분을 추출하여 생물반응기에서 대량생산하는 방법을 사용했다. 기존 치료제보다 가격이 25%나 저렴하고 부작용도 거의 없다.

이를 기점으로 식물세포를 이용해 의약품을 대량으로 제조하는 '식물공장' 시대가 본격적으로 열렸다. 이렇게 유전공학기술로 식물

* 효소 성분을 생물반응기에서 대량생산하는 방법으로 제조된 의약품으로 최초로 FDA 승인을 받은 사례다.

* FDA 미국 식품의약국. 식품과 의약품에 대한 관리 규제를 하는 미국 보건부의 산하기관이다. 식품의 규격과 관련 규제, 영양소 기준 등을 제정하고, 약품, 백신, 의학 관련 물품, 혈액 관련 물품, 의료 기구, 방사능 측정 기 구, 화 장품에 이르기까지 다양한 분야의 안전 규칙을 정한다.

에 유용한 유전형질을 삽입하여 발현시킴으로써 유용한 단백질(효소나 백신)을 대량으로 생산하는 기술을 분자농업이라고 한다. 식물을 이용해 백신을 만들면 동물세포를 이용하는 경우에 비해 병원균 감염 우려가 없고 배양조건도 까다롭지 않아서 생산이 쉽고 매우 경제적이다. H1N1 사례와 같이 유전자 이식을 통해서 식물이 바이러스나 박테리아 항원과 항체를 포함해 재조합된 단백질을 함유하도록 하는 것이다. 식물을 번식시키는 것이 아니므로 유전자 조작식물처럼 환경을 오염시킬 위험성도 없다. 좁은 면적에서도 식물에서 얻은 유효성분 단백질을 대량생산할 수 있어 한국과 같이 국토가 좁은 나라에서도 할 수 있는 고부가가치 농업이다.

식물은 이제 단백질 생산을 위한 중요 매개체이다. 주로 DNA 형질 전환이 쉬운 담배를 발현 매개체로 사용해 왔지만 차츰 감자를 비롯해 쌀리, 토마토, 당근, 시금치, 알팔파 등을 이용한 경구용 백신이나 생의약품 연구도 진행되고 있다. 특히 다른 식물에 비해 단백질 함량이 높은 콩과 견과류에 대한 연구가 매우 유망하다.

이제 농업은 식용작물 생산에만 몰두할 때가 아니다. 많은 바이오 제약업체가 다양한 식물공장을 개발하는 중이다. 농업에 종사하던 사람들이 질병 치료용 작물을 재배하는 생명공학산업 종사자가 될 수 있다. 재배작물에 인간의 단백질 유전자를 집어넣고 이로부터 치료물질을 추출할 수 있게 된 것이다. 식물공장에서 수경재배되는 감자나 고구마만 먹어도 질병예방이 되는 시대가 현실로 다가오고 있다.

03 체질 맞춤형 영양 캡슐

특별히 가까운 친구나, 혈연도 아닌데 가족같이 느껴지는 사람은 서로 유전자가 비슷하다는 흥미로운 주장이 있다. 예일 대학교와 샌디에이고 대학교의 공동 연구팀이 1,932명을 대상으로 150만 개의 유전자 신호를 조사한 결과 얻은 결론이다. 이 연구에선 친구들과 낯선 사람들을 구분해서 유전자 서열을 비교했다. 대부분 유럽계 인종에 해당하지만 같은 인종에서 발생하는 영향을 제거하기 위해 조상과 인종을 고려했다. 보고서에 따르면 전체 유전체를 점검한 결과 평균적으로 친구 사이는 10촌 형제만큼이나 유전자가 비슷한 것으로 나타났다. 대다수 사람들은 10촌 형제가 누구인지 잘 모른다. 그런데 우리가 수많은 가능성 중에서도 친척과 비슷한 사람을 배우자나 친구로 삼는다는 것은 놀라운 일이다.

함께 사냥하던 유목민 시절이라면 유전자가 비슷한 것이 서로 도움이 되었을 것이라 연구자들은 말한다. 비슷한 시간에 배고픔을 느끼므로 함께 사냥을 나가서 호흡을 맞추기가 용이했을 것이다.

이 연구팀의 조사 결과에 따르면 절친한 친구 간에 가장 비슷한 점은 후각이었다. 비슷한 음식을 선호할 것이고 아마도 장내 미생물도 비슷한 종류를 형성하고 있을 것이다. 그런데 눈길을 끄는 것은 질병에 대한 면역체계는 다른 특질을 지니고 있었다는 점이다. 신기하게도 친구 중 한 명이 병들어도 다른 친구는 병든 친구를 곁에서 돌봐줄 수 있도록 유전자적으로 면역을 가지고 있었다.

인체에는 인간의 세포 수보다 10배나 많은 수의 미생물이 살고 있다. 미생물은 세균**bacteria**, 고세균**archaea**, 진핵생물**eukarya**, 바이러스를 모두 포함하는데 사람마다 갖고 있는 미생물 군집이 다르다. 그리고 미생물 군집의 구성은 환경과 유전자 영향에 따라 아주 다양하게 나타난다. 쌍둥이 간에도 똑같지 않지만 그나마 가족 사이에서는 타인에 비해 서로 유사하다. 물론 일본인, 미국인, 중국인과 비교하면 같은 한국인 사이의 차이가 적게 나타난다. 실제로 장내 미생물 군집은 유전자와 식사습관에 의해 영향을 받는 것으로 추정된다.

장내에 거주하는 미생물은 병원균 침입을 방어하고, 면역체계를 높이며 영양분을 공급하여 인체의 대사조절에 관여한다. 미생물이 인체에 미치는 영향을 알아내려면 각 미생물의 유전자 분석이 필요하다. 그러나 이런 미생물 하나하나를 다 분석해서 미생물 종을 알아내기도 힘들지만 설령 알아낸다고 해도 인공적으로 선별해서 분석할 만큼 대규모로 배양하기 어렵다. 따라서 인체에 존재하는 미생물 전체의 유전자를 한꺼번에 분석하는 메타지노믹스• 방식이 최근 주목받고 있다.

인간의 장내 미생물 군집은 의간균류•, 프로테오박테리아•, 후벽균•, 그리고 방선균•네 종류로 구분된다. 비만이 장내 미생물 군집과

• 메타지노믹스 환경 유전체학 또는 공동체 유전체학이라고도 부른다. 전형적인 미생물 유전체학에서는 실험실에서 배양한 미생물을 분석 대상으로 삼았지만 이 경우 미생물이 사는 환경 안의 다양한 유전적 요소가 누락될 수 있다. 따라서 미생물이 사는 환경의 모든 미생물을 포함해 연구하는 방식이 권장되고 있다. 이렇게 하면 미생물 생태환경을 큰 규모로 분석하는 효과가 있다.

• 의간균류 Bacteroidetes. 토양과 침전물, 해수, 동물의 내장과 피부를 포함한 환경에 널리 분포하는 세균의 일종.

• 프로테오박테리아 Proteobacteria. 대장균, 살모넬라, 비브리오, 헬리코박터 등 다양한 병원균 및 기타 여러 생물 속을 포함한다. 다른 것들에 기생하지 않고 살며 많은 질소 고정세균을 포함한다.

• 후벽균 Firmicutes. 세균의 총칭이라 할 만큼 많은 종류의 균을 포함한다. 274개 속 이상이나 된다.

• 방선균 Actinobacteria. 몸은 실 모양이고 가지를 내기도 하며, 다른 세균류와 달리 외생포자를 만들기 때문에 곰팡이와 비슷하나, 세포가 원핵성이고 그램 염색에 양성으로 반응한다.

관계 있다는 주장이 있는데, 이는 렙틴* 결핍 생쥐의 장내 미생물 군집에서 후벽균이 증가하면 의간균류가 감소한다는 실험에 근거한다. 야생 쥐에게 고단백 고지방 식사를 제공하면 후벽균이 증가하고 의간균류가 감소하는 변화가 일어난다. 같은 열량을 섭취해도 비만한 생쥐의 장 속 미생물을 투여 받은 무균 생쥐가 마른 생쥐의 장 속 미생물을 투여 받은 무균 생쥐보다 체중이 더 증가한다는 연구결과도 있다. 장내 미생물이 에너지 축적과 비만 발생에 중요한 역할을 하는 것이다.

* 렙틴 leptin. 지방에서 분비되는 단백질 호르몬으로, 농도가 높아지면 식욕이 줄고 농도가 낮아지면 배고픔을 느낀다.

최근 다이어트 방법으로 효모yeast 다이어트와 효소enzyme 다이어트가 알려지고 있다. 효모는 발효식품을 만들어내는 미생물이다. 토양이나 물, 동물 또는 식물의 체내에 살고 있다. 효모가 발효하는 과정에서 만드는 물질이 효소다. 효모 다이어트는 효모가 음식에 함유된 당분을 분해하게하여 칼로리 흡수를 낮추는 원리다. 반면에 단백질인 효소는 음식의 소화와 흡수 그리고 유해물질의 배설에 관여하여 다이어트 효과를 낸다. 각자의 체질에 더 잘 맞는 효모나 효소를 구분할 수 있다면 사람에 맞게 더 엄밀한 처방이 가능할 것이다.

한방에서는 사상의학이라는 방법으로 사람들의 체질을 분류하여 처방을 한다. 조선 말엽의 한의학자 이제마는 사람이 예외 없이 태양인, 태음인, 소양인, 소음인 중 한 가지 체질을 갖고 태어났다고 주장했다. 체질별로 심리상태와 병리상태가 다르기 때문에 쉽게 걸리는 질병과 위험한 질병의 종류가 다르다고 했다. 같은 질병이라도 체질에 따라 치료법과 치료약도 다르다. 약물뿐만 아니라 음식과의 상성도 달라서 한 체질에 맞는 음식이 다른 체질에는 맞지 않을 수 있다. 또 사상체질은 선천적이며 후천적으로 바뀌지 않는다고도 했다.

현대의학의 연구 결과 밝혀진, 체내의 미생물 군집에 따라 사람마다 소화 작용이 다르고 음식 선호도도 달라진다는 사실은 사상의학과 일맥상통한다. 다만 당시의 과학기술 수준에서는 사상체질이 후천적으로 변하지 않는다는 주장이 합당할지 몰라도 현대의 관점으로는 바뀔 수 있다는 것이 더 설득력 있어 보인다.

최근 학자들은 장내 미생물 군집과 관련된 질환을 연구하기 위해 건강한 사람의 장내 미생물 군집의 조성과 특정 균에 의한 장내 대사 현상•을 규명하고자 노력하고 있다. 많은 연구결과에서 식습관이 단기간 또는 장기간에 걸쳐 장내 미생물 군집의 조성을 변화시킬 가능성이 제시되었다. 즉, 식이요법을 통해 장내 미생물 분포를 재구성하면 건강이 개선될 뿐만아니라 특정질환을 예방하거나 치료하는 것이 가능할 수도 있다.

• 사람의 장 표면에는 대단히 복잡한 미생물집단이 군집을 이루고 있다. 음식물 성분들을 발효시켜 영양소와 에너지를 공급할 뿐만 아니라 면역계의 균형을 유지시킨다. 반면에 위장질환과 관련된 염증이나 감염의 원천이 될 수 있고, 비만 등의 대사증후군을 일으킬 가능성도 있다. 장 대사에 미치는 미생물 무리를 조사하면 식습관이 단기간 또는 장기간에 걸쳐 장내 미생물 무리의 조성에 어떤 변화를 가져오는 지 분석할 수 있다.

스위스의 식음료회사인 네슬레 연구진은 '아이언 맨' 프로그램이라는 이름으로 특정 그룹이나 개인의 영양결핍을 측정해서 필요한 영양분을 맞춤형으로 보충하는 기술을 개발하고 있다. 마치 자판기에서 인스턴트 커피를 만들어 내는 것 같은 방식의 영양 보충법을 구상 중이라고 한다. 예를 들면 체내에 아연 성분이 부족하면 기계가 커피에 시럽을 타듯이 아연 성분을 첨가한 영양 캡슐을 만들어준다.

에드 배트거Ed Baetge 네슬레 연구소장은 아직 이 기계의 정확한 형태나 기능을 결정하지 않았으며 완성까지는 수년이 더 걸릴 것이라 말했다. 이런 영양보충제가 실제로 효과를 나타내려면 인체 내 미생물 군집에 대한 메타지노믹스가 정확하게 규명되어 있어야 한다. 이를 통해서 사람에 따라 어떤 음식이 건강에 도움이 되고, 어떤 음식이 해로운지 과학적으로 판단할 수 있기 때문이다.

네슬러가 개발 중인 아이언 맨이 진정한 건강 보완 수단이 될지 아니면 또 다른 다이어트 열풍으로 지나갈지 아직은 모른다. 그러나 메타지노믹스 기술이 발달하면 개인별로 인체 내의 미생물 군집에 대한 정확한 특성평가를 통하여 섭취할 음식과 피해야 할 음식을 구별할 수 있는 단계에 이를 것이다. 음식을 통해 사람의 체질을 개선하고 누구나 최적의 건강을 유지할 수 있는 비법을 맞춤식으로 처방받는 시대가 오는 것이다.

04 체내 미생물을 정복하라

살을 빼려면 덜 먹어서 섭취 에너지를 줄이고 운동을 해서 소비 에너지를 키우라고들 한다. 말은 엄청나게 간단하다. 그런데 한번이라도 시도해 본 사람들은 다 알겠지만, 간단해 보이는 일이 실제로는 잘 되지 않는다. 어째서일까? 사람은 진화를 거치는 동안 먹을 것이 있으면 충분히 먹어두어 나중에 대비하도록 유전자에 프로그램이 되었다고 한다. 추운지방 사람들은 열량이 많은 고지방 식단을 즐기고 또 비만 체질이 많은 반면, 적도지방에는 어딜 가도 먹을 것이 풍부하니 몸에 에너지를 저장할 필요가 없어서인지 홀쭉한 체형이 많다.

아무리 먹어도 살이 안 찐다는 사람이 있고 조금만 먹어도 살이 찐다는 사람이 있다. 하지만 잘 살펴보면 대개 살이 안 찌는 사람들은 소위 식탐이라는 게 없다. 아무리 맛있는 음식도 조금 먹고 나면 더 이상 먹으려 하지 않는다. 그러나 살찐 사람들은 맛있어 보이는 음식은 바닥이 날 때까지 계속 먹는 경향이 있다. 이런 일반적인 경향을 보고 사람들은 살찐 사람들의 의지력이 약하다고 생각한다. 하지만 살찐 사람이 음식을 쉽게 사양하지 못하는 문제가 과연 의지력만의 문제인지 아니면 다른 원인이 있는 것인지는 엄밀히 따져 봐야 한다.

인체의 신진대사를 칼로리가 들어오고 칼로리가 나간다는 식으로 간단히 판단하는 것은 상황을 너무 단순하게 보는 것이다. 무시할 수 없는 인자들이 수없이 있다. 예를 들면 음식이 어떻게 조리되었는가에 따라서 장내에 거주하는 미생물이 다르게 반응할 수 있다. 같은 칼로리라도 어떤 음식을 먹느냐에 따라서 상황이 달라질 수 있다. 음식은 단순히 열량으로만 평가할 수 없는 수많은 특성을 가진 분자들로 이루어져 있다. 이런 분자들이 축적되면서 인체의 면역계에도 중요한 영향을 미칠 수 있다.

가장 최근의 발견은 음식 자체가 가지고 있는 성분에 대한 것이다. 우리 인체는 섭취한 음식을 분석해서 어떻게 지방에 저장할 것인지 세심하게 조절하는 시스템을 가지고 있다. 달리 말하면 음식 내에 포함된 분자들이 이 시스템을 조절한다. 어떤 성분은 입맛을 돋우고 지방으로 저장하려 한다. 그러나 어떤 성분은 두뇌에 작용해서 입맛을 억제시킨다. 이 결과를 본 많은 연구자들이 영양성분을 다시 생각하게 되었다. 음식은 인체에 다양한 영향을 미치는 호르몬들의 칵테일과 같은 것이다. 이런 생각에 공감하는 연구자들 중의 한 명이 신시내티 대학교의 랜디 실리Randy Seeley 박사다. 그는 영양분과 호르몬의 상호작용을 제대로 이해해야만 우리 취향에 맞춰 식단을 만들 수 있다고 주장한다. 무작정 식단의 칼로리를 줄이는 데 치중하다 보면 체질에 따라서는 당뇨나 심장병, 심지어는 암이 생길 수도 있다고 한다. 만약 실리의 이론이 맞는다면 영양과학은 새로운 단계를 맞이하고 있다고 할 수 있다.

최근 학자들은 음식과 장내 미생물 그리고 인체가 서로 어떤 작용을 하고 있는지에 관심이 높다. 지난 10년간 이와 관련된 연구가 많이 진행되었다. 이 복잡한 문제에 대하여 최근에 정리된 내용은 우리가 상식으로 알고 있는 지식과는 많은 차이가 있다.

만약 세포가 만들어낸 화학물질인 호르몬이 생체조직 내의 다른 세포들에 원격으로 영향을 미친다고 가정한다면 음식물의 성분도 장내의 미생물과 상호작용하면서 호르몬과 광범위하게 쌍방향 소통을 하게 된다. 우리가 식용식물을 날것으로 먹는다면 이론적으로 식물의 호르몬이 식단에 바로 올라온 것이 된다. 그리고 이것들은 인체 장내에 서식하는 미생물들과 상호작용할 것이다. 시금치를 섭취한 경우와 토마토를 섭취한 경우 각각 일시적으로나마 장내 미생물 환경이 바뀌고 이는 곧 인체 대사 작용을 변하게 한다는 것이다. 이런 복잡한 관계의 규명은 언젠가 굉장히 중요한 과제로 떠오를 수 있다. 어떤 음식 하나가 어느날 갑자기 인체건강에 결정적인 영향을 주는 특별한 식단으로 급부상할 수 있기 때문이다.

최근에 벨기에의 루벤 가톨릭대학교 패트리스 카니Patrice Cani 연구팀은 장내 박테리아와 대사 작용의 상관관계를 연구하여 발표* 했다. 소화관 안은 수없이 많은 박테리아의 서식지인 동시에 인체의 다양한 기능을 조절하는 복잡한 생태계다. 카니 연구팀은 수많은 박테리아 중에서 '아커만시아 무시니필라Akkermansia muciniphila'라 불리는 박테

* 네이처 2013년 5월, Nature doi:10.1038/nature.2013.12975

리아가 비만과 제2형 당뇨병과 같은 대사질환을 조절하는 역할을 함을 발견했다. 이 박테리아는 소화기관 내벽에 있는 점액을 분해해 준다. 건강한 포유류 소화기관 내에선 전체 미생물의 3~5%에 달하지만, 비만인과 비만 쥐, 당뇨병 환자의 소화관 내에는 이 미생물의 농도가 매우 낮은 것을 발견했다. 장내 박테리아와 대사 작용 사이에는 서로 상관관계가 있다고 연구자들은 판단했다.

실험에서 고지방 식단을 먹인 쥐들은 보통 식단을 먹인 쥐들에 비해 소화기 내 아커만시아 무시니필라의 수가 100분의 1 정도에 불과했다. 그런데 연구자들이 쥐에게 소화기 내에서 미생물의 성장을 촉진하는 음식과 함께 아커만시아 무시니필라를 투여하여 박테리아 밀도를 보통 수준으로 돌려놓자 놀랍게도 비만 쥐의 체중이 줄어들고 체지방률이 정상수준으로 되돌아오는 것이 확인되었다. 인슐린 저항도 줄고 소화벽의 점액 두께도 두꺼워졌으며, 다른 대사불균형이나 비만 관련 증상도 모두 개선되는 것이 관찰되었다.

카니 연구팀은 이 박테리아가 신진대사에 미치는 복잡한 영향을 분석하기 시작했다. 아커만시아 무시니필라 밀도를 정상수준으로 되돌리면 장내의 혈당이 조절되고 소화기 내 해로운 미생물들의 작용도 줄어들었다. 아커만시아 무시니필라는 장 내벽 세포들과 교신하여 면역계에서 점액 생산을 늘리는 동시에 항 미생물 분자들을 생산하도록 신호를 보내는 것으로 보인다고 카니는 설명한다. 마치 박테리아가 서식할 수 있도록 장내를 내주는 조건으로 박테리아가 장내로 들어오는 해로운 미생물들을 방어해주는 듯한 상호 공생 관계를 보여준 것이다. 카니는 아커만시아 무시니폴라가 인간의 비만, 당뇨, 대장암과 같은 질병을 다루는 데 사용될 날이 올 것으로 믿고 있다. 랜디 실리도 과학이 미생물군집과 인체 내의 특별한 작용을 연결할 수 있다고 생각한다. 시간이 좀 걸리겠지만 사람들에게 유용한 처치법을 찾아낼 수 있을 것이라고 이들은 믿는다.

우리가 과학적으로 밝혀야 할 것은 어떤 장내 박테리아가 필요한지, 어떻게 이들을 장내에서 공생하도록 조절할 수 있는지다. 박테리아를 장내에 집어넣는다고 무조건 머무는 것도 아니기 때문이다. 박테리아와 인체 간의 상호작용에는 면역계도 개입되어 있을 것으로 보인다. 또한 장내 박테리아를 다루는 또 다른 흥미로운 관점은 박테리아가 내뿜는 화학물질에 주목하는 것이다. 만약 그 작용을 밝혀낸다면 화학적 약품의 생산과 처방도 가능할 것이다. 그렇게 되면 음식 섭취량을 줄이는 원시적 다이어트 대신 약품으로 간단히 체질개선을 할 수 있을 것이다.

05 후성유전자에 담긴 장수의 비밀

이탈리아의 사르디니아 섬이나 일본의 나가노 현은 장수하는 사람이 많기로 유명하다. 그러나 장수지역도 시대에 따라 옮겨다닌다. 일본 오키나와 지역은 유명한 장수지역이었으나 최근 젊은 주민들의 식생활이 바뀌면서 그 지위가 흔들리고 있다. 장수지역 사람들의 비결은 식생활과 자연환경 그리고 그들의 생활습관에 스며있다. 한 지역에 사는 다양한 사람들이 공통적으로 건강하게 오래 산다는 점은 장수하는 기질이 선천적으로 물려받은 것이 아니라 후천적으로 가꾸어졌음을 강력히 시사한다.

인체가 후천적으로 변하는 현상을 후성유전이라고 한다. 이론적으로 한 방울의 피만 있으면 그 사람이 어떤 삶을 살아왔는지 판독할 수 있다. 유전자 정보를 사용해서 머리칼이나 눈 색깔 등 타고난 형질뿐 아니라 나이와 건강상태, 기타 후천적으로 얻은 생물적 특징까지 상세히 알아낼 수 있는 것이다. DNA 분석을 통해서 후성유전자들을 분석하면 그 사람이 어떤 가정환경과 사회환경에서 성장했는지, 불법적인 약물의 복용 여부 그리고 암과 같은 질병이 있는지까지 알 수 있다.

후성유전학의 발달은 빠르고 눈부시게 진전되고 있다. 2000년대 초반 유전자 서열분석이 완성되었을 때, 학자들은 인류의 질병은 앞으로 유전자 치료에 의해 사라지리라고 기대했었다. 그러나 곧 그것이 허망한 기대임이 밝혀졌다. 인체의 질병에는 많은 유전자가 서로 엉켜서 연관되어 있기 때문에 몇 개의 유전자를 수리해서 고칠 수 있는 질병은 특별한 것을 빼고는 별로 없다. 더욱이 사람을 사망에 이르게 하는 질병은 대부분 유전병이 아니고 잘못된 생활습관 등 후천적 요인에 기인한 질병이란 점도 확인됐다. 이런 후천적 질병 요인이 유전자적으로는 어떤 변화를 일으키는지 관심을 갖고 이를 학문적으로 발전시킨 것이 후성유전학이다.

인체의 유전자는 수태되면서부터 주변 환경에 영향을 받는다. 환경에 자발적으로 적응한다고 함이 더 옳다. 환경을 반영하여 특정 유전자 형질이 발현되지 못하도록 DNA에 스스로 딱지를 붙인다. 이런 딱지는 엄마의 뱃속에서부터 붙기 시작한다. 가장 일반적인 딱지가 바로 DNA에 붙어있는 메칠CH_3기이다. DNA는 아데닌A, 티아민T, 구아닌G, 시토신C 염기들의 서열구조로서 단백질을 어떻게 만들라는 지침서들을 모아 놓은 것이다. 후성유전은 DNA의 서열은 건드리지 않고 다만 유전자 일부에 메칠 딱지를 붙여 DNA 메칠화를 일으킨다. 아무 데나 붙이는 것은 아니고 주로 시토신 뒤에 구아닌이 오는 위치CpG에서 시토신과 결합한다. 이렇게 붙은 메칠기는 유전자가 원래의 작용을 하지 못하게 화학적으로 막아주는 역할을 한다. 세포 내에서 이 유전자를 삭제한 것과 마찬가지 효과다. 유전자가 단백질 요리책이라면 노란 딱지를 붙여서 이것은 만들지 말라고 표시를 해주는 꼴이다. 일례로, 한 사람의 세포는 모두 같은 유전자를 가지고 있지만 간세포의 메칠화 딱지와 신경세포의 메칠화 딱지는 서로 위치가 다르다. 때문에 간세포는 신경세포로 분화하지 않을 수 있다. 흥미로운 점은 서로 다른 두 사람으로부터 각각 간세포를 꺼내 유전자 분석을 해보면 붙어 있는 메칠 딱지들에서 비슷한 패턴이 발견된다는 것이다. 많은 후성적 변화가 유전적으로 프로그램되어 있음을 시사하는 대목이다. 그러나 메칠화가 발생하는 지점은 수천만 개소나 되므로 두 사람이 완전히 똑같은 후성유전자 패턴을 가질 가능성은 없다.

후성유전학자인 영국 킹스칼리지 팀 스펙터Tim Specter 교수의 말을 빌리면 "후성유전자는 사람의 일생에서 벌어진 중요한 사건들을 스냅사진 찍어놓은 것"이다. 과거 병력, 흡연 경력, 심지어 먹은 음식까지 후성유전자의 변화에 고유의 영향을 끼친다. 이런 변화는 DNA에 붙은 메칠 딱지의 형태로 차곡차곡 누적되기 때문에 그 사람의 나이도 알아낼 수 있다. 이런 후성적 유전자 변화는 적어도 부분적으로는 우리의 생활습관에 의해 이루어진 것이므로 우리의 일생을 그대로 재현한 것이라고 할 수 있다.

미국의 한 연구에선 100여명을 대상으로 그 사람이 소유한 차, 집, 땅, 그리고 재정투자의 네 가지 요소로 부자와 가난한 사람을 구분하여 메칠화 패턴을 비교했다. 흥미롭게도 부자는 가난한 사람과 메칠화 패턴이 다르게 나타났다. 미시간대학교의 연구에 따르면 영국 글래스고 주민 중 사회적 특권층과 사회적 지위가 낮은 사람을 분석한 결과 후성유전자 패턴이 사회적 인자들에 뚜렷하게 영향을 받는다는 사실이 확인되었다. 에든버러 대학교 세포생물학센터의 에이드리언 버드Adrian bird는 "후성유전적 표시자들은 많은 바이오 정보를 제공한다. 지금까지 아주 적은 수의 사람들만이 이질적인 경향을 보일 뿐 상당히 신뢰할 수 있다."고 말한다.

최근에는 메칠화 패턴을 통해 후성유전적 변화를 완벽하게 분석하는 것이 가능하다. 예전에는 메칠화 패턴을 분석하는 일이 매우 어렵고 비용도 비쌌기 때문에 DNA의 메칠화 패턴을 모두 분석한다는 것은 상상하지도 못했다. 그러나 기술이 믿을 수 없을 만큼 빠른 속도로 발달하면서 이제는 200달러만 내면 45만 개의 메칠화된 유전자를 보여주는 칩을 살 수 있다.

대부분의 후성유전자 연구들이 어릴 적 학대나 트라우마 또는 질병과 같은 부정적인 요소에 집중해온 것은 사실이지만, 긍정적인 요소도 후성유전적 변화를 일으킨다. 유전자 변화가 긍정적인 요소와 부정적인 요소를 구분하지는 않을 것이기 때문이다.

우리는 주변에서 고도비만이었지만 꾸준한 운동을 통해 건강을 되찾는 사람을 많이 본다. 이 경우 후성유전자가 변했다고 할 수 있다. 최근에는 학자들도 후성유전자 정보가 고착된 것이 아니라 수정

될 수 있음을 인정한다. 만약 질병과 관련된 바람직하지 않은 후성유전이 생겼더라도 노력을 통해 건강한 상태로 되돌릴 여지가 있다. 외상 후 스트레스 장애를 앓는 환자가 심리학적 치료를 통해 특정 영역의 DNA 메칠화 현상을 변경하자 스트레스 호르몬 작용을 바꿀 수 있었다는 연구보고도 있다. 후성유전자는 문제가 있는 부분을 밝혀주기도 하고 그것을 치료하는 방법을 알려줄 수도 있다는 뜻이다.

아직 후성유전자를 어떻게 지우고 다시 쓸 수 있는지는 알지 못한다. 그러나 변화의 경과는 추적이 가능하다. 장수지역에 사는 장수인들의 유전자를 분석하여 메칠화 패턴의 유사성을 점검해 보면 사람이 장수를 위해 무엇을 어떻게 해야 하는지 알 수 있을지도 모른다. 무병장수의 길은 불로초에 있지 않고 후성유전자 관리에 있다.

06 노화를 저지하는 법을 찾는다

흔히 우리는 단순히 나이를 먹는 것을 늙는다는 것과 같은 의미로 사용한다. 그러나 엄밀한 의미에서의 늙음 즉 노화는 장기가 노쇠해서 기능이 떨어지거나 두뇌의 인지능력이 감퇴하는 것을 말한다. 노화에는 두 가지 종류가 있다. 유전적으로 노화하는 현상을 1차 노화라 부른다.* 점진적으로 인체의 기능이 감퇴하는 현상이다. 우리 몸의 세포는 다양한 호르몬을 분비하는데 이 생체 호르몬의 분비량이 줄어들면 노화가 시작된다고 할 수 있다. 노화가 진전되면 피부가 주름지고 탄력이 없어지며 두발이 탈색하거나 탈모되고, 심지어 키가 줄어들기도 한다. 골밀도가 감소하고 근육섬유도 줄어든다. 감각기관들의 기능도 퇴화되기 시작하고 면역력이 줄어든다. 면역력이 감소하면 감기나 폐렴 그리고 전염병에 노출되기 쉽다. 이런 1차 노화 현상은 거스를 수 없다고 인식되어 왔다. 한편 건강관리를 소홀히 했거나 질병 때문에 발생하는 노화를 2차 노화라 부른다. 실제로 운동부족이거나 담배나 술을 과도하게 하거나 비만으로 체지방이 높거나 하면 쉽게 노화된다는 것이 증명되어 있다. 이런 2차 노화 현상은 식생활이나 삶의 방식을 조절해 다소간 극복할 수 있는 영역이다. 발

• https://www.fightaging.org/archives/2006/06/primary-aging-versus-secondary-aging.php

달하는 의학기술은 도저히 거스를 수 없다던 1차 노화현상을 극복 가능한 2차 노화현상으로 전환시켜주는 데 주력하고 있다.

우선 고령화로 신체 기능이 약화되는 속도는 적절한 운동, 금연, 건강한 식단을 유지하여 지연시킬 수 있다. 질병을 사전에 예방하고, 설령 질병에 걸렸다 해도 초기에 적절한 치료를 함으로써 건강을 회복시킬 수 있다. 사람들의 평균수명이 꾸준히 늘어나는 것은 바로 질병극복 기술의 축적 때문이다. 또 최근 학자들은 인간의 수명 증가는 운동이나 식단 덕이 아니라 우리가 흔히 먹는 약들 때문이 아닌가 하는 의문을 갖게 되었다. 사람들은 질병에 대처하기 위해 여러 가지 약을 복용하는데, 그중에는 우리도 모르게 노화를 방지하는 효과가 있는 약들이 포함되어 있을 것이라고 학자들은 추정한다. 물론 무엇이 노화방지약이라고 확정할 수는 없지만 그런 부가적 효과가 있을 것이라는 말이다. 현대인이 옛날 사람들에 비해 운동을 많이 하는 것도, 유기농 식품을 더 먹는 것도 아니기 때문이다. 오히려 반대로 운동은 거의 하지 않고 화학물질에 오염된 음식과 환경 속에서 살아가고 있다. 그렇다면 수명연장의 비밀은 인간이 개발한 수많은 약에 숨어 있을 것이라는 추측이 가능하다.

많은 연구자들이 노화를 연구해 왔지만, 인간의 수명이 과연 얼마나 보장되어 있으며 어떤 원인으로 연장되거나 단축되는지 분명히 규정하지 못하고 있다. 2013년에 구글은 인간의 수명을 연구하는 칼리코Calico란 기업을 설립했다. 이 기업은 유전자 서열을 분석해 건강의 기준을 세우는 장수명 연구에 착수했다. 미국의 유전학자인 크레이그 벤터Craig Venter도 유전자서열을 기준으로 장수명 연구를 하고 있다. 인체의 장기 기능이 후성유전에 의해 감퇴한다면 이는 유전자에서 진행되는 메칠화 현상이 원인이며 이를 종합분석하고 비교하면 유전자의 어떤 변화가 노화의 원인이 되는지 규명할 수 있을 것도 같다. 원인이 무엇이든 인체에 필요한 호르몬이 줄어든다는 것은 그 원재료인 단백질 공급이 원활치 못하다는 것이고 이는 해당 단백질을 만들도록 하는 유전자 처방전에 변형이 가해졌기 때문이다. 이런 일련의 과정을 샅샅이 밝혀내면 노화현상의 직접적인 원인 규명이 가능할 것이라 보는 시각이다.

제약회사들도 노화방지 제약기술에 관심이 많다. 불로초를 만드는 작업을 시작했다고 해도 과언이 아니다. 흥미롭게도 이미 개발된 약 중에도 10년 정도 더 수명을 연장시키는 효과가 있는 것이 있다는 주장이 있다. 뉴욕 로즈웰 파크 암연구소의 미카일 블라고스크로니 Mikhail Blagosklonny는 지난 9월말에 스위스 바젤에서 열린 국제노화방지 컨퍼런스 발표에서 "당장 가용한 약들을 조합하면 수명을 연장시키는 약을 만들 수 있다"고 주장했다. 가장 유망한 약물은 라파마이신 rapamycin 계통이라고 한다. 이 약은 원래 장기이식 수술을 받은 환자에게 투여하는 면역억제용인데 나중에 이스트나 벌레의 수명을 연장하는 효과가 있다고 밝혀진 물질이다. 쥐를 대상으로 한 실험에선 약 14%의 수명 연장 효과가 있었다. 실험대상이 된 쥐들은 생후 600일된 것들이었는데 사람으로 치면 60세 정도로 노화된 상태다.

이 연구로 인해 비슷한 약물에 대한 연구들이 이어졌다. 그 결과 두드러진 노화방지 효과가 발견된 약물은 에버로리무스everolimus다. 이 약물은 염증항암치료제나 장기이식면역억제제로 사용되어왔다. 사실 면역체계의 약화는 질병과 사망의 주요원인이다. 노인들이 질병에 쉽게 감염되고 백신에 약한 이유는 다 면역력이 약화됐기 때문이다. 이런 관점에서 에버로리무스가 노화방지와 관련이 있다고 보는 관점은 타당하다. 스위스 제약회사 노바티스의 연구자인 요한 마닉Joan Mannick은 218명을 대상으로 6주간 에버로리무스 약물반응 실험을 했다. 그 결과 혈액내의 항체가 20% 증가하는 현상을 관찰했다. 높은 단위의 약제를 복용하면 피로나 구강염증이 발생했지만 낮은 단위의 약제를 복용하면 부작용이 없었다. 물론 이 실험만으로 효과를 단정할 수는 없다. 인체실험은 장기간에 걸쳐서 부작용이 없는지 살펴봐야하기 때문이다. 하지만 긍정적인 신호라고 볼 수 있다.

비슷한 효과를 가진 약물은 또 있다. 2형 당뇨병을 치료하는 약물 메트포르민metformin이다. 주로 인슐린과 함께 사용하는데 혈당을 조절하는 역할을 한다. 최근 영국에서 메트포르민 복용자 18만 명의 나이와 여러 건강인자들을 5년 동안 추적해 보니 메트포르민을 복용하는 당뇨병환자가 이 약물을 복용하지 않는 사람들보다 사망할 확률이 15% 정도 낮았다. 이는 잠재적으로 생명을 연장하는 약을 일부 사람들이 이미 복용해 왔다는 증거라고 뉴욕 알버트 에디슨 의과대학 산하 노화연구소장 니르 바질라이Nir Barzilai는 말한다.

심장병 위험을 줄이는 저용량 아스피린aspirin과 스타틴statin도 비슷한 약으로 꼽힌다. 모두 동물실험을 통해 항염증작용을 하여 수명을 연장하는 효과가 있는 것으로 확인된 약물이다. 염증은 노화의 중요 원인들 중의 하나다. 일반적으로 거론되는 노화의 원인이 심장병, 뇌일혈, 치매 등임을 생각해도 설득력이 있다.

수명을 연장하는 지름길은 건강수명의 연장이다. 2차노화가 발생하지 않도록 평소 건강한 신체를 유지하기 위한 노력을 게을리하지 않는 것이다. 중요한 것은 지금까지 불가항력적인 자연의 섭리로 취급했던 1차 노화조차도 질병으로 구분할 수 있다는 점이다. 프로제리아Progeria라는 희귀 유전병이 있다. 이 병은 조로증을 일으키는데, 이 병에 걸린 샘 번즈라는 환자는 1996년에 태어나서 만 17세 2개월 만인 2014년에 노화로 사망했다. 연구자들은 이 병에 관심을 집중하고 있는데 프로제리아 병이 일반적인 노화현상을 일으키는 유전적 변이현상을 보여준다고 보기 때문이다. 유전자 변이로 인한 노화현상을 극복하기 위한 의술과 제약기술이 발달한다면, 점차 인간의 힘으로 노화를 제어하는 단계가 열릴지도 모른다.

나이가 들면 지능이 퇴화한다고 한다. 그러나 2차 노화는 물론이고 1차 노화까지도 방지할 수 있다면 나이와 인지능력은 별개가 된다. 역사적으로도 많은 대가들이 고령의 나이에 불후의 명작을 내놓았다는 사실이 고령에도 두뇌의 사고능력은 더욱 발달할 수 있음을 증명한다. 괴테, 휴고, 비발디, 다빈치와 같은 옛 사람들뿐 아니라 20세기 이후의 피카소, 가다머, 갈브레이드, 드러커, 토플러 등의 저명한 예술가와 학자들도 여든이 넘어서 명작을 쏟아내는 것을 본다. 우리 선조들 중에서도 황희, 송시열, 허목 선생 등이 말년까지 왕성한 활동을 했다고 기록되어 있다. 지적능력의 발전은 나이에 관계없이 신경세포들 간의 신경연결망 즉 시냅스의 강화를 통해 이루어지므로 지적 활동을 통해 지성과 감성을 계속 유지하고 발전시킨다면 고령에도 얼마든지 많은 것을 이루어낼 수 있다.

하버드 의과대학에서 발간한 한 잡지에 "5세대가 함께 사는 사회가 온다"란 제목의 칼럼을 본 적이 있다. 고조할아버지와 고손자가 한 집에서 함께 사는 풍경을 21세기 안에 보게 될 것이라 해도 지나친 말은 아니다.

07 생명연장은 가능한가

생명기술의 변혁은 정보통신기술의 발달보다 훨씬 더 빠르게 진행 중이다. 이제는 인체의 건강을 나이만으로 단정할 수 없다. 90세 이상인 사람도 자유롭게 외출을 즐기고 여행을 다닌다. 해가 갈수록 노인들의 건강이 눈에 띄게 좋아지고 있다. 1910년대 초반에 출생한 분들은 이미 100년 넘게 살았다. 이분들이 태어나던 무렵엔 기대수명*을 말할 때 감히 100세는 상상도 하지 못했다. 그로부터 100년이 지난 지금, 의술이라는 생명 연장의 묘약은 사람들에게 훨씬 더 많은 시간을 향유하게 해 주고 있다.

* 통계청이 사용하는 기대수명이라 함은 신생아가 향후 몇 년까지 살 것인지를 추정하는 수치다.

덴마크 노인들은 후대로 갈수록 체력과 인지능력이 향상된다고 한다. 93세가 된 1905년생의 노인 2,262명과 95세가 된 1915년생의 노인 1,584명을 대상으로 간단한 정신분석과 신체기능 시험을 실시하여 90세 이후의 체력과 인지력을 시점별로 비교했다. 그 결과 10년 후에 태어난 쪽이 체력이나 인지능력이 훨씬 좋았다. 흥미로운 점은 1915년생들은 2살이나 더 나이를 먹은 시점에 조사를 했지만 1905년생보다 인지능력이나 체력이 더 좋았다는 것이다. 나중에 태어난 모집단일수록 건강상태가 더 향상되었던 것이다.

1970년 출생자부터 10년 간격으로 한국 여성의 기대수명 변화 추세를 보면 65.5세, 70세, 75.5세, 79.6세, 84세로 매 10년마다 5년 정도씩 증가했다. 이는 질병과 사고에 의한 사망자도 포함해서 예측한 평균 수명을 말한 것으로 자연 수명만 보면 100세 이상 장수하는 사람이 점점 많아지고 있다는 의미이다. 유엔 통계에 의하면 2010년 기준으로 전 세계에서 100세 이상의 노령자는 316,600명이다. 미국이 53,364명으로 가장 많고, 일본이 51,376명이며 중국이 48,921명이다. 2011년 기준으로 한국에는 1,836명이 있다. 세월이 갈수록 사람들의 기대수명이 늘어가는 이유는 질병예방 기술이 발달하고 사회가 더 안전해지면서 사람이 자연 수명을 다하도록 살 확률이 계속 늘어났기 때문이다.

지금까지 장수자들의 유전자를 연구한 바에 따르면 장수에 유전적 원인은 25% 이하인 것으로 밝혀졌다. 오히려 장수는 대부분 식생활, 삶의 방식, 교육수준, 개인 성격 등에 기인한다. 예를 들면 결혼하지 않은 여성들이 스트레스를 덜 받아 장수하고, 물고기나 야채 위주의 식생활을 하면 불활성산소 발생이 적어 장수할 확률이 높다고 한다. 이웃과 즐겁게 어울리는 생활환경, 활발한 신체활동, 위생, 절식 등도 중요한 요인이다.

생체수명은 길어졌지만 생활태도가 나쁘거나 식생활이 나쁘면 주어진 수명을 다하지 못한다고 말할 수 있다. 그러나 이런 것은 정석적이고 관념적인 설명에 불과하다. 과학적으로 인간의 생체수명이 얼마나 되는지 또 어떤 이유로 수명이 다하게 되는지 근본적인 원리를 밝히는 연구를 연구자들은 계속할 수밖에 없다.

공식기록에 의하면 지금까지 가장 장수한 사람은 프랑스 여성인 잔 칼망Jeanne Calment이다. 1875년 2월에 태어나서 1997년 8월에 사망했다. 122년 164일을 살았다. 다음으로 장수한 사람은 119년 97일을 살았던 미국의 사라 노스Sarah Knauss다. 구태여 2위까지 들먹이는 이유는 인류의 탄생 이후 120년을 산 사람은 지금까지 잔 칼망이 유일했기 때문이다. 인간의 생체수명이 도대체 얼마나 되는지 검토하는 기준은 가장 장수한 사람의 수명을 조사하는 데서부터 시작하면 좋을 듯하다. 생명력의 이론적인 한계는 몰라도 실증적 근거가 되기 때문이다. 그리고 그 사람이 어떤 삶을 살았는지도 중요하다. 건강한 삶을 유지하기 위해서 어떤 노력을 기울였는지 파악하는 것도 중요하다.

잔 칼망의 가족은 병이나 사고를 당하지 않으면 대략 80세 이상 살았다, 보편적인 장수 집안이다. 그러나 100년을 생존한 가족이 따로 없으니 유전적으로 장수가 보장된 것도 아니었다. 그녀는 집이 부유한 편이라 평생 동안 힘든 일은 하지 않고 테니스, 수영, 롤러스케이트, 피아노, 오페라 등을 즐겼다고 한다. 85세에 펜싱을 했고, 100세까지 자전거를 탔다니 건강관리는 잘했던 것 같다. 다만 술과 담배를 즐겨했음을 보여주는 사진과 영상이 많이 남아있다는 점이 특이하다. 그녀는 애연가로 21살부터 117살까지 매일 두 개피 정도씩 담배를 피웠다. 그리고 알코올 농도가 높은 포트와인을 즐겨마셨으며 매주 1kg 정도의 초콜릿을 먹을 만큼 단것을 즐겼다. 하지만 사망할 때까지 정신 상태는 맑았다고 한다. 기록만 봐서는 그녀가 인간의 생체수명을 최대한 잘 유지했다고 보기는 힘들다. 독한 술과 담배를 삼갔더라면 더 오래 살 수 있었을지도 모른다. 사람이 장수를 유지할 수 있게 하는 물질이나 조건이 무엇인지 궁금하다.

잔 칼망과 같은 초 장수인은 암, 심장병, 당뇨병, 알츠하이머병, 파킨슨병, 장기 파손, 면역계통 질병, 뇌세포 퇴화 등은 물론이고 병이나 뼈 부상, 치매, 거동불편, 인지능력 손상 등 노화와 관련된 질병에 강한 저항력이 있다고 알려져 있다. 이런 치명적인 질병은 흔히 유전자 돌연변이와 연관이 있을 것으로 추정되기 때문에, 학자들은 초 장수인이나 건강한 사람의 유전자에는 돌연변이가 거의 없을 것이라고 생각했다. 그런데 눈길을 끄는 한 연구결과가 있다.* 지난 2005년에 115세로 사망한 네덜란드의 헨드리케 반 안델 쉬퍼Hendrikje Van Andel-Schipper는 자신의 사체를 연구용으로 기증했다. 그녀의 혈액을 조사한 연구결과가 최근 게놈 리서치 지에 발표됐다. 그 내용은 가히 충격적이다. 첨단 유전자분석을 통해 밝혀진 결과에 의하면 그녀의 백혈구에서 채취한 혈액세포의 DNA에는 400여 개 이상의 돌연변이가 존재했다. 그럼에도 그녀는 사망 직전까지 매우 건강했다. 이 사실은 유전자 돌연변이가 결코 질병의 유일한 징후가 될 수 없음을 확인해 준다. 백혈구에서 발견한 이 유전자 돌연변이들은 세포분열

* http://genome.cshlp.org/content/24/5/733

과정에서 발생한 것으로 세포분열을 하지 않는 뇌세포에서는 발견되지 않았다. 이런 돌연변이는 후대로 유전되지 않으므로 체세포돌연변이라고 부른다. 연구팀에서 관찰한 체세포 돌연변이는 이전에 알려진 질병과 연관된 위치에서 발생한 돌연변이가 아니었다.

또 헨느 호스테거Henne Holstege 등 연구진은 사람의 수명과 연관된 또 다른 중요한 발견을 했다고 발표했다. 그녀가 사망할 시점에 그녀의 혈액세포는 놀랍게도 단지 두 개의 조혈 줄기세포에서 공급되고 있었다는 것이다. 보통은 1,300여개의 줄기세포가 동시에 활동해야 정상이다. 백혈구 세포의 텔로미어• 길이도 뇌세포들의 그것에 비해 매우 짧았다. 대부분의 조혈줄기세포•들이 소진되었기 때문에 더 이상 분열할 줄기세포가 없었다고 짐작되는 대목이다. 물론 줄기세포 고갈이 죽음에 이르는 결정적인 원인이 되는지는 더 연구를 해봐야 한다. 그러나 만약 조혈능력이 있는 줄기세포를 외부에서 공급해줄 수만 있다면 인공적 생명 연장의 실마리가 될 수도 있다.

• 텔로미어 telomere, 단말소립이라고도 한다. 염색체의 끝부분에 달려있으며 세포가 분열할 때 염색체가 분해되는 것을 막아준다. 세포가 한 번 분열할 때마다 염색체 말단으로부터 50~200개의 텔로미어 DNA 뉴클레오타이드를 잃어버린다. 그렇기 때문에 여러 차례 세포분열을 하면서 대부분의 텔로미어 DNA가 손실되면 세포는 세포분열을 멈춘다. 텔로미어의 길이가 짧아지면 세포분열이 멈추고 노화가 일어난다.

• 조혈줄기세포는 백혈구, 적혈구 및 혈소판 등과 같은 모든 혈구세포로 분화할 수 있는 다분화능을 가진 줄기세포다. 자기복제능력을 지닌 세포로 판단된다. 혈관 속 혈액은 각기 고유의 기능과 한정된 수명을 지니며 일정 기간이 경과하면 소멸된다. 조혈줄기세포는 매일 수십억 개의 성숙한 혈구세포를 생성시켜 체내 혈액의 항상성을 유지한다.

08 생명의 신비, 줄기세포

죽음이 무엇이냐고 물으면 사람마다 대답이 다르다. 어떤 사람은 심장이 멈춘 것이 죽음이라고 하고, 어떤 사람은 두뇌가 죽은 식물인간 상태가 죽은 것이라고 한다. 그러나 멈췄던 심장을 강제로 뛰게 할 수 있다면 이것은 죽은 것일까? 만약 심장이 멈추고 두뇌가 사망한 이후에도 계속 머리카락과 손톱이 자란다면 죽었다고 해야 하는가? 의학 저널에서는 지금도 죽음의 조건에 대해서 계속 논의하고 있다. 흔히 우리는 죽음은 삶이 사라진 것이라고 하지만 과학의 발달에 따라서 죽음의 기준이 무엇인지 명확하게 설정하기 힘들어졌다. 죽어도 죽은 것이 아닌 경우가 있다.

죽음을 정의하는 것은 죽은 사람을 장례 치르기 위해서 반드시 필요했던 절차이다. 그러나 역사를 거슬러올라가보면 사람이 죽었다고 판단하는 기준은 다양했다. 고대 이집트 사람들은 심장을 중요하게 여겼다. 그래서 중요하지 않은 두뇌를 파내어 해골을 만들었다. 로마에선 귀에 대고 큰 소리로 이름을 세 번 불러보고 반응이 없으면 죽은 것이라고 판단했다. 청진기가 발명되자 심장과 호흡이 미약하게나마 남아있는지를 가지고 죽음을 판단했다. 한의학에서는 손가락을 혈관에 대어 맥이 있는지를 보고 판단했다.

대부분의 의사나 과학자는 각자의 관점에 따라 죽음을 다르게 바라본다. 다시 말해서 심장학자, 뇌신경학자, 세포생물학자는 죽음에 대한 정의가 모두 다르다.

의사들은 X라는 질병을 앓는 환자 10명 중에 9명이 A라는 약으로 효과를 보면 A가 질병 X의 치료제라고 부른다. 그러나 과학자는 한 가지 예외가 있다면 전체 이론이 정확하지 않다고 생각한다. 심장학자에게 죽음은 심장이 멈춰 다시는 뛰지 못하는 상태를 말한다. 그러나 심장이 뛰고 호흡을 하는데도 두뇌의 기능이 완전히 정지된 경우라면 살아있는 생명체일까? 의사의 뇌사 판정을 받은 환자는 대부분 다시는 생명이 돌아오지 않는다. 그렇지만 과학자는 이런 경우라도 죽음이라고 단정하는 건 잘못이라고 생각한다. 실제로 벨기에의 롬 하우벤은 1983년 차 사고를 당한 후 23년간 식물인간으로 있다 깨어났다. 그는 그동안 주변의 소리를 들을 수 있었지만 표현할 수 없었을 뿐이라고 말했다. 의사의 오진이 있었을 수 있다.*

뇌사가 정의된 것은 1968년도에 하버드 의과대학교에서 발표한 논문*에 의해서다. 이 논문에서는 아무리 심장이 펌프질을 해도 뇌간*이 죽었다면 죽은 것이라고 정의했다. 이 새로운 이론은 1981년에 미국 50개 주에서 모두 법으로 인정하게 되었다. 그래서 죽음에는 두 가지 정의가 있다. 심폐기능이 완전히 정지된 실제로 죽은 상태와, 의사들이 말하는 거의 죽은 상태 즉 뇌사다. 그런데 세포생물학

* 당시 주치의였던 뇌신경전문가 스티븐 로리Steven Laureys박사는 의술발달로 롬 하우벤이 깨어날 수 있었지만 세상에는 코마상태로 잘못 방치된 환자들이 수없이 많을 수 있다고 말했다.

* Ad Hoc Committee of Havard Medical School, JAMA, Aug. 5, 1968, vol. 205, No. 6.

* 뇌간은 무의식적인 여러 활동, 즉 반사적인 운동이나 내장기능 등의 중추다. 뇌간은 생명을 유지하기 위해 반드시 필요한 장기이고, 나머지 대뇌 반구나 소뇌는 보다 잘 살아가기 위한 장기라고 할 수 있다.

은 심장학자나 뇌신경자들보다 훨씬 더 엄격한 기준을 가지고 있다. 이들이 말하는 죽음이란 모든 세포들이 죽은 상태를 말한다. 엄밀하게 말하면 시체가 부패한 상태다.

파리에 있는 파스퇴르연구소의 파브리스 슈레티앙Fabrice Chretien 박사는 조직학자이며 신경병리학자다. 그는 시체부검을 하면서 줄기세포가 산소 없이도 생존한다는 사실을 우연히 발견했다. 시체의 근육세포들이 위축하기 시작했는데도 정상적인 핵을 가지고 있고 DNA가 손상되지 않은 온전한 줄기세포를 발견한 것이다. 사람이 죽었는데도 줄기세포는 신진대사를 최소한으로 줄인 상태로 계속해서 살아 있었다.

그래서 박사는 젊은 성인의 시체에서 근육세포를 떼어내 배양용기에 넣어두었다. 그는 그러면서도 줄기세포가 설마 증식하리라고는 생각지 않았다. 그런데 배양상자에 든 세포는 빠르게 증식하여 날마다 수가 증가했다. 분명히 사람은 나흘 전에 사망했는데 그 신체의 일부인 세포는 살아있었다. 죽음의 정의가 세포의 사망을 의미하지 않는다는 점을 확인한 것이다. 파스퇴르연구소는 지금 시체에서 채취한 줄기세포를 이용해서 새로운 조직을 키우는 연구를 하고 있다. 언젠간 부검한 신체에서 떼어낸 줄기세포를 이용해서 병들거나 부상당한 환자들에게 새로운 장기를 만들어 주는 꿈을 꾸면서.

의료인들은 최근 발견된 줄기세포의 경이로운 성질들에 흥미를 가지고 있다. 가능하다면 줄기세포를 쪼개어 많은 조직세포를 만들어 환자의 세포조직을 수리하고 싶어한다. 대부분의 성체줄기세포는 다른 조직은 몰라도 자기가 추출된 원조직으로는 성장할 수 있도록 설계되어 있다. 피부 줄기세포는 피부세포로 성장하고 뇌세포 줄기세포는 뇌세포로만 변한다. 성체줄기세포는 인체 내에서 소모되는 피부나 혈액 등을 평생 동안 보충하고 생산한다. 또한 상처를 입거나 부상당하면 세포조직을 수리하기도 한다.

살아있는 사람의 경우, 어떤 줄기세포는 오랜 기간 동안 조용하게 아무 일도 하지 않고 지낸다. 그러다 운동으로 스트레스를 받거나 상처를 입거나 병에 걸리는 등 가혹한 상태에 몰리면 스스로 움직이기 시작한다. 수면에서 깨어나서 부상당한 신체를 수리하기 위해 무섭게 세포증식을 일으킨다. 하지만 그런 자극이 없으면 이 줄기세포들은 정지 상태로 오랜 시간을 보낸다. 정지 상태에서도 자신을 생존하도록 유지하는 것이다.

슈레티앙 박사가 발견한 중요한 사실은 줄기세포가 산소결핍 환경에서도 잘 견뎌낸다는 것이다. 세포 내의 미토콘드리아는 산소를 에너지로 바꾸는데 보통 산소가 없으면 미토콘드리아가 독소를 뿜어내서 세포를 파괴한다고 알려져 있다. 그런데 충격적인 사실은 줄기세포는 주변에 산소가 없어지면 스스로 자신의 미토콘드리아를 없애버린다는 것이다. 그래서 DNA가 손상되지 않고 줄기세포들은 호흡을 멈춘 상태로 휴면상태로 들어가는 것이다.* 이로써 사람의 시체로부터 줄기세포를 채취해서 영양실조로 시들해진 근육을 수리

• 파스퇴르 팀은 팔, 다리, 복부에서 떼어낸 근육들로 시험을 했다. 그리고 쥐의 골수에서 채취한 시료도 같이 시험했다. 사망 후 17일이 지난 신체에서도 성공적으로 줄기세포를 구할 수 있었고 쥐 실험에서는 14일이 지난 후에도 줄기세포가 살아있다는 걸 확인했다. 줄기세포를 글루코오스, 혈청 등이 공급되는 배양상자에서 37도로 유지시켜주면 3주 후에 얇고 하얀 근육세포 층이 배양상자 바닥을 뒤덮는 것이었다. Nature Communications 3, Article number: 903 doi:10.1038/ncomms1890

하거나 백혈병 환자의 골수이식에 사용할 수 있다는 사실을 알게 됐다. 또 제약 산업에서 분자 심사에 사용할 줄기세포를 공급할 수도 있다.

줄기세포는 풀어야 할 과제를 무궁무진하게 지니고 있다. 만약 정지 상태의 줄기세포를 활성화하는 유전자 열쇠가 무엇인지 알 수 있다면 인체 장기가 노화되었을 때 주변의 정지한 줄기세포를 활성화시켜 줄 수도 있다. 줄기세포가 어떻게 미토콘드리아를 없애는지도 불가사의다. 호흡 없이도 버텨내는 줄기세포의 생명연장술은 죽음을 둘러싼 의학 연구에 커다란 의미를 갖는다.

09 늙지 않는 시대

모유에 줄기세포가 함유되어 있다는 사실을 맨 처음 밝혀낸 학자는 오스트레일리아의 마크 크리건Mark Cregan이다. 그는 일찍이 오스트레일리아 퍼스에 있는 명문 서오스트레일리아 대학교에서 모유의 성분에 대해서 연구하여 박사학위를 받은 후, 줄곧 모유의 작용을 연구한 결과 2008년에 중요한 사실을 밝혀냈다.

"모유는 한 가지 이상의 줄기세포들이 발견된 유일한 성체조직입니다. 이는 모유가 매우 독특하고 감명을 주는 생물작용을 한다는 의미이며, 모유 수유가 얼마나 중요한지 결정적으로 알려줍니다. 모유 속의 면역 줄기세포들을 발견한 것은 놀라운 성과입니다. 그 줄기세포들이 소화기관에서 생존하여 아기의 순환기로 흡수되고 있습니다. 모유 속에 함유된 이 조직 특유의 줄기세포들은 수술이나 처지 없이도 얻을 수 있어서 윤리적인 문제가 전혀 없는 것입니다."•

• 인디펜던트지 인터뷰 내용 (Sunday 22 November 2009)

그의 연구에 의하면 산모는 모유를 통해서 신생아에게 줄기세포들을 전달해주는데 이 줄기세포들은 신생아의 근육과 뼈 조직들이 잘 자라도록 촉진한다고 한다. 그의 발표 이후로도 모유와 유방 세포 속에 배아와 같은 줄기세포들이 있다는 연구 결과들이 계속 발표되었다.

같은 대학의 연구자 포테이니 하씨오토Foteini Hassiotou가 2011년 밝힌 바에 따르면 유방의 젖 분비 세포와 모유 속에 줄기세포가 다량 함유되어 있다고 한다. 그녀는 70여 명의 건강한 산모들로부터 모유를 수거하여 뼈, 신경, 심장 그리고 췌장 세포를 만들었다. 모유 속의 줄기세포가 배아줄기세포와 마찬가지로 전분화능이 있다는 것을 확인한 것이다. 신생아가 여러 가지 조직세포들을 발달시키는 데 모유를 활용한다는 강력한 증거가 된 셈이다.

우리 인체에는 도마뱀 꼬리같이 재생력이 뛰어난 조직들이 있다. 대표적인 것이 머리카락과 손톱이다. 왜 그렇게 빨리 자라는지는 알 수 없지만 머리카락은 매일 0.5mm정도씩 자라고, 손톱은 매달 3.5mm정도씩 자란다. 피부에 상처가 생기면 새 살이 돋아나와 대략 7~10일 정도면 완전히 상처가 아문다. 상처가 나면 피부 재생 속도가 4배는 빨라진다고 한다. 사람의 간도 매우 놀라운 재생능력을 가지고 있다. 학자들은 간세포가 대략 300~500일 만에 완전히 교체된다고 보는데 간 절제 수술로 70% 정도를 없애도 약 2달 후에는 다시 원래 크기로 자란다. 손가락 같은 경우도 절단부상을 당하면 일부는 다시 자란다. 어린아이가 가장 재생이 잘되는데 수개월 사이에 새로운 손가락이 자란다고 한다. 그러나 성인은 손가락이 자라지 않는다. 손가락이 자라나려면 손톱 밑바닥이 온전히 살아 있어야 한다. 이 경우 새로 자란 손가락은 감각도 있고 지문도 생긴다. 적혈구는 매 4개

월마다 모두 바뀐다. 대부분의 백혈구 세포들과 호중성백혈구의 수명도 길어야 1~2시간이다. 심지어 중요한 임파구세포들은 매초 만 개 정도씩 대체된다.

이런 세포조직의 재생현상은 정상적인 세포분열에 줄기세포의 도움이 더해져 이루어진다. 피부나 뼈에 외상이 발생하면 골수 속에 있던 줄기세포가 즉각 부상당한 부위로 공급되어 회복을 돕는다. 화상을 입은 환자의 환부 혈액을 관찰한 결과 골수 줄기세포의 농도가 최대 아홉 배까지 급속히 증가했다는 보고가 있다. 인체가 생명력을 발휘하는 과정에서 보여주는 극적인 효과는 의료인들조차 놀라워할 정도다.

이렇게 재생능력이 강한 조직 세포들이 있는가 하면, 한번 손상되면 자연 재생이 힘든 조직 세포도 있다. 그중 심장 세포는 가장 재생이 안 되는 기관이다. 25세 성인의 경우 1년에 약 1% 정도 교체가 이루어지는데 나이를 먹을수록 그 속도가 느려진다. 결과적으로 사람의 심장 세포는 평생 동안 50% 정도만 교체된다. 대뇌피질의 세포는 교체되지 않고 태어났을 때 가지고 있던 것을 그대로 유지하는데, 유아기에 많은 세포를 사용하지 않으면 오히려 나이가 들면서 사라진다. 대뇌피질의 세포가 줄어드는 노년기에는 치매 등의 질병이 발생한다. 다만 두뇌 안쪽의 해마 세포는 계속 재생된다. 망막세포는 재생되지 않는다. 그래서 시력을 잃으면 다시 찾지 못한다. 치아도 유아기에 한번 교체된 후 평생 재생되지 않아 한번 손상되면 되돌릴 수 없다. 노화도 이런 인체 장기들의 손상에 기인한다.

최근 밝혀진 줄기세포 치료법은 기존의 고정관념을 완전히 바꾸고 있다. 재생이 안 된다고 믿었던 조직도 줄기세포를 이용하여 치료하면 모두 재생시킬 수 있다는 것이 임상적으로 하나씩 확인되는 중이다. 줄기세포의 이런 엄청난 치유력과 노화 방지 능력이 확인되면서 의료진들도 이 놀라운 치료효과를 받아들이지 않을 수 없게 되었다. 주요 장기 치료기술의 경우 아직은 동물을 대상으로 한 실험 단계에 머물고 있지만 인체에 적용하고 확인하는 과정의 어려움은 시간이 해결해줄 것이다. 골수나 피부세포, 지방세포에 함유된 줄기세포를 꺼내서 배양하고 다시 손상된 인체조직 세포 내에 주입하는 방식인데, 외부에서 주입한 줄기세포가 암을 유발할 가능성이 있다는 우려 때문에 정부기관의 허가가 나오지 않고 있다. 하지만 환자 본인의 품질 좋은 줄기세포를 이용하는 경우 부작용이 일어날 가능성이 없다는 학자들이 많다. 또 골수에 있는 성체 줄기세포라면 타인의 줄기세포라 해도 안심할 수 있다는 주장도 있다.

다만 환자 입장에서 볼 때 골수에서 줄기세포를 채취하는 과정은 두렵고 곤혹스러울 수 있다. 때문에 모유에서 배아줄기세포와 같은 품질의 줄기세포를 채취할 수 있다는 사실은 재생의학 기술에 엄청난 기술적 도약을 약속해 준다.

10 인간복제의 가능성을 엿보다

줄기세포란 횟수에 관계없이 특정한 조직 세포로 분화될 수 있는 세포이다. 그런데 세포의 분화능력에 따라서 줄기세포도 몇 단계로 구분된다. 난자와 정자가 수정을 한 후 만들어진 배아줄기세포는 분화전능分化全能 줄기세포이다. 수정란이 독립적으로 분리되어 자궁에 착상한다면 또 다른 태아가 될 수 있다. 배아 조직뿐만 아니라 태반도 생성할 수 있다. 배아가 몇 차례 세포분할이 되면 배반포가 되는데 이는 태아가 발달하는 데 필요한 조직과 모든 기관으로 분화 가능한 능력을 갖는다. 이런 세포는 다분화능 줄기세포이다. 그리고 좀 더 분화되면 한정된 조직 영역에서만 분화능을 갖는 단분화능 줄기세포인 성체줄기세포가 된다.

줄기세포는 새로운 세포가 만들어지는 곳이라면 어디서든 볼 수 있다. 피가 만들어지는 골수, 장내 융털 및 내벽을 재생시키는 상피세포, 정자와 난자를 탄생시키는 생식선이 대표적이다. 이들 성체줄기세포는 세포의 운명이 결정되어 있어 다른 종류의 세포로는 분화하지 못하고 정해진 역할만 수행한다. 즉, 골수는 혈액 속 혈구세포만 만들 뿐 신경세포나 근육세포는 만들지 못한다.

일본 교토대 야마나카 교수는 줄기세포로 2012년 노벨상을 수상했다. 성체줄기세포를 아직 미성숙된 상태인 다분화능 줄기세포로 역분화* 시키는 방법을 찾아낸 공로였다. 다분화능 줄기세포가 되면 세포의 운명이 다시 정해질 수 있으며 210여 가지 조직세포로 분화될 수 있다. 이 줄기세포를 정맥에 투여해주면 스스로 손상된 세포부위로 찾아가서 건강한 세포로 복제되므로 조직의 자연 치유능을 높여준다. 그래서 뇌성마비나, 척추손상으로 인한 하반신 마비처럼 복구가 불가능하다고 여겨진 영구적 장애도 치료가 가능해진다. 이 줄기세포는 다분화능을 유도했다고 해서 유도만능줄기세포**iPS, induced Pluripotent Stem Cell**라 말하기도 한다.

* 배아에서 세포가 분화될수록 분화전능, 배반포, 다분화능을 갖는 줄기세포, 다시 성체줄기세포의 순으로 변해간다. 그런데 역순으로 분화상태가 거슬러 올라가면 역분화라 칭한다.

iPS 세포는 황우석 교수가 시도했던 배아줄기세포 연구와 달리 수정란이나 난자 대신에 피부세포에 유전자 변형을 가해 다분화능을 갖게 했다는 점에서 윤리적 시비를 없앴다. 배양 접시에서 유전자를 재 프로그램하는 것만으로 피부세포나 다른 세포를 iPS 세포로 바꿔줄 수 있다. 다만 유전자 조작이나 바이러스를 이용해서 역분화시키는 과정이 매우 어려워서 성공률은 1%도 되지 않았다.

네이처 지에 따르면 스페인 국립 암센터 연구자들은 복제기술을 이용해서 피부세포를 배아줄기세포로 바로 변환시키는 실험에 성공했다.* 전율을 느낄 만큼 엄청난 성과다. 성체세포에서 바로 수정된 배아줄기세포와 유전적으로 동일한 분화전능 줄기세포를 만들었다는 사실은 생명공학의 흐름을 바꿀 만하다. 지금까지는 줄기세포를

* Science 13 September 2013 Vol. 341 no. 6151 pp. 1 157; http://news.sciencemag.org/biology/2013/09/cells-reprogrammed-living-mice

실험실 페트리 접시에서 원하는 형태의 세포조직으로 성장시킨 다음에 생체 내에 주입했는데, 이 기술이 상용화되면 신체조직 내에서 바로 성체세포를 배아세포와 같은 분화전능 줄기세포로 재 프로그램할 수 있다. 신체 내에서 줄기세포를 직접 생성시켜 손상된 심장이나 신경, 근육, 뼈, 그리고 인체의 모든 장기기관을 치료하고 수리할 수 있게 되는 것이다. 많은 과학자들은 살아있는 조직세포는 재 프로그램 과정을 방해한다고 생각해 왔다. 왜냐하면 자연적인 세포 발달과정에서는 줄기세포가 한번 조직세포로 분화하면 그대로 성장하는 일방통행만이 가능하다고 믿었기 때문이다. 신체 조직이 차이가 나는 이유도 한번 결정된 조직세포는 변하지 않기 때문이다. 하지만 이런 가정이 틀렸음이 밝혀진 것이다.

논문 조작시비가 일어나 과학적 진실 여부가 확인되지 않기는 했지만 STAP* 만능줄기세포 역시 줄기세포의 미래 기술로 주목할 대상이다. 일반 세포에 스트레스 자극을 주면 다분화능 줄기세포로 변한다는 이론이 이 기술의 핵심이다. 하버드 의과대학 조셉 베칸티**Joseph Vacanti** 교수는 인체의 어느 부위든 상처를 받으면 주변 세포들이 줄기세포로 변해서 상처를 치료해준다고 생각했다. 세포에 생존 본능이 있다는 관점이다. 실제로 인체의 각종 부위를 수술한 후 봉합해 두면 저절로 상처가 아무는 것이 그런 현상과 연관 있다고 본다. 당초 네이처에 제출된 STAP 만능줄기세포 관련 논문은 조작 시비로 현재 저자들이 제출을 회수하여 취소된 상태다. 하지만 베칸티 교수는 아

* STAP Stimulus-triggered acquisition of pluripotency

직도 STAP 만능줄기세포 제조가 가능하다고 주장하고 있다.*

1997년에 이안 윌멋Ian Wilmut은 복제 양 '돌리'를 탄생시켰다. 돌리는 2003년까지 6년 반 동안 살았다. 안타깝게도 폐렴을 앓아 다른 양에게 전염될 것을 우려한 학자들이 안락사시켰다. 살아있는 동안 관절염을 앓았지만 비교적 정상적인 삶을 살았고, 새끼도 한 마리 낳았다. 그러나 양의 수명이 보통 12년인 것에 비해 단명했다. 그 뒤에도 이안 윌멋 팀은 10여 종의 동물을 복제하려고 시도했고, 소, 양, 염소, 쥐 돼지, 고양이, 토끼, 개의 복제에 성공했다. 다만 복제 성공률은 매우 낮았다.

지금까지 동물복제 기술은 세포의 핵을 채취하여 핵을 제거한 다른 난자에 삽입한 후, 대리모에 수태시키는 방식이다. 동물복제 기술이 여러 차례 성공을 거두자 한때 인간복제의 가능성이 큰 논란을 불러왔었다. 그러나 동물에 적용했던 배아줄기세포 이식은 인간에게는 도저히 윤리적으로 적용할 수 없는 방법이다. 그러나 상황이 바뀌었다. 만약 체내에서 자신의 세포를 재 프로그램해서 분화전능줄기세포를 배양할 수 있다면 이를 대리모에 수태시켜 자신과 똑같은 2세를 얻을 수 있다. 일종의 무성유전으로 인간복제가 가능해지는 것이다. 아직은 가설을 지나 요원한 상상에 불과하지만 말이다.

인류가 인간복제에 관심을 갖는 것은 우선 병과 노화를 극복하는 수단을 찾기 위해서다. 치명적인 손상을 입었거나 노화된 장기를 복제로 대체할 수만 있다면 수명을 늘릴 수 있기 때문이다. 인체의 노

• 일본의 리켄 줄기세포 연구팀은 논문에 제시된 제조법대로 22번이나 재시도를 했지만 결국 STAP 줄기세포 제조에 실패했고, 결국 논문은 취소되었다. 하지만 베칸티 교수는 예전 발표한 STAP 줄기세포 제조법은 세심한 주의가 필요해 다른 연구팀이 성공시키기 어려운 것이었다고 말하며 새로운 제조법을 발표했다. 교수는 새로운 방법은 훨씬 더 쉽고 확실하게 줄기세포가 만들어진다고 자신했다.

후된 장기를 복제로 수리하면 노화현상 자체를 없앨 수 있다는 주장도 있다.

영국의 학자 오브리 드 그레이Aubrey de Grey는 노화를 연구한다. 그는 노화가 질병이며, 극복이 가능하다고 주장한다. 노쇠현상을 유발하는 모든 원인을 밝혀내 치료법을 개발하면 궁극적으로 생물학적 노화를 무시할 수 있게 될 것이라는 게 그의 믿음이다. 앞으로의 인간은 1,000년을 살 수도 있다는 그의 도발적 주장에 많은 학자들은 생명 현상이 그렇게 단순하지 않다고 비웃는다. 그러나 DNA 서열을 밝힌 것으로 유명한 크레이그 벤터Craig Venter는 그의 주장이 터무니없다고만 하기는 아직 이르다고 말한다. 질병으로 사망하는 환자를 보면 대부분 한 가지 장기가 손상되면서 주변장기들의 기능도 급속히 쇠잔해지는 경우가 많다. 결정적인 장기손상이 발생하기 전에 미리 손상된 장기를 줄기세포로 치료해주면 노화시점이 늦춰진다는 논리다.

요즘 사람들은 그저 덕담 삼아 100세 시대라는 말을 하지만, 생명기술이 지금과 같은 속도로 발전한다면 인류의 기대수명이 얼마라고 단정할 수 없게 될 것이다. 세포나 장기를 재생하는 재생의학기술은 인류가 100세가 아니라 120세 내지 150세 이후까지도 건강한 삶을 살 수 있는 길을 열 수 있다.

LOOKING AHEAD TO THE FUTURE

PART

8

3년 후를 어떻게 준비할 것인가

호기심이 끊이지 않으면
삶이 즐겁다

01 첨단과학은 인문학이다

물질적 현상 관측을 통해 자연에 감추어진 원리를 밝혀내는 자연과학은 모든 현상을 객관적이고 수치적으로 파악한다. 반면에 인문학은 자연현상을 인간의 관점에서 주관적이고 감성적으로 이해한다. 새가 운다, 꽃이 활짝 웃는다, 바람이 속삭인다고 한다.

르네상스 혁명 이전에는 모든 학문의 중심에 신이 있었다. 인간이 관찰한 모든 현상을 신의 섭리 즉 신학적 관점으로 봤으며 인간이 이해하지 못하는 자연의 변화는 신이 관장하는 현상이라고 믿었다. 갑자기 폭풍우가 일고 번개가 내려치면 신이 노한 것이고, 사람의 죽음은 신의 전당에 올라간 것이라 믿었다. 인간이 일으키는 전쟁도 신의 계시에 따라 행하는 것이었다. 신을 위해선 목숨을 아끼지 않았으며 신의 가호가 강한 쪽이 전쟁에서 이긴다고 믿었다. 전쟁에서 패하면 신이 그 민족에게 고난과 역경을 겪게 하여 신에 대한 믿음을 시험한다고 주장했다. 모든 추상적 개념은 신의 뜻을 통해 이해하던 시대였다.

르네상스는 만물을 지배하던 신으로부터 인간의 정신세계를 해방시킨 문화혁명이다. 사람은 스스로의 가치와 존엄성을 확인하고 인간 중심으로 사고했다. 철학, 언어학, 역사학, 법학, 사회학, 문학, 예술 등이 모두 사람을 위해 존재했으며 사람의 생각을 기준으로 가치를 평가했다. 인간이 존재하는 이유나 행복, 사랑 등 인간의 감정을 철학으로 설명하고 예술로 표현했다. 르네상스의 대표적인 문학작품인 보카치오의《데카메론》에는 다양한 계층의 온갖 인물 군상이 등장한다. 왕, 왕자, 공주, 장관, 기사, 지주, 수도원장, 수녀, 수도사, 군인, 의사, 법관, 철학자, 상인, 여관 주인, 심부름꾼, 농부, 노예, 하인, 불한당 등 각각의 등장인물은 그 성격만큼이나 처한 상황도 제각각이다. 다양한 인물을 통해 당시의 시대상과 가치관을 그대로 드러내며 인간의 욕망을 표현하고 있다. 데카르트의 유명한 말 "나는 생각한다. 고로 존재한다."는, 신 중심 사회에서 인간 중심 사회로의 전환을 보여주는 결정적 표현이다. 신의 뜻을 그대로 따르는 것이 아니라 인간이 주체적으로 생각하고 그에 따라 행동한다는 의미가 함축되어 있다.

산업혁명은 18세기 후반에서 19세기에 걸쳐 진행된 기술혁명이다. 인간은 자연의 원리를 하나씩 이해하면서 응용해 기계문명을 일으켰다. 천문학과 지질학, 수학, 물리학, 화학이 발달했다. 예전엔 미처 설명할 수 없었던 자연현상을 논리적이고 수학적으로 정리하게 됐다. 인간의 주관적 기준에서 벗어나 판단기준을 객관화시켰다. 인간을 위한 인공장치와 시설들이 개발되었다. 이 시기의 기계문명은 인간이 오감으로 파악하고 경험할 수 있는 아날로그 문명이자, 인간의 육체노동을 상당 부분 정신노동으로 대체한 문명이다.

컴퓨터가 등장한 20세기 후반부터는 인간의 오감을 벗어난 과학기술이 발전하기 시작했다. 컴퓨터는 아날로그적 변화를 디지털 데이터의 변화로 이전해 주는 디지털 문명을 탄생시켰다. 디지털 문명은 물질의 이동이나 변환이 없어도 데이터의 조합만으로 새롭게 가치를 만들어낼 수 있는 세계다.

디지털 데이터 시뮬레이션만으로 실물세계에서 벌어질 일들을 미리 해석하는 기술이 번창하게 됐다.

인터넷망이 연결되면서 가히 지식혁명이라 부를 만큼 급속도로 지식이 확산되고 융합되었다. 디지털 정보검색기술은 도서관과 책 속에 갇혀있던 정보를 마우스 클릭 한두 번만으로 개인의 컴퓨터 모니터에 표시해 준다. 정보의 장벽이 허물어지고 누구나 마음만 먹으면 언제 어디서나 원하는 정보와 지식을 얻을 수 있게 되었다. 학교나 연구실에서 전문 학자들만이 참고하던 지식들이 일반인에게도 개방되면서 기술개발의 성역이 무너지고 있다. 높은 학식을 갖추지 않아도 탐구를 통해 수준 높은 기술을 개발할 수 있다.

물질 연구는 나노미터 크기의 세계에서 해답을 구하고, 컴퓨터 크기는 손톱크기만 해지는 시점이 다가왔다. 모든 사물에 인터넷 기능이 삽입되고, 서비스도 인터넷으로 연결되는 만물인터넷 시대가 닥친다. 인공지능이 사물정보를 분석하고 가치를 평가해 주는 시대다. 사람이 세상을 살아가는 데 필요한 지식의 규모가 너무도 확장되어서 인공지능에 의존하지 않고는 세상의 변화를 이해하기 힘든 상황으로 변해간다.

사람들은 그런 상황이 몰고 올 파장을 우려한다. 인간의 두뇌능력이 감당하기엔 너무 세상이 복잡해져서 결국은 기계지능에 모든 것을 맡기게 되는 상황을 두려워한다. 그래서 공상과학영화 속에선 초월적 지능으로 무장한 컴퓨터가 세상을 지배하는 묘사가 많다. 인공지능이 사람을 무력하게 만들 것이라는 생각 때문이다.

이쯤에서 과학기술의 진정한 효용가치를 다시 한 번 되새겨볼 필요가 있다. 기술개발의 궁극적인 목적은 과연 무엇인가? 그것은 다름 아닌 인간의 편의 증진이다. 편의성을 고려하지 않고 기술의 성능만을 높이려 할 때 인간은 그 기술의 활용을 기피하는 경향이 있다. 아무리 첨단기술이라도 인간의 상상력을 담아내고 인간에게 효용가치를 제시하지 못하면 활용되기 힘들다. 기술이 인간의 본성과 감성에 부응하려면 기술개발 목표를 인문학적 통찰에서 구해야 한다. 과학기술에 인문학을 결합시키라는 요구가 그래서 나온다. 과학기술의 발전이 인간 본연의 감성과 도덕적 가치를 훼손시키지 않아야 한다.

모두가 공감하는 객관적 가치들 속에서 최선의 가치를 빨리 찾아내도록 설계된 소프트웨어가 인공지능이다. 스스로 학습할 수는 있지만 창의적인 영역을 혼자 개척하지는 못한다. 인공지능은 이미 존재하던 객관적 개념을 기반으로 계산을 하는 반면에 창의성은 새로운 개념에 기반하기 때문이다. 그래서 인공지능은 성능이 아무리 발달해도 그 역할은 인간의 보조적 판단 수단에 머무를 수밖에 없다. 창의성은 인간의 두뇌가 찾아낸 엉뚱함에서부터 출발한다. 객관성을 무시하고 지극히 주관적인 가치 발견을 통해 발현되는 차별성이다.

첨단기술이 인간의 능력을 무력화 시킨다고 사람들은 걱정한다. 인간이 하던 일을 기계가 다 처리하면 인간은 할 일이 없어진다는 생각에서다. 그러나 기술발달은 끊임없이 인간의 호기심을 확장시켰고 새로운 일을 만들었다. 기술발달이 새로운 문명을 이끌 때마다 인간은 계속해서 높은 가치를 창조했다.

기술발달은 또 다른 문명으로 진화를 촉진한다. 그러나 새로운 문명도 인본주의를 벗어날 수는 없다. 인류문명은 상상력에 바탕해서 진화해 왔다. 인문학적인 상상력이 바로 창의적 기술개발의 원동력이다.

02 '없음'은 '모름'이다

불교에서 말하는 해탈은 물질과 정신, 밖과 안 모두에서 벗어나 자유로워지는 것이라고 한다. '마음이 어느 것에 얽매이지 않고 텅 비어 있어야 한다'고 법정스님은 말씀하셨다. 마음을 텅 비운다고 할 때 여기서 '없음'의 대상은 욕심이다.

자연과학에서도 '없음'은 존재한다. 하지만 '없음'의 본질이 무엇을 뜻하는지 잘 모른다. '의식이 없다'는 표현은 두뇌가 어떤 상태를 의미하는지 잘 모른다. '없음'이 '모름'을 뜻하는 경우가 더 많다.

있지 않음無, 비어 있음空, 다 떨어짐零은 모두 다 '없음'의 다른 표현이다. 또 철학적 관점에서 실체가 존재하지 않음虛의 개념도 포함한다. 영어로 표현하면 nothing이다. 풀어 쓰면 '물건이 없음no thing'이다. 걸음마를 배우는 어린 아이도 알만한 개념이지만 막상 '없음'이란 표현이 실제로 아무 것도 존재하지 않는 것을 의미하냐고 질문하면 선뜻 그렇다고 대답하는 과학자들이 많지 않다.

• 2013 Isaac Asimov Memorial Debate: The Existence of Nothing : http://www.youtube.com/watch?v=1OLz6uUuMp8

과학 저술가인 아이작 아시모프를 기리는 한 토론회가• 미국 뉴욕의 역사박물관에서 '무無의 존재'라는 주제로 열렸다. 이 토론회에서 물리학자나 철학자들이 '없음'에 대해서 주장한 내용이 흥미롭다. 토론 참가자들은 '없음'은 '안에 아무 것도 채워져 있지 않은 빈 공간'이란 개념에 쉽게 동의했다. 그러나 우리가 살고 있는 우주에 아무 것도 없다는 점엔 동의하지 않았다. 비록 어둡고 빈 공간이고 우리가 아는 입자들이 존재하지는 않지만 여전히 우주는 우리가 모르는 뭔가로 채워져 있다고 사람들은 믿는다.

물리학자 로렌스 크라우스Lawrence Krauss는 "'없음'이란 개념은 '공간이 전혀 없음', '시간이 없음', '아무 입자도 없음', '어떤 장場, field도 존재하지 않음' 그리고 '자연법칙도 없음'이란 의미라야 한다"고 주장했다. 그러자 철학자인 짐 홀트Jim Holt는 이에 동의하지 않고 되물었다. "'공간이 없고 시간이 없는 것'이 '없음'이라면 물리의 법칙이나 수학적인 실체, 그리고 의식과 같이 시 · 공간을 갖지 않는 개념에 대해선 '있음'과 '없음'을 어떻게 구분해야 하는가?" 이에 과학 기자인 찰스 세이페는 '없음'이란 "수학적인 관점에서 값이 없는 숫자, '영零' 만으로 이뤄진 집합에서 '영'을 모두 꺼내 버리고 남아있는 공집합이다"라며 "그것은 일종의 정신적인 개념이다"라고 말했다. 이론물리학자인 에바 실버스타인Eva Silverstein은 양자장quantum field 이론에 근거해서 "양자시스템에서 가장 밑바닥에 있는 상태"라는 어려운 기술적 개념으로 '없음'을 설명했다.

홀트는 "'없음'을 말하면서 실제로 존재한다는 말은 납득할 수 없다"며 "그건 단순히 '있지 않음'이다"라고 단정했다. 그러나 크라우스는 "'없음'의 개념을 잡기가 어렵다고 해서 그것이 실체가 아니라고 주장할 수는 없다"고 되받았다. "과학에선 직관적으로 다루기 어려운 것들이 많다. 그러나 그렇다고 그것들이 모두 존재하지 않는다고 말할 수는 없다"고도 덧붙였다.

인도인들은 맨 처음 '없음'의 개념을 수에 포함시켰다. 불교의 기본 정신이 '무소유', '무無'인 것과 무관하지 않은 듯하다. 원시인들도 사냥감을 세거나 할 때, 없다는 개념을 충분히 알고 있었을 것이다. 다만 기호를 사용하지 않았을 뿐이다. 이 개념을 처음 기호로 표현한 사람은 인도의 수학자 브라마굽타다. 그는 작은 숫자에서 큰 숫자를 빼면 무엇이 되는가라고 질문했다. 기하학이라면 말이 안 되는 질문이지만 그는 이 질문으로 음수의 개념을 설정했다. 그리고 양수와 음수 사이의 경계선을 공空이라고 부르고 비어 있다는 개념을 잡았다. 그는 숫자 밑에 점을 찍어서 공空을 표시했다.

인도인들의 비어있다는 의미를 숫자 '0'으로 표기한 것은 아랍인이다. 이 숫자 '0'이 다시 유럽에 전해졌을 때, 유럽인들은 '0'을 숫자로 볼 수 없다는 주장을 했다. 수가 없다는 의미로 '0'을 사용했다면 '0'은 숫자가 아니라는 주장이었다. 그만큼 '0'은 이해하기 어려운 개념이었다. 하지만 수학자들에게 '0'은 호기심과 모순의 판도라 상자였다. 골칫거리이면서도 어느 숫자에서도 느끼지 못하는 즐거움을 줬다. 비록 '없음'은 칸이 비어 있지만 '0'은 칸에 숫자가 채워져 있다.

'0'을 제대로 사용한 유럽은 직교좌표계*를 만든 데카르트다. 그는 좌표계의 원점을 (0,0)로 삼았다.

* 직교좌표계 직각으로 교차하는 두 개의 직선축을 기준삼아 양 축으로부터의 거리를 통해 평면 공간상에 존재하는 특정 지점의 위치를 표시하는 체계. 데카르트 좌표계라고도 한다.

지금은 '0'을 당연하게 여기지만 미적분학이 있기 전까지만 해도 '0'을 완전히 이해하는 사람이 적었다. '0'으로 덧셈, 뺄셈, 곱셈은 쉽게 하는데 문제는 '0'으로 나누기가 곤란했다. 사과 두 개를 '0'으로 나누면 몇 개가 되는가? 10이 되려면 '0'이 얼마나 많이 있어야 하는가? 이런 의문이 결국 미적분학으로 발전했다. 예를 들어 한 사람이 차를 몰고 슈퍼에 간다고 치자. 이때 이 차량의 속도는 얼마인가? 물론 평균속도로 말할 수도 있다. 그러나 차가 달리는 속도는 신호등에 걸릴 때나 곡선 도로를 달릴 때, 상황에 따라 매 순간 다르다. 이때 어느 한 순간의 차량 속도를 찾아내는 방법이 바로 미적분학이다. 순간의 차량 속도를 알려면 시간과 구간마다 차량의 속도 변화를 측정하여야 한다. 이 시간 · 구간을 잘게 자르면 자를수록 시간 변화에 따른 속도 변화가 줄어들어 어느 순간에는 변화량이 '0'이 된다. 그 속도를 그 차량의 순간 속도라고 한다. 순간의 변화가 '0'으로 수렴하는 개념이 아이작 뉴턴과 고트프리드 라이프니츠가 고안해 낸 미적분학이다.

철학자들은 '없음'을 단순한 추상적 개념으로 취급한다. 하지만 과학자들에겐 '없음'보다 더 흥미로운 말은 없다. '없음'보다 더 헷갈리는 것도 없고 '없음'보다 더 중요한 개념도 없다. 그래서 '없음'의 개념을 무시하지 못한다. 우리가 너무 모르는 것이 많다는 점을 알기 때문이다. '없음'은 '모름'을 달리 표현하는 방법이다.

천문학자들에 의하면 우주는 '아무 것도 없는 상태'에서 갑자기 대

폭발해서 탄생했다고 한다. 지금도 계속 팽창하고 있고, 팽창하는 속도도 점점 빨라진다고 한다. 그래서 우주가 탄생하기 이전의 상태를 단순히 아무 것도 없는 상태라고 설명하는 것은 쉽게 납득하기 어렵다. 우주가 어떤 힘으로 팽창하는지도 알지 못한다. 이 신비로운 힘을 '암흑에너지'라 부르지만 그 힘이 어디서 나오는지는 모른다. 이 넓은 우주가 진공眞空, 진짜 빈 곳이라지만 아무도 그렇게 믿지 않는다. 다만 모를 뿐이다.

물질은 원자로 이뤄졌고 원자 속엔 원자핵이 전자구름으로 둘러싸여있다. 그 원자핵에 99.9% 이상의 질량이 모여 있고 핵의 부피는 무시될 만큼 적다. 원자 속은 대부분 비어 있는데 정말 비어 있는지 잘 모른다. 과학자들은 이렇게 잘 모르는 것들을 찾아 헤맨다.

이렇듯 인류는 우주의 탄생과 소멸을 알고 싶어 한다. 생명의 본질을 찾아 헤맨다. 두뇌의 어떤 작용이 의식을 움직이는지 궁금해 한다. 그 안에 뭔가 있다는 사실을 밝히려고 한다. 이 모든 의문에 대해서 '없음'에서 '있음'으로 답하고자 한다.

21세기는 디지털 세상이다. 디지털 정보엔 숫자 '0'과 '1'만 존재한다. 만약 '0'이 없다면 디지털 세계도 없다. 여기서 '0'은 '없음'이 아니고 '아님'이나 '끔'의 부호로서 의미를 지닌다. 각 숫자는 의미가 없지만 16개를 하나의 세트로 모으면 의미를 갖는다. 과학자들은 2진법을 이용해 모든 정보를 스위치를 켜고(yes, 1) 끄는(no, 0) 작업으로 바꾸었다. 인류는 지금 모든 지식을 '0'과 '1'로 표현하는 것을 즐기고 있다. 과학, 철학, 예술이 이젠 수학으로 표현된다. 수학자의 몸값이 천정부지다. 급기야 청소년은 의사보다 수학자가 되는 걸 더 선호하는 세상이 되었다. 수학자들의 아이디어가 인류의 미래를 개척한다.

03 영재는 만들어진다

신세대 부모는 영재교육에 관심이 대단하다. 아이를 어떤 환경에서 양육하느냐에 따라 천재는 몰라도 영재는 될 수 있다고 믿는 듯하다. 서점가에선 영재 육아 로드맵을 제시한 도서가 베스트셀러다. 아이의 태교부터 시작해서 책 읽어 주기, 자기조절능력 키워주기, 자부심 키워 주기, 함께 이야기하기 등 영재 만들기 매뉴얼에 따라서 양육한다. 하지만 어떤 원리로 아이의 영재성을 키우는지에 대해선 잘 알려져 있지 않다.

천재성을 분석하고자 할 때 우리는 흔히 '선천적이냐? 후천적이냐?, 유전적인 형질이냐 아니면 환경에 의해 변화한 형질이냐?'를 따진다. 지능 발달에서 선천성이 매우 중요하다는 점은 무시할 수 없다. 일란성 쌍둥이와 이란성 쌍둥이 그리고 형제자매들 간의 IQ를 비교해보면 유전적 유의성이 매우 높다는 실험 결과들이 이를 대변한다.

그러나 흥미롭게도 반대의 관점도 있다. 즉, 같은 가정에서 자란 일란성 쌍둥이보다 서로 다른 환경에서 자란 일란성 쌍둥이의 IQ 유의성이 더 낮더라는 것이다. 지능 발달이 환경의 지배를 받은 것이다.

어떤 실험도 인간의 두뇌가 완벽하게 유전적 인자에 의해서 결정된다고 단정하지 않는다. 어떤 형태로든 후천적 요인이 존재한다고 보는데 그 상세한 과정에 대해서는 이론적으로 잘 밝혀져 있지 않다. 하지만 지능을 형성하는 데 성장환경이나 학습 환경을 절대로 무시할 수 없다는 것은 여러 행동발달 연구에서도 관찰되는 현상이다.

두뇌의 성장과 발달에 영향을 미치는 선천적 유전형질과 후천적 인자를 구분하기는 매우 어렵다. 그런데 성장환경에 따른 후천적 변화라 할지라도 이는 후성유전의 형태로 유전자에 기록된다. 만약 지능이 후천적 영향을 받았다면 반드시 뇌세포에서 그 영향과 연관된 DNA 메칠화가 관찰될 것이라는 뜻이다. 흔한 경우 DNA 메칠화는 유전자 염기배열 안에서도 시토신이 구아닌 옆에 자리 잡은 곳, 일명 CpG* 위치에서 일어난다. 인간의 DNA에 포함된 CpG 구조의 80~90% 가량이 메칠화한다. 이를 'mCG**CG 메칠화**'라 부른다. 생물전문 연구기관 솔크 연구소는 배아줄기세포나 유도만능줄기세포와 같은 전분화능 세포에서는 CpG 위치 이외의 장소에서도 DNA 메칠화가 일어날 수 있다는 것을 발견했다. 이를 'mCH**비 CG 메칠화**'라 불러 mCG와 구분한다. 이 mCH형 메칠화 현상은 줄기세포들이 심장세포나 지방세포 같은 특정 세포로 분화하기 시작하면 더 이상 나타나지 않았다.

그런데 두뇌를 대상으로 한 최근의 연구에선 다른 현상이 드러났다. 뇌신경세포의 유전체에서 발생하는 메칠화의 상당부분이 줄기

* CpG는 C와 G가 인산이에스테르(phosphodiester)로 연결되어 있기 때문에 붙여진 이름이다.

세포에서나 발견되던 mCH형 메칠화로 확인된 것이다. 뇌세포로 분화된 이후에도 그대로 mCH형 메칠화가 발생한다는 것이다. 연구팀은 태아부터 유아, 청소년 그리고 성인에 이르기까지 다양한 연령층을 대상으로 전두엽 피질에 있는 뇌신경세포와 교세포 유전체 서열을 분석한 결과, 유아기는 물론 성인이 되어 두뇌가 성숙한 이후에도 뇌세포에서 계속 mCH형 메칠화가 이루어지는 것을 관찰했다. 다른 인체 세포들과는 달리 뇌세포에서는 mCH형 메칠화가 매우 중요한 영향을 미치는 현상이며 성인이 될 때까지 계속 축적된다는 점도 확인되었다.

주목할 점은 mCH형 메칠화가 두뇌의 뇌신경망이 형성되는 유아기와 청소년기에 집중적으로 일어난다는 사실이다. 이로써 뇌세포에 영향을 미치는 후천적 요인과 mCH형 메칠화는 밀접한 관련이 있음을 짐작할 수 있다. mCH형 메칠화는 후생유전 인자로서 뇌세포의 재구성을 관장하며 학습능력, 기억력 그리고 심지어 나이 먹어 발생하는 인지능력 퇴화에까지 인간의 지능 전반에 관여한다고 볼 수 있다. 두뇌의 지능망을 관장하는 뇌신경세포에서만 mCH형 메칠화가 발생하고 교세포에서는 거의 발생하지 않는다는 사실도 이를 뒷받침한다. 솔크 연구소의 분석 결과, mCH형 메칠화는 평균적으로 생후 2년 정도까지 급격히 진행하여 전체 DNA 메칠화의 약 25% 가량을 점유한다. 이후 5살까지 그 상태로 유지되다가 다시 서서히 증가하기 시작하여 17세까지 약 32%에 이른 이후 포화상태가 된다.

55세 이후가 되면 감소하기 시작하여 65세까지 약 5% 가량이 감소한다. 이는 전체 분석 결과의 평균값이며 각각의 mCH형 메칠화 패턴은 사람마다 달랐는데 이는 뇌신경망이 형성되고 성숙하는 과정이 서로 달랐기 때문이라 유추할 수 있다.

mCH형 메칠화가 급속히 증가하는 생후 2살까지의 시기는 인간의 두뇌 발달과 뇌신경망 형성에 가장 중요한 시점이다. 지능이 후천적 요인의 영향을 많이 받는다고 가정한다면 이 기간은 무척 중요하다. 많은 부모가 초등학교 과정에서 영재교육에 매달리지만 사실은 두뇌의 후천적 특질은 대부분 영유아기에 형성된다는 것을 이 연구는 강력히 암시하고 있다. 아이를 영재로 키우고자 한다면 이 시기에 어떤 환경을 조성해 주어야 할지 고심되는 부분이다.

04 미래 인재를 위한 공교육

국회 교육문화체육관광위원회는 선행학습을 금지하는 내용의 '공교육 정상화 촉진 및 선행교육 규제에 관한 특별법'을 통과시켰다. 2014년 9월부터 교육관련 기관에서는 선행교육 및 선행학습을 유발하는 행위를 금한다고 한다. 학교에서는 교육과정을 벗어난 내용을 가지고 평가행위를 할 수 없다. 사교육 병폐를 해결하기 위해 공교육을 정상화한다는 취지인데, 학교에서 어려운 문제를 내므로 사교육이 설친다는 논리다. 학교는 정해진 교과내용만 가르쳐야 하고 정해진 학년의 학습내용을 벗어난 상위개념을 가르칠 수 없다.

우리의 교육은 창조경제 사회를 향해 올바른 길을 가고 있는 것일까? 하버드 교육대학원이 연구해서 발표한 미래교육의 방향은 우리나라 정부의 생각과 사뭇 다르다. 하버드 연구진이 주장한 미래교육 아이디어 30여 가지 중에서 눈에 띄는 내용을 옮겨본다.

미래교육은 차별화된 개별학습이 이루어져야 한다.

교육과정은 실수의 연속이 되어야 한다. 프로그래밍 과정과 같이 실수와 실패를 반복하는 학습을 통해 보다 획기적인 아이디어와 활동을 찾을 수 있다. 실패를 분석하고 보완하면서 실수를 반복하지 않을 정교한 힘이 길러진다.

교육과정에서 시계를 없애라.

학년 구분이나 학습 이수시간을 정하지 마라. 교육의 목적은 학습시간 달성이 아니고 학생의 성취에 있다. 학생 각자가 한 학습단계를 마치면 다음 단계로 가면 된다. 교사는 학생이 필요로 하는 학습단계를 진단하고, 학생에게 맞는 최선의 학습법을 처방하고, 학생의 학습진도를 이끌고 평가하는 역할을 해야 한다.

동일한 교과과정으로 가르치지 말라.

사람은 모두 다르다. 관심도 다르고 재능도 다르다. 교사는 학생의 다른 관심과 재능이 최대한 개화할 수 있도록 도와야 한다. 각자가 독특한 내용의 교육을 받을 수 있도록 학교시스템을 바꾸자.

사회성을 길러주는 교육을 해야 한다.

비행학생을 처벌 위주로 교육하는 방식은 사라져야 한다. 학생 스스로가 자신의 행동을 성찰하고 더 고차원적인 방식으로 자신의 생각을 표현할 수 있도록 가르쳐야 한다. 예를 들면 매일 한 가지 주제로 유머러스한 이야기를 나누는 학습을 수행하면 자신의 생각을 표현하는 기술과 남의 이야기를 경청하는 습관이 길러지게 해야 한다. 이런 능력은 후일 사업가나 정치가 또는 교육자가 되기에 훌륭한 자질이 된다.

코딩능력은 새로운 문맹의 기준이다.

앞으론 모든 사람이 디지털 시스템을 통해 보다 나은 사회를 건설

하는 데 참여해야 한다. 미래사회는 모든 업무가 디지털화된다. 문제를 해결하려면 코딩이 필요하다. 글자를 배우고 수학 원리를 배우듯이 코딩을 배우지 않으면 적응할 수 없다. 코딩을 익혀 프로그램을 읽고 쓰고 생각할 줄 알아야 남과 다른 것을 만들 수 있다.

모바일 소셜네트워킹 시대다.

학생들이 자연스럽게 서로 지식과 정보를 나눌 수 있도록 학교가 먼저 유도해야 한다. 경쟁상대가 아니라 학습 동료로서 협업하는 분위기를 경험하게 해야 한다. 그룹으로 도전과제를 정하고 함께 하는 수업이 필요하다. 교사는 학생들이 보다 더 높은 수준의 도전을 할 수 있도록 지원하는 역할을 해야 한다. 가르치면서 배운다는 말처럼 학생들은 서로 지식을 공유하면서 학습 성취도가 높아지게 된다.

지금 전 세계 국가들은 차세대를 이끌어갈 인재를 기르기 위해서 무엇을 어떻게 가르쳐야 하는지에 골몰하고 있다. 첨단기술로 인해 앞으론 많은 직업이 사라질 것이라고 한다. 공장은 로봇 기계가 점령하고 사무실은 인공지능이 휩쓸 것이라는 우려가 깊다. 사람들의 생활방식과 가치기준의 중심이 빌딩, 공장, 기계와 같은 유형 자산에서 지적재산, 비즈니스 모델, 알고리즘, 스마트 앱 같은 손에 잡히지 않는 무형자산으로 옮겨가고 있다. 스마트폰만 해도 그렇다. 삼성이 애플의 스마트폰 판매대수를 추월했다고 매스컴은 대서특필하지만 영업이익은 애플에 크게 못 미친다. 이제 기업의 이익 원천이 하드웨어에 있지 않고 소프트웨어에 있기 때문이다. 전자제품의 수익이 칩 설계도를 소유한 사람에게 가거나 앱 마켓에서 나온다. 구글은 기계를 만들지 않고도 세상의 이익을 훑어가고 있다.

미국 노동성 통계에 의하면 임금이 가장 빠르게 오르는 분야는 컴퓨터 시스템 디자인과 관련 서비스 산업이다. 지금 세상은 소프트웨어 중심사회로 완전히 탈바꿈 중이다. 워낙 소프트웨어 산업의 확장 속도가 빠르다 보니 소프트웨어 엔지니어가 부족하다.

오바마 대통령이 구글 행아웃을 이용한 회견에서 소프트웨어 교육에 대한 생각을 말한 적이 있다. 그는 차세대 프로그래머를 키우려면 4살배기부터 코딩을 가르쳐 아이들이 유치원에 가기 전에 HTML5* 나 iOS SDK*를 확실히 이해하게 해야한다고 말했다. 또 고등학교에서 프로그래밍과 그래픽 디자인 기술을 가르쳐 4년제 대학에 가지 않고도 직업을 가질 수 있게 해야 한다고 말했다.

영국 교육부는 2014년 가을 학기부터 영국의 모든 학교에서 소프트웨어 코딩을 의무 교육과정에 포함시켰다. 이를 위해 일 년 전부터 교육과정을 준비해 왔다. 가장 중요한 변화는 전통적인 정보통신기술ICT 교육을 컴퓨터 프로그램 코딩 교육으로 대체한 점이다. 남이 짜놓은 프로그램을 사용하는 방법을 배우는 것이 아니라 개인이 직접 프로그램을 설계할 수 있는 능력이 필요하다고 본 것이다. 이제 워드나 엑셀을 얼마나 익숙하게 다루는지에 대해선 관심이 없다. 영국은 차세대 모두를 컴퓨터 작동법이나 프로그램 법에 익숙한 국민으로 만들겠다고 한다. 초등학교부터 이런 교육을 시키기 위하여 이미 수

* HTML5 웹 문서를 작성하는 핵심 언어 HTML(Hyper text Mark-up Language)의 5번째 버전이다. 최신 멀티미디어를 지원하고 새 기능을 많이 추가해 이전 버전보다 더 다양한 콘텐츠 작성이 가능해졌다.

* iOS SDK 애플의 응용소프트웨어를 개발하는 소프트웨어 개발키트(Software Development Kit)

백만 파운드를 투자했고, 마스터 교사 400명을 배출했다. 일반 교사용 훈련교재도 완성했다. 교육부 담당자인 마이클 고브는 영국의 고민을 이렇게 말한다.

"위대한 차세대 기술자들은 어릴 적부터 코딩을 배우는 곳에서 나올 가능성이 높다. 우리는 미래의 구글이나 마이크로소프트가 영국에서 탄생하길 원한다."

미래 창조사회를 만드는 방법이 무엇인지 선진국은 이미 행동으로 보여주고 있다. 소프트웨어 교육은 학생이 논리적인 사고와 창의성을 발휘하게 하며, 수학과 과학적 디자인, 기술을 연결하는 힘을 기르게 한다. 지금 대한민국 교육 시스템이 안고 있는 문제점은 미래엔 아무짝에도 쓸모없는 지식을 암기하는 교육이 너무도 많다는 점이다. 그런데도 우리는 학교교육이 정상화되어야 한다는 알량한 도그마에 빠져 허우적거리고 있다. 학교교육 내용을 어떻게 바꿔야 하는지는 생각할 엄두도 안 내고 있다. 지금 대한민국 부모는 미래사회를 이끌어 갈 인재가 되기 위해 자녀가 무슨 공부를 해야 하는지 깊은 고민에 빠져있다. 정부는 그 질문에 먼저 답해야만 한다.

05 미래 대학의 돌파구, 디지털 묵MOOCs•

대학은 지식을 전달하고 신지식을 창조하는 고등교육기관이다. 사회에 필요한 고급인재를 배출하는 것이 대학의 임무다. 당연히 대학은 사회적 능력을 선도하고 혁신의 싹을 틔우길 기대 받는다. 그런데 최근 이런 기대가 무너지고 있다.

대학 등록금은 비싸도 너무 비싸다. 자녀 학자금을 지원하는 직장을 다니는 학부모는 다행이지만 그렇지 못한 부모는 여지없이 학자금 융자에 매달려야만 한다. 하지만 4년제 대학을 졸업했다고 사회적으로 인정받는 시대가 아니다. 대학이 제공하는 필수과목이 사회생활에 꼭 필요한 지식인지에 대해서도 논란이 있다. 전공에 대한 자부심이 예전 같지 않다. 실용적 지식을 가르치지 않는다고 불평이다. 기초학문을 가르치는 학과들은 폐과될 위기에 처해있다. 전공을 불문하고 몇몇 인기 과목에만 수강생이 몰리고 학생들은 대부분 자격시험이나 고시준비에 매달린다. 자격시험이란 것이 모두 암기능력시험이다. 대학은 오로지 졸업장을 취득하는 수단일 뿐 지식을 창조할 수 있는 인재를 양성하는 곳이라고 여기는 학생들은 별로 없다. 등록금을 좀 깎자는 주장이 그래서 나온다.

• 묵MOOCs 대규모 온라인 공개강좌(Massive Online Open Courses). 웹 서비스를 기반으로 이루어지는 거대 규모의 상호참여적 교육을 의미한다. 인터넷 토론 게시판을 중심으로 학생과 교수, 조교들이 커뮤니티를 만들어 수업을 진행하는 것이 특징이다. 원격교육이 진화한 형태라고 할 수 있다.

그런데 곱씹어 보면 이렇게 대학사회에 불어 닥친 혹독한 변화는 우리나라만의 일이 아니다. 세상이 많이 변해 있다. 먼저 학습 내용이 변했다. 사회가 복잡해지고 기술이 급변하다 보니 해묵은 한두 가지 이론만으로는 급변하는 사회현상을 설명할 수 없다. 훨씬 더 많은 자료와 사례들을 연구해야만 한다. 학문의 경계가 애매해져 서로 다른 영역의 학문을 깊이 공부하지 않으면 남다른 해석이 어렵다. 학문이 깊어질수록 학과의 경계도 무의미해졌다. 서로 다른 학문분야 간에 깊이 협력하지 않으면 실용적인 성과를 거두기 어렵게 됐다. 그래서 융합학문을 추구하는 학과들이 늘고 있다. 학생은 대학을 졸업하고도 다른 전문성도 키워야 한다는 강박관념에 사로잡혀 있다.

이런 틈새를 파고든 새로운 교육 시스템이 인터넷 공개강좌다. 지난 2002년부터 미국 MIT가 교실 강의내용을 그대로 인터넷에 공개하면서 다른 전문지식을 갈구하던 사람을 끌어 모았다. 애플의 iPod는 이 공개강좌를 인터넷으로 볼 수 있도록 서비스하면서 MP3 시장을 단숨에 지배해 버렸다. 이후 스마트폰 시대에 접어들면서 공개강좌는 지식인들의 필수교양강좌가 되었다. MIT 통계에 의하면 전 세계 1억 5천만 명이 MIT의 인터넷 강좌를 다운로드했다고 한다. 이 공개강좌시스템은 이젠 미국의 웬만한 대학들은 모두 따라하고 있다. 하버드, 예일, 프린스턴, 펜실베이니아, 스탠포드, 카네기 멜론, 버클리 대학 등 이름만 들어도 아는 세계 최고의 대학들이다. 각국의 명문대학도 온라인 강좌를 개설하고 있으며 국내 일부 대학도 이에 동참하고 있다. 그런데 이 공개강좌는 주로 사회인을 위한 평생교육 차원에서 유용한 재교육 제도다.

디지털 학습 방식은 2012년 이후 또 다른 형태로 탈바꿈했다. 강의 영상을 보기만 하는 것이 아니라 온라인으로 직접 강의에 참여할 수 있는 대규모 온라인공개강좌, 묵MOOCs, Massive Online Open Courses이 도입됐다. 구글의 무인자동차 개발 책임자이기도 했던 스탠포드 대학교의 세바스찬 스런Sebastian Thrun교수가 동료인 피터 노빅Peter Norvig과 함께 인공지능기술을 온라인으로 무료강좌를 개설했는데 등록한 수강생이 16만 명에 달하면서 세상의 주목을 받았다. 보통 대학 강단에선 250년 동안 가르칠 수 있는 수강생을 단번에 수행한 것이다. 스런은 이듬해 곧 바로 유다시티Udacity라는 온라인교육서비스를 개설했고, 노빅은 코세라Coursera라는 온라인 대학을 열었다. 코세라에는 스탠포드, 프린스턴, 팬 스테이트, 미시간, 듀크, 존스홉킨스, 토론토, 심지어 스코틀랜드의 에딘버그 대학까지 참여했다. 강좌는 10분 단위로 짧게 자르고 수강자들은 몇 분마다 퀴즈를 풀면서 강의를 따라가게 했다. 수강생은 세계 196개국에서 모여들었고 그중 60%가 외국인이었다. MIT와 하버드도 뒤질세라 edX라 불리는 묵을 설립했고 버클리를 참여시켰다.

수강자는 디지털 묵 시스템에서 가장 첨단 주제를 세계 최고 수준의 교수로부터 직접 배울 수 있다. 개념단위로 짧게 잘라서 20분 이내로 강의를 구성했기에 열의만 있으면 쉽게 따라갈 수 있고, 각자가 가능한 시간에 세계 어디에서든지 인터넷을 통해 수강할 수 있다. 학습한 내용에 대한 퀴즈를 맞혀야만 진도를 더 나갈 수 있는 맞춤식 학습방법이다. 그래서 디지털 묵은 인쇄기술 이후로 가장 혁신적인 학습혁명을 일으키고 있다고 평가받는다. 묵에 참여한 교수들도 온라인 교육을 체험하면서 교육법 개발에 더 많은 노력을 기울여 상세한 토론, 개인별 상담, 프로젝트 진행 등을 잘 활용하여 학생의 호응을 얻는 교육이 되도록 애쓰고 있다. 미래 대학이 디지털 학습기술을 잘 활용하면 교육 품질도 높이면서 비용을 낮추는 대안을 찾을 수 있을 것 같다.

사회에 필요한 지식인이 되기 위해서 반드시 대학 캠퍼스에 4년 동안 다녀야만 하는지 의문이다. 대학 입학시험 때마다 학부모들이 입시설명회에 몰려다니고, 눈치작전으로 전공을 선택하고, 잘못 선택한 전공 때문에 재수를 하거나 평생 전공을 멀리하고 살아가는 일은 없어져야 한다. 모든 신입생을 무전공으로 뽑아서 처음 1년간은 온라인 학습시스템인 묵을 통해 다양한 교양과 탐색학습을 하도록 기회를 제공해야 한다. 묵을 도입하면 수강신청 때마다 인기강좌에 먼저 수강신청을 하려고 컴퓨터 앞에서 실랑이를 하지 않아도 된다. 웬만한 강좌는 온라인으로 듣게 하고 해외 유명 묵 강좌의 수료증도 학점으로 인정해야 한다. 캠퍼스는 각종 동아리 활동을 통해 다양한 친구들과 친교 하는 곳으로 만들고 대학 초년 시절을 다양한 체험과 사유를 통해 자신의 일생을 설계하는 기간으로 활용해야 한다.

전공을 선택한 2년차부터는 캠퍼스 심화교육을 통해 전공인의 기본 소양을 배우게 한다. 그리고 3년차엔 전공 관련 기관이나 기업에서 현장실습을 하면서 온라인 강좌를 병행하여 이수하도록 하고, 4년차는 캠퍼스에서 각자 새로운 연구주제로 탐구학습과정을 하도록 하면서 시대흐름에 맞는 실무와 지식을 겸비한 전문 지식인으로 태어나게 해야 한다.

현대 사회의 인재 기준은 엄청나게 변화무쌍하다. 이런 시대적 요구에 현재의 대학제도만으로 대응하기엔 이제 한계점에 다다랐다. 획기적인 시스템 개혁이 없으면 5~6년만 지나도 대학 무용론이 비등할 것이다. 지금 교육 혁명을 이끌고 있는 디지털 학습시스템, 묵은 어떤 형태로든지 미래의 중요한 학습방식으로 자리 잡을 것이다. 묵이 미래대학을 이끌어 갈 대안이 될 수 있기를 바란다.

Looking Ahead to the Future

06 미래형 리더의 기준, MIT 미디어랩 연구소 이토 소장

컴퓨터 과학 연구소인 MIT 미디어랩은 '100달러짜리 컴퓨터'를 만들어 후진국 아이들에게 나눠주는 사업을 추진했던 니콜라스 네그로폰테Nicholas Negroponte 교수가 1985년에 설립했다. 컴퓨터, 전자, 바이오 기술과 같은 응용과학기술을 디자인, 건축, 예술과 같은 감성기술과 융합시켜 미래기술을 창조하는 이곳은 가히 '꿈의 연구소'라 불린다. 최근까지 수많은 첨단기술의 개념을 창조해 냈는데 대표적인 기술로 전자책e-book을 탄생시킨 전자잉크E-Ink, 표정 짓는 로봇, 동작제어형 유저인터페이스UI, 착용형 컴퓨터, 접는 오토바이, 로봇 의족 등이 있다.

이곳의 연구소장 이토 조이치伊藤穰一는 대학 졸업장이 없다. 그가 받은 정규 대학교육은 터프츠 공대 컴퓨터공학과 중퇴와 시카고대 물리학과 중퇴가 전부다. 흔한 학사 학위도, 한 편의 논문도 없는 일본계 인터넷 벤처사업가가 세계 최고 수준의 대학부속 연구소인 미디어랩 소장으로 뽑힌 것은 그가 미래형 리더의 자질을 갖췄다고 평가받았기 때문이다.

최첨단연구소는 어째서 대학졸업장도 없는 이민 1.5세대인 이토 조이치를 연구소장으로 뽑았을까? 150여 명의 경쟁후보를 제치고 그가 발탁된 이유는 아이러니컬하게도 그의 학력이 미천했기 때문이다. 훌륭한 연구 업적과 많은 논문을 출판한 유명한 학자를 내세울 수도 있었다. 그러나 MIT는 학위는 없어도 다채로운 경력을 가진 이토 조이치를 리더로 발탁했다. 머리로 계산만 하고 머뭇거리는 리더보다 실패를 두려워하지 않고 시도하는 그를 더 높이 산 것이다.

비록 대학 학위는 없었지만 그는 젊은 시절부터 미래형 기업을 보는 안목이 남달랐다. 수많은 인터넷 벤처기업에 투자하여 대박을 내며 거부를 일구었다. 타임지는 31세의 그를 '사이버 엘리트'라 불렀고 세계경제포럼WEF은 '미래 세계지도자'의 한 명으로 뽑았다. 그는 30대에 이미 오픈소스 웹브라우저 '파이어폭스'를 보급하는 모질라 재단의 초기 이사회 멤버였으며, 비디오를 활용한 전 세계 인권보호 조직 '위트니스'에 참여했다. 또한 전 세계 블로그 미디어 커뮤니티인 '글로벌 보이스'와 저작권 공유운동단체인 크리에이티브 커먼스 CC 의장을 역임했다. 이밖에도 소니코퍼레이션 이사, 맥아더재단 이사, 뉴욕타임지 이사로 활동하면서 벤처캐피털 '네오티니'를 설립했다. 그는 누구보다도 인터넷 환경에 대한 선구자적인 생각과 혜안을 가지고 있는 인물이었다. 그 점이 바로 인터넷 시대를 이끌 미디어랩 연구소장으로서 충분한 자격이라고 평가받은 것이다.

이토 소장이 부임한 이후 미디어랩은 바뀌었다. 그동안 기술개발 내용을 비공개로 내부에서만 발표하고 토론하던 관행에서 벗어나 발표를 인터넷으로 중계했다. 연구내용의 공개 범위도 크게 확대했다. 인터넷 세상에서의 기술혁신은 공유와 소통에서 나온다고 그는 믿는다.

미디어랩은 논문을 위한 연구보다는 미래 세상을 바꿔줄 수 있는 새로운 창조적 성과에 초점을 맞추었다. 이토 소장은 '서로 다른 분야의 전문가들의 관심을 모으고 서로의 전문성을 연결시켜서 연구개발의 성과가 미래를 바꿔줄 새로운 개념으로 탄생되도록 도와주는 일'이 역할이라고 한다. 연구소의 분위기는 자유분방하고, 이토 소장은 그런 분위기를 '평생 유치원'에 비유한다.

"학교에선 지식을 가르치지만, 창의력을 가르치지 않는다. 평생에 걸쳐 알게 되는 것을 유치원에서 배운다."

한국 유치원의 사정은 좀 다르지만 미국 유치원에선 아이들의 놀이에 간섭하지 않는다. 아이들끼리 알아서 어울려 놀도록 돌봐줄 뿐이다. 선생님이 아이들을 가르치는 것이 아니라 아이들이 서로 어울리면서 새로운 삶의 지혜를 깨닫게 하기 위해 노력한다.

미디어랩 연구원은 유치원생처럼 서로 머리를 비워준다고 한다. 자신의 전공 지식 안에 사고를 가두지 않는다. 컴퓨터 과학자가 디자인과 유아교육을 공부하고, 음악가가 뇌과학을 연구한다. 유치원생처럼 왁자지껄하게 사적 대화를 나누거나 격 없는 세미나를 진행하며 숱한 아이디어를 만들어낸다.

이토 소장은 미디어랩에서 뇌 활동 측정기를 만들어 학생들의 뇌파를 측정했다. 뇌파는 휴식을 취하거나 놀고 있을 때 더욱 활발해지는 것으로 나타났고, 학습하는 시간에는 활동량이 오히려 떨어졌다. 인간의 두뇌는 흥미나 호기심을 가질 때 가장 활발하게 움직인다는 사실을 확인한 것이다.

새로운 시대는 새로운 유형의 리더를 필요로 한다. 예전에는 조직의 리더가 가장 현명한 판단력을 가져야 했다. 모든 정보가 리더에게 쏠리기 때문이다. 같은 사람이라도 리더의 지위가 부여되면 훨씬 더 똑똑해지는 이유도 정보력에 있었다. 그러나 세상이 바뀌었다. 새로운 방식으로 해답을 구해야 한다. 스마트 기기가 확산된 지금은 리더의 정보력이 더 우월한 시대가 아니다. 리더의 판단이 구성원들의 판단보다 우월하지 않다. 오히려 스마트 기기를 잘 다루는 사람이 더 정보에 밝은 사람이 되었다. 그래서 문제의 해답을 찾을 때 리더의 두뇌에만 의존해선 안 된다. 구성원들이 협업해서 새로운 아이디어를 만들어 내는 시스템이 있어야 훌륭한 대책을 마련할 수 있다.

리더로서 이토 소장의 장점은 여러 가지 측면이 있다. 그는 우선 인터넷이라는 미디어를 잘 활용한다. 벤처 투자가로서 그가 보인 경력은 그가 세상을 보는 안목이 훌륭함을 보여준다. 일 년 중 200여일을 전 세계를 방문하면서 정보를 교류할 만큼 사회성이 특별나다. 새로운 기술변화에 적응하는 사고력도 높다. 동양인 출신인 덕택에 동서양 문화를 모두 이해하는 능력이 있다. 이런 다문화능력은 미디어랩의 다양한 문화적 배경을 가진 연구원들의 의견을 모으는 데 매우 중요한 역할을 한다. 대학의 전공 학위가 없는 대신에 정보통신, 전자, 바이오, 센서 등 응용과학기술 뿐만 아니라 디자인과 같은 감성기술도 공부하여 비교적 정통한 지식을 보유하고 있다. 그가 재즈, 음악, 드라마, 디자인 등을 주로 가르치는 예술계통의 더 뉴 스쿨에서 명예 박사학위를 받은 것은 결코 우연이 아니다. 교차전문성이나 종합기획력이 있다는 평을 듣는다. 이런 능력을 지닌 그가 단지 대학 졸업장이 없다는 이유만으로 배제되지 않는 것이 선진 사회다. 그가 과분한 평가를 받고 미디어랩 연구소장이 된 것이 결코 아님은 그가 취임한지 3년이 지나도 계속 신뢰받는 상황이 증명한다.

이젠 우리사회도 리더의 기준을 바꿔야 한다. 혼자서 모든 것을 해결하는 시대가 아니다. 리더가 구성원들을 압도하고 군림해서는 안 된다. 이토 소장과 같이 구성원들의 다양한 협력을 이끌어 내는 의견 조정 능력과 소통 능력이 리더에게 필요하다. 구성원들의 표정과 움직임을 살피고 그에 맞는 분위기를 만들어 주어 원활하게 소통할 수 있게 도와주는 일이다.

미래의 인재가 되려면 물론 실행력도 갖춰야 한다. 앞으론 인재의 판단 기준이 스펙이 아니고 실무능력이 될 것이다. 내용도 모르고 보고만 잘하는 허세들은 발붙이지 못한다. 결국 모든 것이 공개적으로 드러나는 사회로 변해가기 때문이다. 무슨 일이든지 자신이 좋아하는 일을 남보다 뛰어나게 잘할 수 있는 능력을 갖추는 길이 미래형 인재가 되는 길이다.

07 평온한 삶을 위한 미래예측

많은 사람들이 토정비결이나 사주팔자로 자신의 미래를 예측한다. 관상과 수상 심지어 족상까지도 본다. 이렇듯 자신의 미래를 궁금해하는 이유는 불확실한 미래에 일어날 문제에 조금이나마 대처하기 위한 능력을 키우기 위함이다. 미래의 위험이나 손실을 피하고 좀 더 나은 선택을 하고픈 바람을 품고 스스로를 위안한다.

사회적 변화가 비교적 정형화된 원시 농경사회에선 사계절에 따라 같은 일들이 반복되었다. 그러나 지금은 다르다. 사람들의 삶은 거의 반복되지 않는다. 미처 깨닫지 못했던 사건과 조우할 가능성이 높아졌다. 마치 우연의 쌍곡선처럼 사건이 뒤엉켜있다. 세상이 복잡해진 탓이다. 세상의 변화는 쉽게 인지할 수 있는 패턴을 따르지 않고 무작위로 요동치고 있다.

공상과학영화에선 로봇의 힘과 지능이 인간보다 더 우수한 모습으로 그려진다. 사람들은 로봇이 지배하는 미래가 올 것을 두려워한다. 로봇의 지능이 어느 순간 인간의 통제를 벗어나 스스로 진화한다는 가설에 귀 기울인다. 지적인 사람들도 그런 주장을 할 만큼 많은 사람들의 의식에 각인된 듯하다. 물론 그런 우려 중에는 일견 타당성이 있는 논리도 있다. 하지만 이 세상은 컴퓨터가 감히 범접하지 못하는 인간의 두뇌들이 얽히고설키면서 만들어 간다. 더욱이 인간의 온갖 술수가 부딪히며 만들어 가는 미래는 예측의 영역이 아니다.

그럼에도 그나마 비교적 미래를 예측하기 쉬운 영역은 자연의 섭리를 밝히는 기술 분야이다. 과학적 논리로 잘 전개된 이론은 예측을 쉽게 현실로 바꿀 수 있다. 한 예로 태양계의 8번째 행성인 해왕성의 존재를 발견한 과정은 한 편의 추리소설이다. 천문학자 윌리엄 허셜 William Herschel이 1781년에 발견한 천왕성은 뉴턴의 이론에 계산된 궤도와 편차가 있었다. 과학자들은 이런 편차의 원인이 아직 발견하지 못한 또 다른 태양계 행성 때문이라고 판단했다. 1846년에 프랑스 수학자 위르뱅 르베리에Urbain le Verrier는 천왕성과 중력을 서로 주고받는 해왕성의 위치를 예측했고, 곧바로 그해 가을 독일인 천문학자인 요한 갈레Johann Galle와 그의 제자 하인리히 다레스트Heinrich Louis d'Arrest가 마침내 해왕성을 발견했다.

전자기파의 존재를 예언한 사람은 제임스 맥스웰James Maxwell이다. 전자기파는 모든 파장의 빛에너지이며 입자와 파동의 성질을 동시에 갖는다. 빛의 속도로 에너지를 실어 나르는데 물체를 만나면 그 물체에 에너지를 전달해 준다. 이 가설에 근거해서 하인리히 헤르츠 Heinrich Rudolf Hertz는 라디오, 텔레비전, 전자부품을 상품화한 라디오파를 발견했다. 이런 식으로 과학이론으로부터 새로운 개념을 찾아내는 방식이 과학적 예측이다.

사회가 급변하고 다양해질수록 미래를 더듬어 보는 예측 능력은 누구에게나 중요하다. 미래학자 앨빈 토플러**Alvin Toffler**는 1970년에 발행한《미래의 충격》에서 "미래사회의 변화가 너무도 빨라서 사람들이 대처하기 힘들어진다"고 했다. 나노기술 이론가 에릭 드렉슬러**Eric Drexler**는 1986년《창조의 엔진들》에서 "미래에는 분자나노기술•이 세상을 바꾸고 스스로 복제하는 나노로봇•이 지구상 모든 물체들을 만들 수 있게 된다. 그런데 이 과정을 정밀하게 통제하지 못하면 나노 로봇들이 모든 유기물을 분해해서 종국에는 나노 로봇들만 남는다"는 그레이 구**Grey goo** 시나리오를 주장했다.

버너 빈지**Vernor Vinge.1993**는 "컴퓨터와 인공지능의 발달 속도가 급속히 가속되어 기술적 특이점이 곧 닥친다"고 예측했다. 레이 커즈와일은 빈지의 생각을 이어받아 2005년에 출간한《특이점이 온다》에서 "2029년이 되면 컴퓨터 지능이 인간 지능을 능가하며 2040년 이후엔 초월적 인간사회가 오고 심지어 사람이 죽지 않는 시대가 된다"고 예측했다. 빌 조이**Bill Joy**는 2000년에《사람은 왜 미래에 필요하지 않은가**Why the future doesn't need us**》란 에세이를 통해 로봇, 유전공학, 나노기술이 인류에게 얼마나 위험한지 경고했다. 이렇듯 미래학자들은 과학적 논리와 직관으로 미래를 예측하고 있다.

최근에는 공상과학영화가 미래에 대한 사람들의 인식을 바꾸어 놓고 있다. 컴퓨터 그래픽 기술이 발달하여 허구적 상황도 마치 실제 일어나는 일처럼 실감나게 표현하고 있다. 이런 영화 속 미래 장면들

• 분자나노기술 분자 단위의 미세한 제어로 물체를 생산해 내는 기술. 생명체의 단백질 제조공정이 이 같은 경우에 해당한다 할 수 있다. 현재까지는 인간의 손으로 구현해내지 못하고 있다.

• 나노로봇 나노미터 크기의 부품으로 만들어진 초소형 로봇 또는 기계를 의미한다.

은 사실상 미래학자나 작가들의 상상을 구체화한 것이다. 1990년에 개봉한 영화 〈토탈 리콜〉에 등장한 전신 스캐너는 사람이 걸친 옷뿐만 아니라 뼈만 빼고 모든 물체가 투과되는 보안검색기였다. 그런데 실제로 사람이 걸친 옷 속을 투과해 보는 테라헤르츠 검색기가 개발되어 공항 검색대에서 사용되고 있다. 1982년 개봉한 〈블레이드 러너〉에 나오는 영상통화기술은 지금은 아주 일상화 됐다. 최근 사람들의 관심을 받고 있는 웨어러블 안경은 1989년에 개봉한 〈백투더퓨처〉에 등장한다. 하지만 이 영화에 등장하는 하늘을 나는 호버 보드는 아직 실현되지 않았다. 2002년에 개봉한 〈마이너리티 리포트〉는 첨단 미래기술 백화점이었다. 햅틱 터치스크린 또는 동작컨트롤 방식의 컴퓨터 작동기술, 무선통신형 플렉시블 디스플레이 신문 등 영화에 등장한 다양한 기술이 이미 실용화됐거나 시제품이 등장했다. 영화인들의 상상력은 실제로 기술발달에 중요한 자극제가 되며 첨단기술의 실용화를 앞당기는 효과를 가져왔다.

미래를 예측하는 일은 쉽지 않다. 미래는 마치 블랙스완*과 같다. 백조만 보던 사람에게 호수를 우아하게 헤엄치는 흑조는 상상을 초월한 현상이다. 미래는 비선형적이다. 어제와 똑 같은 패턴으로 사건이 전개되지 않는다. 하루의 일과가 같아도 그 내용은 천차만별이다. 만나는 사람이 달라지고 그로 인해 벌어지는 사건이나 생각이 변하게 된다. 또 미래는 무정형이다. 구름처럼 형태가 계속 바뀐다. 일정한 꼴을 반복하지 않고 항상 다른 꼴로 변한다. 그래서 예상하기 어

* 블랙스완 black swan. Nassin Nicholas Taleb이 2007년도에 발간한 책 제목이다. 거의 모든 과학적 발견이나 역사적 사건, 그리고 예술적 성과물들이 미리 의도되거나 예측된 것이 아니라 갑자기 드러난 현상이라는 의미로 '흑조현상'이라 부른다.

렵다.

또한 미래는 역설적이다. 엄청난 반향을 일으킬만한 사건도 대처를 잘하면 쉽게 잠재워지지만 하찮은 변화도 미처 대비하지 못하면 불길처럼 퍼져나간다. 설명하기 어려운 상황일수록 일이 벌어진 다음에야 원인을 깨닫게 된다. 특히 기술의 파급효과가 그렇다. 인터넷이 그랬고 스마트폰이 그랬다. 사람들은 그 중요성을 미리 알지 못했다.

미래는 항상 예상치 못한 곁가지가 더 굵게 변하는 속성을 갖는다. 사건이 예상한대로 진행되지 않는다. 많은 학자들이 미래를 예측한다고 수식모델을 만들고 전문가들에게 설문지를 돌려 미래 전망을 해 보지만 지나고 보면 적중률이 매우 낮다.

미래 예측은 앞으로 벌어질 일들을 알아맞히려는 시도가 절대로 아니다. 다양한 시각으로 미래를 대비하는 노력이다. 기술을 개발할 때도 부정적 가능성을 살펴볼 필요가 있다. 로봇을 개발한다면 로봇이 인간성을 말살할 가능성이 있다고 가정하고 대비하면 된다. 대비하는 위험은 이미 위험이 아니다.

우리가 살아갈 미래는 지금보다 더욱 복잡해진다. 수십억 명의 상상력이 인터넷에서 교차하면서 어떤 생각과 기술을 만들어 낼지 단언하기 어렵다. 다만 세상의 흐름을 분석하고 다양한 상상으로 미래를 추정해 보는 노력이 필요할 뿐이다.

Epilogue

호기심은 삶을 즐겁게 한다

인터넷 게임에 온통 빠진 사람이 많다. 그들에게는 이 세상에서 게임보다 더 재미있고 동기가 느껴지는 일은 없다. 게임에 몰입하면 시간 가는 줄 모른다. 하지만 게임도 다 재미있는 것은 아니다. 자극이 없는 게임은 몇 번 하다보면 곧 싫증이 난다. 단순하고 변화가 없으면 지루하다. 게임이 재미있으려면 어려운 고비를 넘어설 때마다 예상치 못한 큰 선물을 안겨주어야 한다. 그 선물들은 대부분 게임 개발자가 게임하는 사람이 지루해하거나 싫증을 느낄만한 순간에 맞춰 배치한 것이다. 다른 사람은 찾아내지 못한 수단이나 강력한 무기를 마치 나만 찾아낸 것 같이 교묘하게 연출되어 있다. 자신이 다른 사람들보다 똑똑하다고 느끼게끔 해준다. 이렇게 얻은 무기로 그동안 어렵게 느꼈던 난관을 단숨에 극복할 수 있다면 게이머는 더더욱 행복해진다.

'리니지'나 '앵그리 버드'를 해보면 느낄 수 있다. 비법을 알고 강력한 힘을 갖게 되니 더 어려운 과제도 해결할 수 있다. 내가 남들보다 더 교묘한 요령을 터득하고 더 강력한 힘을 갖는다는 사실에 도취된다. 더 어려운 코스도 자신감을 갖고 헤쳐나간다. 그런 식으로 단계를 올리면서 게임에 빠져들게 된다.

학습이론에 게임 학습 효과란 말이 있다. 시간이 갈수록 학습효과가 껑충껑충 향상되는 것을 말한다. 보통 학습효과는 시간에 따라서 서서히 증가하다가 어느 시점이 지나면 더 이상 증가하지 않고 정체하는 현상을 보인다. 흥미 있던 내용도 반복하다 보면 점차 흥미가 사라진다. 흥미가 줄면 당연히 성과도 줄어든다. 그런데 게임 학습방식은 일정한 시간이 지날 때마다 학습자에게 예상하지 못한 큰 선물을 제공한다. 이때마다 학습자는 마치 게임을 새롭게 시작하는 기분으로 흥미를 재충전한다. 새로운 게임 환경으로 바뀌니 성과도 껑충껑충 뛰어오른다. 이런 식의 자극이 반복되므로 시간이 흘러도 학습 성과의 증가율은 줄어들지 않는다.

해외여행도 마치 게임과 같은 짜릿함이 있다. 스웨덴을 여행한 적이 있다. 깎아서 자른 듯한 산기슭을 끼고 꼬불꼬불한 찻길이 절벽 아래로 이어진 피오르드 해안이다. 관광버스를 타고 절벽 밑으로 내려가는 동안 일행이 다들 탄성을 지른다. 계곡 밑 물안개 사이로 언뜻언뜻 비치는 바닷물은 파랗다 못해 새까맣다. 좁은 골짜기에 후비듯이 파고든 바다에 하얀 크루즈 선이 정박해 있고, 그 옆에서 노를 저어 빨간색 카약을 타고 이동하는 한 무리의 사람들이 보인다. 크루즈 선에서 내린 관광객들은 조그만 해안 마을의 오밀조밀한 하얀 집들 속으로 쏟아져 들어간다. 드높은 산을 따라 계곡으로 쏟아지는 이름 없는 폭포들이 하얀 포말을 흩뿌린다.

피오르드 해안은 신천지였다. 높은 산줄기, 깎아지른 절벽, 깊은 계곡, 검푸른 바다, 여기저기에서 쏟아져 내리는 폭포 물줄기들을 번갈아 바라보고 있자니 세상에 이런 곳도 있구나 싶었다. 이곳에 사는 사람은 모두 천사일 거란 생각도 들었다. 이곳에 그냥 주저앉아 그대로 머물러 살고 싶다는 생각도 들었다. 전혀 예상치 못한 풍경이었다. 미리 알았다 한들 그렇게 장엄하리라곤 상상하지 못했을 것이다. 처음 접한 풍경은 놀라운 마력으로 나를 전율하게 했다. 게임을 하다 선물 벼락을 맞은 것처럼.

하루가 다르게 기술이 발달하고 있다. 상상도 못했던 경이로운 기술이 하루가 멀다고 쏟아져 나온다. 살펴볼수록 놀라움의 극치다. 그런 세상의 변화를 눈치채지 못한다면 오늘이 어제와 다를 바 없다. 하루하루 시간의 흐름이 반복적이고 지겹게 느껴진다. 그러나 눈을 크게 뜨고 주변을 자세히 살펴보면 모든 게 신비롭게 변하고 있음을 알아챌 수 있다. 이 세상은 변하고 있고 반복되지 않는다.

세상의 바퀴는 돌고 있다. 아직도 궁금한 게 많다는 사실만으로도 내가 더 살아야 할 이유는 충분하다. 새로운 변화를 살펴보다 보면 나도 모르게 탄성이 나온다. 이제 하루하루 게임을 리셋 하듯, 나 자신이 몰입할 수 있는 새로운 환경을 세팅해 보는 것은 어떨까? 사는 재미를 만들려면 궁금한 것과 하고 싶은 일이 많아야 한다. 호기심이 끊이지 않는 삶이 즐겁다.

사람들은 살아가면서 과거의 일에 얽매이기 쉽다. 다시 같은 일이 반복된다면 다른 선택을 하겠다고 다짐도 해본다. 그러나 과거가 반복되는 일은 없다. 항상 우리는 낯설고 새로운 상황과 마주친다.

시간의 축은 한시도 멈춰있지 않는다. 현재 순간을 기준으로 과거, 현재, 그리고 미래를 구분하지만 사실 사람들의 인생은 항상 미래에 놓여 있다. 제아무리 대단한 사건이 과거에 벌어졌다 하더라도 내 인생의 명운은 현재의 순간 이후에 있다.

사람들은 말한다. 현재가 중요하다고. 그러나 유심히 생각해 보면 그 현재는 바로 닥쳐올 현재다. 닥쳐올 현재란 바로 미래의 다른 표현이다. 미래는 멀리 존재하는 것이 아니라 바로 내 앞에 곧 닥쳐올 현재이기도 하다. 그래서 한 순간도 미래를 떠날 수 없다.

이 책을 통해 살펴본 미래 이야기들은 결코 20~30년 후의 이야기가 아니다. 어쩌면 3~4년 또는 10년 내에 목격하게 될 일들이다. 많은 사람들이 미래를 대비한다면서 현재의 여건만을 고려하는 경향이 있다. 그러나 현재의 기술과 사회는 빠른 속도로 변해가고 있다. 주변의 변화만을 보아선 안 된다. 전 세계가 한 뭉치로 움직이고 있다. 그 변화를 읽어내야 한다.

인생은 시간여행이다. 과거로부터 현재를 지나 미래로 이어지는 일방향 여행이다. 돌아오는 표는 없다. 그저 묵묵히 앞만 바라보고 가는 여행이다. 지나간 시간의 역사들은 그냥 기억 속에 묻혀버린다. 내 앞에 닥칠 일들이 어떤 모습인지가 항상 더 중요하다. 시간은 느린 듯 빠르다. 잠시도 쉬지 않고 달린다.

"똑딱. 똑딱. 똑딱."

21세기 시간축은 뒤돌아볼 여유조차 없이 가파르게 달린다.